U0353932

基于蝶形破坏理论的煤与瓦斯突出机理研究

赵希栋　刘洪涛　郭林峰　马念杰　著

中国矿业大学出版社
·徐州·

内 容 简 介

煤与瓦斯突出是威胁煤矿安全生产的重大灾害之一，其发生机理是世界级难题和热点问题。本书以蝶形破坏理论为基础，从突出危险区域的地质结构环境入手，系统论述了区域地质应力状态和硬-软变化地质结构对煤岩体塑性区分布的控制作用，提出了基于蝶形破坏理论的煤与瓦斯突出机理，阐明了区域应力状态和硬-软变化地质结构对煤与瓦斯突出的作用机制，基于实际工程背景和案例，分析了突出启动的诱因，重现了突出启动的物理过程，提出了硬-软变化区域突出危险性预测方法和防突钻孔布置优化方法，研究成果可为煤层巷道煤与瓦斯突出的预测、预报和防治提供理论指导。

本书可供采矿工程、安全工程和岩石力学与工程领域的研究人员、工程技术人员及高等院校师生参考。

图书在版编目(CIP)数据

基于蝶形破坏理论的煤与瓦斯突出机理研究 / 赵希栋等著. —徐州 ：中国矿业大学出版社，2021.7

ISBN 978-7-5646-5063-6

Ⅰ. ①基… Ⅱ. ①赵… Ⅲ. ①煤突出—防治—研究②瓦斯突出—防治—研究 Ⅳ. ①TD713

中国版本图书馆 CIP 数据核字(2021)第 129699 号

书　　名 基于蝶形破坏理论的煤与瓦斯突出机理研究
著　　者 赵希栋　刘洪涛　郭林峰　马念杰
责任编辑 章　毅
出版发行 中国矿业大学出版社有限责任公司
(江苏省徐州市解放南路　邮编 221008)
营销热线 (0516)83885370　83884103
出版服务 (0516)83995789　83884920
网　　址 http://www.cumtp.com　**E-mail**:cumtpvip@cumtp.com
印　　刷 江苏淮阴新华印务有限公司
开　　本 787 mm×1092 mm　1/16　**印张** 15.75　**字数** 308 千字
版次印次 2021 年 7 月第 1 版　2021 年 7 月第 1 次印刷
定　　价 58.00 元
(图书出现印装质量问题，本社负责调换)

前　言

煤与瓦斯突出是世界范围内煤矿矿井中最严重的灾害之一。由于我国煤矿地质条件复杂，突出动力灾害一直十分严重，无论从数量还是规模上都已居世界首位。国家矿山安全监察局公布的2020年全国煤矿事故十大典型案例中，煤与瓦斯突出事故占两例。据有关统计资料显示，截至2020年底，全国的高瓦斯和突出矿井已达1 559处，同时，随着浅部资源的日益枯竭，开采深度持续增加，深部地层应力和煤层瓦斯压力都将不断增加，部分生产矿井还将历经“低瓦斯→高瓦斯→突出”矿井的演变。因此，在当前和未来较长时期，煤与瓦斯突出灾害的防治任务将是煤矿安全领域工程和科技工作者的第一要务。

要实现突出风险的精准预测和突出隐患的有效消除，必须科学掌握煤与瓦斯突出的发生机理。自1834年发生首次煤与瓦斯突出以来，关于煤与瓦斯突出机理的探索，已有180余年的历史。其间，国内外大量学者围绕对突出现象的解释和突出发生规律的总结，讨论突出发生的原因、条件、能量来源及其发展过程等，取得了众多富有成效的成果。提出的主要观点有：瓦斯主导作用假说、地应力主导作用假说、化学本质作用假说、综合作用假说等，基本能够回答是什么因素促使煤体发生破坏和瓦斯突然喷发等问题，并且可以对煤与瓦斯突出机理进行定性或部分定量描述。但是，这些成果并未对突出的发生机理形成统一的认识，进而使得预测预防和控制煤与瓦斯突出的技术进展缓慢，成为长期制约我国煤矿安全生产的重大难题。

本书作者所在的研究团队，长期从事巷道围岩塑性破坏理论和矿山顶板与动力灾害防治等方面的研究工作。作者赵希栋在博士研究生期间跟随导师马念杰教授将蝶形破坏理论与煤与瓦斯突出动力灾害结合起来，提出了掘进巷道蝶形煤与瓦斯突出机理，并于2018年获得国家自然科学基金项目“硬-软变化带煤体塑性区非连续扩展与诱突机理”的资助，作者近几年的一些科研探索和项目的研究成果构成了本书的主要内容。本书从突出危险区域的地质结构环境出发，围绕区域地质应力状态和硬-软变化地质结构两个方面，深入研究了其对煤岩体塑性区分布的控制作用，阐明了区域应力状态和硬-软变化地质结构对煤与瓦斯突出的作用机制，提出了基于蝶形破坏理论的煤与瓦斯突出机理，结合实际工程背景，分析了突出启动的诱因，提出了硬-软变化区域突出危险性预测方法和防突钻孔布置优化方法，研究成果对推进我国煤矿防突技术的进一步发展和防突体系的完善具有重要意义。

本书共有七章，马念杰教授、刘洪涛教授和郭林峰博士参与撰写本书的部分内容，共计约12万字。

在本书撰写和出版过程中得到了华北科技学院、中国矿业大学（北京）和中国矿业大学出版社的热情帮助和大力支持。借本书出版之际，作者谨向给予本书出版支持和帮助的单位领导、老师、专家学者和广大同仁表示衷心感谢！

本书的研究工作得到了国家自然科学基金（51804117）的资助。

由于水平所限和时间仓促，书中缺点、错误在所难免，恳请读者批评指正。书中的一些观点还需要大量的实验和案例验证，尤其在定量研究方面，还需要在今后的研究过程中继续不断完善。

赵希栋

2021 年 5 月

目　录

1 绪 论

1.1 煤与瓦斯突出概述

我国能源的基本特点是富煤、贫油、少气，煤炭资源占化石能源可采储量的90%以上，这就决定了煤炭在我国能源体系中发挥着兜底和基础性保障作用。2020年，我国原煤产量为39亿t，接近历史高点(2013年39.7亿t)，煤炭消费量同比增长0.6%。作为我国的主体能源，煤炭的安全高效开采对保障能源安全稳定供应具有重要意义。

然而，我国是矿山煤岩动力灾害比较严重的国家之一。尽管近年来矿山安全生产形势总体稳定，煤矿安全事故有所减少，但重大事故还未杜绝、较大事故时有发生，形势依然严峻复杂。特别是瓦斯事故，由于其强力的破坏性、巨大的经济损失、较多的人员伤亡等，被称为煤矿安全生产的“第一杀手”。仅2019年，全国煤矿就发生了较大及以上瓦斯事故14起、死亡99人，事故起数和死亡人数都占全国煤矿较大以上事故的50%以上，如图1-1所示，严重损害了煤炭行业的社会形象，造成了极其恶劣的影响。

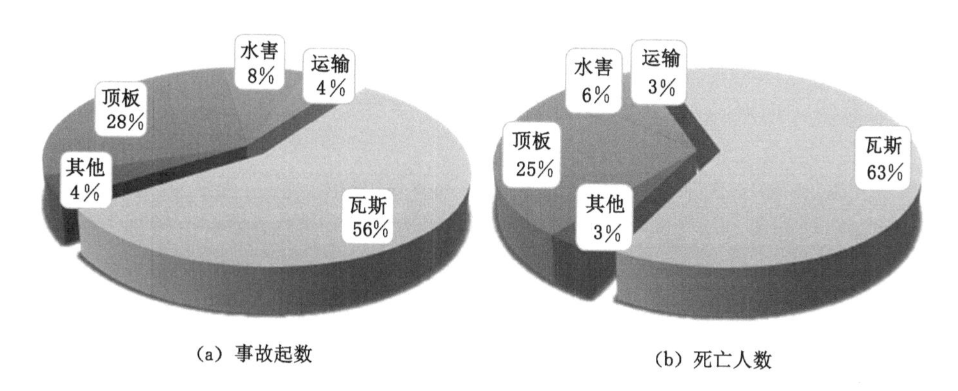

图1-1 2019年全国较大以上事故起数及死亡人数

据国家矿山安全监察局资料，至 2020 年 12 月，全国有 840 处高瓦斯、719 处突出煤矿。高风险矿井的数量不仅现存较多，且与采深呈正相关性。目前，国有重点煤矿平均开采深度已经达到 700 m，而且每年以 8～12 m 的速度增加。随着开采深度的增加，矿井瓦斯涌出量急剧增大，部分生产矿井将由低瓦斯向高瓦斯，由高瓦斯向突出矿井演变，高强度的机械化采掘更是加剧了其演变速度，如陕西、内蒙古等资源条件较好的地区也相继出现冲击地压和瓦斯灾害。

煤矿瓦斯灾害事故主要分为瓦斯爆炸（含瓦斯燃烧和煤尘爆炸）、煤与瓦斯突出、瓦斯中毒和窒息三大类型。煤与瓦斯突出（简称“突出”），是煤矿井下含瓦斯煤岩体多以碎粉状由煤层向采掘部位急剧运动并伴随大量瓦斯喷出的一种强烈动力过程，严重威胁着煤矿安全生产。2021 年 1 月，国家矿山安全监察局对 2020 年煤矿事故案例进行梳理，公布了 2020 年全国煤矿事故十大典型案例，其中就有两例发生在掘进巷道的煤与瓦斯突出事故。

(1) 事故一。陕西××煤业在 2020 年 6 月 10 日发生了一起较大煤与瓦斯突出事故，造成 7 人死亡。在陕西煤监局公布的该事故调查报告中，对事故的直接原因描述为：煤层厚度急剧增厚，倾角急剧增大，使掘进区域处于应力集中区；构造煤发育、煤层松软、透气性差，具备煤与瓦斯突出的基本条件；两个“四位一体”综合防突措施执行不到位，消突还未达标就违规掘进施工，事故地点煤体积聚的能量超过了煤体的抵抗能力导致事故发生。

(2) 事故二。陕西×××煤业在 2020 年 11 月 4 日发生了一起较大煤与瓦斯突出事故，造成 8 人死亡。事故直接原因：59 轨道下山下段掘进工作面在出现瓦斯动力现象和异常情况后，未采取有效防突措施，综掘机割煤诱导突出。

这两起触目惊心的事故不仅造成了严重的社会经济损失，同时也反映出当前煤炭工业面临着灾害威胁加重与预警防治技术不适应的矛盾，而造成这一矛盾的根本原因是还没有完全掌握一些煤矿重大灾害的机理，无法在众多条件中锁定关键诱灾因素，因而不能提出针对性的预警措施和防治技术。所以，研究煤与瓦斯突出的发生机理迫在眉睫。

各主要产煤国都不同程度地发生过煤与瓦斯突出。在与煤矿瓦斯灾害的长期斗争中，各国都投入了大量的人力、物力，试图揭示煤与瓦斯突出本质，查明影响因素在突出发生和发展中的作用[1,2]。由于我国煤层地质条件十分复杂性，对于突出发生的原因、条件及其发生、发展过程一直是采矿、安全、地质、岩石力学等学科的研究热点和难点。我国学者也对其进行了几十年的探索，对突出机理的认识逐渐深入，然而却至今没有形成统一的认识。

由于突出机理不清，我国很多矿区都因此付出了惨重的代价。例如焦作矿区，自 1955 年发生第一次煤与瓦斯突出事故以来，历史上累计发生煤与瓦斯突出370余次，最大的煤与瓦斯突出强度达到3 246 t，造成了重大的人员伤亡事故。统计焦作矿区历史事故发现，石门揭煤突出发生7次，采煤工作面突出发生23次，其余全部为煤巷掘进工作面突出，占比例达92%以上。包括焦作矿区发生的2010年的“10·27”事故和2018年的“5·14”事故，也都是发生在煤巷掘进工作面。

为减少瓦斯事故发生，很多产煤省区近些年来出台了一系列的地方政策，提高标准，严紧要求，加强监察，例如河南省提出了瓦斯治理“双六”标准，将突出矿井的抽采达标评判临界值分别由“瓦斯压力0.74 MPa、瓦斯含量8 m^3/t”提高到“瓦斯压力0.6 MPa、瓦斯含量6 m^3/t”。尽管这些高压措施使得突出事故有所减少，可同时也带来了新的开采问题：由于很多矿区瓦斯含量高、压力大，瓦斯治理周期的延长致使原本就比较缓慢的巷道掘进速度愈发减速，煤巷掘进瓦斯治理周期长达2～3年，最严重的采煤工作面从开始送巷到治理达标长达11年，回采结束则仅有8个月，致使采掘接替严重失衡，浪费大量人力物力。

所以，明确突出的发生机理、厘清关键致灾因素、实现突出风险的精准预测和突出隐患的有效消除，对于突出矿井的安全高效开采意义重大。

1.2 国内外研究现状

本书主要是从区域应力状态控制下的掘进巷道前方围岩塑性区的演化规律这一角度入手，建立围岩塑性区演化与突出灾变机理、关键影响因素以及危险性评估方法之间的联系。因而在研究现状方面，主要从地应力与煤与瓦斯突出的关系、围岩塑性区理论、煤与瓦斯突出机理、突出的影响因素、突出危险性评估方法这五个方面具体展开阐述国内外学者的相关研究成果。

1.2.1 地应力与煤与瓦斯突出关系研究现状

存在于地层中没有受到扰动的天然应力称为地应力，其主要由岩体自重和地壳构造运动引起[6]，是以水平应力为主的三向不等压应力场，并且三个主应力的方向和大小会随着时间和空间的改变而不断发生变化，属于一种不稳定的应力场，地质构造、地形地貌、岩性、断层、温度等因素都会影响地应力的方向和大小[7]。不同矿区的地应力由于受多种因素影响其变化十分明显[8]，研究应力场对矿山动力灾害的控制作用至关重要[9,10]。通过对以往实际发生的煤与瓦斯突出案例以及国内外学者的研究成果进行分析，发现地应力在煤与瓦斯突出事故中是非常关键的因素[11,12]。

国内外学者在地应力对煤与瓦斯突出的控制作用方面做了大量研究，国外专家主要从应力叠加说、振动波说、塑性变形说、岩石变形潜能说、集中应力说等方面做出了解释[11]，而国内学者主要从自重应力和构造应力两个方面研究了地应力对煤与瓦斯突出的控制作用。

自重应力影响方面，常振兴[13]（2017）采用了数值模拟的方法，得出了采掘工作面发生煤与瓦斯突出事故的风险性与埋深、瓦斯压力的大小成正比，与煤厚的大小成反比的结论。构造应力影响方面，华安增[14]（1978）研究认为，地应力导致了高瓦斯压力，构造应力通过破坏煤体进而控制瓦斯流动，煤体的突然破碎，应力的突然释放导致了煤与瓦斯突出；张宏伟、程五一[15]（1998）研究认为，高的瓦斯压力是由高的构造应力决定的，高构造应力促进了瓦斯在突出中的作用，也决定了煤和瓦斯突出的区域性分布；段东、唐春安等[16]（2009）认为，水平压应力可以使煤体抵抗破坏的能力增强，剪切应力又会使煤体容易发生剪切破坏，因而地应力对突出的影响发挥着双重作用；金衍、陈康平等[17]（2011）通过数值模拟的方法研究了构造应力场对瓦斯流动场的影响；连现忠[18]（2012）研究认为，岩石由于受较高的构造应力影响从而积聚了大量的弹性能，积聚的能量甚至接近极限平衡状态，当受到外部因素干扰导致平衡状态破坏后，积聚的大量弹性能的突然释放导致了煤与瓦斯突出发生；程远平、张晓磊等[19]（2013）发现构造应力作用会提高煤层瓦斯压力梯度，进而形成煤体强度低、瓦斯吸附和放散能力强的构造煤，因此认为地应力通过控制煤体结构和瓦斯压力进而控制突出灾害；朱立凯、杨天鸿等[20]（2018）针对不同地应力和不同瓦斯压力条件，采用数值计算和实例验证分析发现随着地应力越大，煤与瓦斯突出发生所需的最小瓦斯压力越小，而在突出过程中煤体受地应力的作用呈楔形方式发展，受瓦斯压力的作用呈弧形方式发展，地应力和瓦斯压力共同决定突出孔洞的最终形状。

唐巨鹏、杨森林等[21]（2014）认为，诱发煤与瓦斯突出的重要外因是地应力，煤与瓦斯突出启动的关键内因是瓦斯压力，地应力、瓦斯压力和煤物理力学性质等内因和外因耦合作用共同导致了煤与瓦斯突出；高魁、刘泽功等[22]（2015）通过相似模拟实验研究了石门揭煤模型，认为发生突出所需的能量主要来源于煤体中积聚的弹性能以及升高的瓦斯压力梯度；李钰魁、雷东记等[23]（2016）研究了东部矿区地应力的分布规律，认为地应力在突出中起主导作用，应力集中为突出提供了动力来源，煤体强度较弱为突出减少了阻力，这两个方面共同造成了突出事故频发。

国内外专家研究地应力主导作用主要从地应力控制瓦斯压力、煤层完整性、煤体强度、煤体弹性能等方面控制煤与瓦斯突出入手，取得了丰富的研究成果，为进一步认清地应力与煤与瓦斯突出的关系奠定了基础。但是，目前很少有学者从地应力控制掘进巷道周边围岩塑性区范围形态这一角度考虑地应力与突出灾害之间的关系，而这是本书重要的研究内容之一。

1.2.2 围岩塑性区理论研究现状

由于煤矿井巷工程的开挖必然会对巷道周围岩体造成一定的破坏，破坏程度及范围通常采用分区表示，即破碎区、塑性区、弹性区、原岩应力区。经过研究发现，巷道开挖的围岩塑性区范围对巷道围岩的稳定性有着控制作用，巷道围岩塑性区越大，巷道稳定性程度就越差，即越容易出现围岩失稳现象，故巷道围岩塑性区范围经常作为评估巷道稳定性的依据，并且还在进行支护参数设计时作为重要的考虑因素。

国内外学者对围岩塑性区理论进行了系统研究，经典的围岩塑性区理论主要有均匀应力场下圆形巷道围岩塑性区理论、自然冒落拱理论、轴变论理论、围岩分区裂化理论、围岩松动圈理论、蝶形破坏区理论等。

(1) 均匀应力场下圆形巷道围岩塑性区理论

在20世纪初期，许多学者在围岩塑性区理论方面进行了系统研究，其中芬纳公式和卡斯特耐公式为此研究的代表[24]，卡斯特耐在进行巷道围岩弹塑性研究时，以圆形巷道为研究对象，在施加均匀应力场条件下，结合弹性力学，推导出了圆形巷道塑性区半径公式，即卡斯特耐公式，此公式至今仍在巷道围岩塑性区范围计算中发挥着巨大作用[25-28]。

(2) 自然冒落拱理论

自然冒落拱理论首先由普罗托季亚克诺夫在1907年提出，又称普氏冒落拱理论，该理论认为[29,30]，巷道开挖打破了围岩的三向应力平衡状态，围岩破坏后的冒落形状为拱形，因此在进行巷道支护时，所选支护物的承载能力必须大于冒落拱内破碎岩体的质量，所选巷道断面一般为拱形或者圆形等稳定形状。其他学者[31-34]基于自然冒落拱理论，在层状岩层冒顶控制指标、冒落高度的现场测量等方面进行了研究和完善。

(3) 轴变论理论

20世纪80年代，于学馥教授[35-38](1981)在研究隧道围岩稳定过程中推导出了应力不对称情况下隧道塑性区边界方程，提出了轴比变化对围岩变形和破坏起重要控制作用的轴变论理论，该理论认为，在非轴对称应力环境下巷道围岩塑性区的形态与主应力比值有关，为研究围岩塑性区形态打下了理论基础。

(4) 围岩分区裂化理论

地下空间工程的开挖避免不了对地下空间围岩的损害，且在不同深度下的地下工程，围岩的变形破坏程度不同，俄罗斯科学院[39]通过现场测试数据和模拟试验发现围岩出现分区域破裂形态，破裂区和非破裂区交替出现，即围岩分区裂化现象。包括钱七虎、周小平、李术才[40-54](2004)等国内众多学者在深部岩体分区裂化机制、数值模拟、现场观测、围岩支护以及“深部”界定等方面进一步进行了完善。分区裂化现象仍处于定性研究阶段,后续仍需在时间、空间方面进行系统考虑。

(5) 围岩松动圈理论

中国矿业大学董方庭教授[55-59](1980)在多处工程现场采用声波法、地质雷达法等多种方法对围岩进行了结构探测,结果表明,许多工程现场围岩都出现了相似的破坏情况,当应力环境为双向等压情况下,围岩为均质、各向同性时,围岩松动破坏区呈现圆形或者椭圆形,并通过实验验证了探测结果,据此提出了围岩松动圈理论,并根据松动圈的大小对围岩进行了分类,给出了不同类型围岩的锚喷支护方式。如图 1-2 所示。

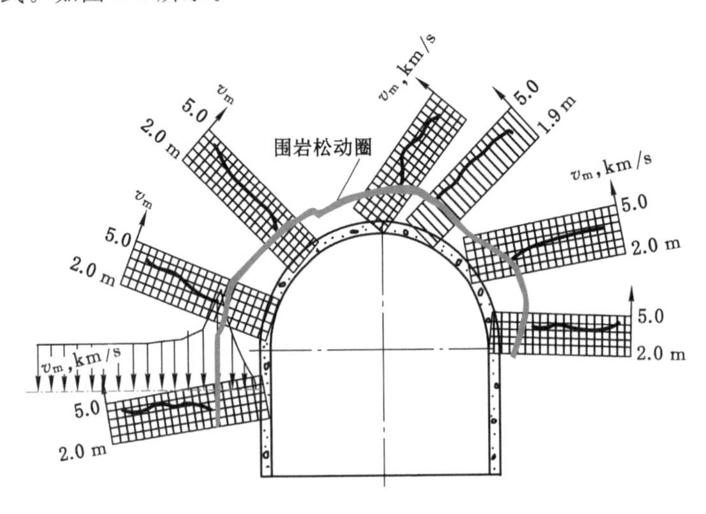

图 1-2　巷道松动圈探测示意图[55]

(6) 蝶形破坏区理论

蝶形破坏理论由马念杰教授团队提出,该理论建立了定量化研究巷道围岩力学行为的理论基础,为认识和解决地下工程灾害提供新思路和新方法,如图 1-3 所示。近年来,在巷道大变形、巷道冒顶、煤与瓦斯突出、煤与瓦斯共采、冲击地压及能量、地震机理等方面进行了系统且深入的研究。

马念杰[60,61](1990)最早研究了非均匀应力场条件下圆形巷道和矩形巷道围岩塑性区的形态分布规律,得到了非均匀应力场条件下巷道围岩塑性区会呈现出“ * ”、半“ * ”等形状,为后期蝶形塑性区理论的突破奠定了基础;赵志强[62,63]于 2014 年首次提出“蝶形塑性区”,并推导出了双向不等压应力场条件

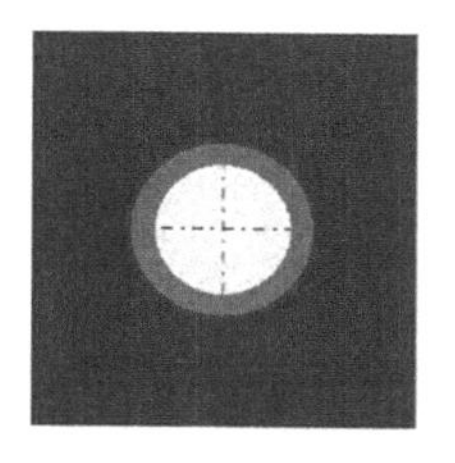
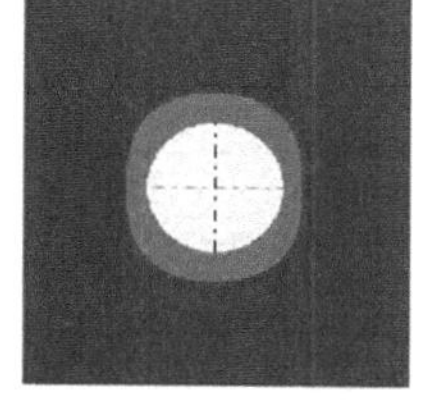
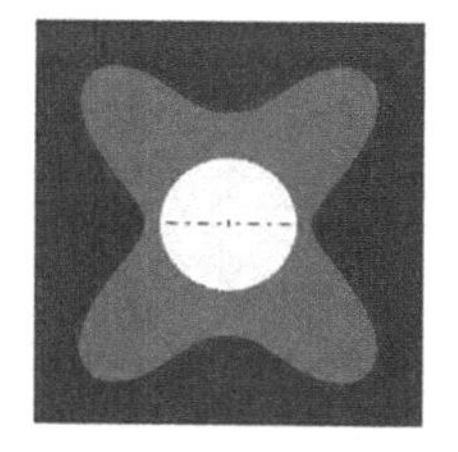

圆形（围压比 1）　椭圆形（围压比1.5）　蝶形（围压比 2.4）

最小围压 20 MPa，巷道半径 2 m，内聚力 3 MPa，内摩擦角 25°

图 1-3　圆形巷道蝶形塑性区演化形态[63]

下圆形巷道围岩塑性区八次方边界方程，从理论上解释了保德矿回采巷道的非对称大变形现象，2018 年系统阐述了蝶形塑性区理论及其在工程实践中的应用；贾后省[64,65]（2015）利用蝶形塑性区分析了层状巷道顶板冒顶机理，发现了顶板蝶叶塑性区具有穿透特性，能够隔层扩展导致冒顶；李季[66,67]（2015）分析了巷道偏应力场与塑性区之间的关系，揭示了深部高偏应力环境导致窄煤柱巷道非均匀变形破坏规律，发现了随着主应力方向的变化导致蝶叶塑性区方向也会随之变化的特性；郭晓菲[68-70]（2016）在理论上界定了非均匀应力场中平面模型中圆形巷道围岩塑性区圆形、椭圆形和蝶形三种形态，建立了圆孔围岩塑性区形态判定准则；赵希栋[4,5]（2017）利用塑性区理论分析了掘进巷道煤与瓦斯突出形成的关键前提因素以及煤与瓦斯突出启动的必要和充分条件，发现了掘进巷道蝶形塑性区的基本特性；镐振[71-73]（2017）利用塑性区理论分析了巷道冲击破坏及能量特征，发现了巷道围岩蝶形塑性区的瞬时扩展特性；李永恩[74-76]（2017）利用塑性区理论分析了深部非等压及双巷留巷围岩塑性区的扩展规律，提出了特定应力场条件下的蝶形突水机理及底抽巷合理位置布置原则；吕坤[77]（2018）利用塑性区理论分析了上下煤层同采条件下的巷道变形破坏机理，得出主应力比值及最小主应力大小与塑性区尺寸成正比关系，主应力比值是影响蝶形塑性区最重要的因素；吴祥业[78]（2018）利用塑性区理论研究了重复采动条件下巷道塑性区演化规律，建立了巷道围岩塑性区形态参数的判定标准，揭示了多次采动影响下塑性区急剧扩展规律；马骥[79-81]（2019）利用塑性区理论建立了 X 型共轭剪切破裂-地震复合模型，分析了其产生的力学机理、演化规律及能量来源；冯吉成[82]（2019）在极坐标系下利用塑性区理论揭示了不同侧压系数下围岩塑性区的扩展规律，得出蝶形塑性区在侧压系数小且发生微小变化时成倍扩展，直到蝶叶消失，揭示了非等压条件下围岩塑性区的形成、扩展的空间规律；镐振[83]（2019）以千秋煤矿为工程背景，分析了坚硬顶板条件下巷道回采期间围岩塑性区急剧扩展的力学机制，用 RPP 曲线阐述了蝶形塑性区急剧扩展的敏感因素，得出高敏感性易诱发巷道冲击地压。

除了上述关于围岩塑性区理论的研究外，国内外学者通过采用不同的研究方法和技术路径，在塑性区理论及其应用实践方面也进行了大量研究。

张承客[84](2015)在分析非静水压力下圆形隧洞围岩塑性区时，使用了复变函数理论和滑移线场理论，从而推导出了弹性区和塑性区应力组合表达式；蔡海兵[85](2015)通过对弹、塑性区半径径向、环向应力广义霍克-布朗准则无量纲化分析，确定了塑性区半径公式，得出了考虑岩体剪胀和塑性区内弹性变形为变量时，塑性区位移最大；杜强[86](2015)建立了裂隙岩体应变软化损伤本构模型，该模型考虑了损伤力学和断裂力学，研究发现，当裂隙倾角不断增大时，巷道围岩塑性区范围以及巷道表面位移量均有先增大后减小的过程，而且指出了存在一个危险的裂隙倾角会使巷道出现大变形以及塑性区的极速扩展；张继华[87](2015)通过分析粒状材料的屈服特性，建立了松散且胶结程度差的巷道力学模型，推导出松散且胶结程度差的巷道围岩塑性区半径公式，得出了巷道初始支护力可改善巷道塑性区扩展速度的结论；刘波[88](2016)基于统一强度理论和非关联流动法则，推导出了圆形巷道双向不等压时考虑中间主应力和渗流影响的围岩塑性区半径和位移解析计算式，并得出围岩塑性区半径和塑性区径向位移的大小与中间主应力影响效应成反比，与初始孔隙水压力和围岩的剪胀角大小成正比；袁超[89](2017)将巷道围岩塑性区的演化分为五个阶段，通过引入垂直主应力动压系数和水平主应力动压系数，得出围岩塑性区的半径不能稳于某值，而是可无限增长，且巷道动压很容易诱发围岩塑性区的急剧扩展，使巷道围岩失稳；袁超、王卫军[90](2017)发现巷道在开挖卸荷以后，巷道围岩塑性区主要在偏应力及采动应力的影响下进行恶性扩展，只有通过及时主动支护，才能降低巷道变形速率，降低塑性区扩展速率；贾后省[91](2018)发现处于褶曲位置中的巷道处于非等压应力环境之中，巷道围岩塑性区的扩展与传统规律不同，当主应力方向发生偏转，塑性区扩展的范围将加大，这时需采用高支护阻力的可接长锚杆去减小巷道变形；聂礼齐[92](2018)采用 Phase 2D 数值模拟软件，确定了隧道开挖引起的应力释放范围会达到 4 倍洞径，同时还揭示了塑性区范围随节理岩桥长度的增大而减小的规律；李季、马念杰[93](2018)以赵固二矿为工程背景，揭示了导致深部巷道非均匀大变形的主要原因是由于侧向采空区围岩主应力场方向的变化及主应力集中和围岩支护体刚性强导致了非均匀塑性区的扩展；董海龙[94-97](2019)在研究非等压巷道围岩分区过程中，分析了岩石长期强度和巷道围岩变形之间的关系，建立了关于岩石流变特性的三阶段应变软化模型，总结出了不同初始地应力条件下的三种巷道围岩变形的分区模式，通过分析非等压巷道力学特性,确定了相对准确的双向非等压巷道塑性区范围估算方法,在采用修正后的近似隐式法后确定了更加准确的双向非等压圆形巷道围岩塑性区半径公式,其计算结果与有限元法、复变函数法更为接近;谷拴成[98](2019)建立了圆形被锚巷道弹塑性力学模型,该模型考虑了围岩的剪胀性和中间主应力,后通过算例得出塑性区半径和锚杆轴力随着中间主应力增大而减小,当剪胀角增大时,中间主应力对塑性区半径影响程度有减小趋势;何富连[99](2019)等通过渗流理论和弹塑性理论研究了顶板淋水条件下巷道围岩的变形破坏规律,得到了渗透水压力对巷道围岩塑性区的扩展有促进作用的结论。

前人对围岩塑性区理论及其应用进行了大量细致的研究,并且发现了蝶形塑性区可以解释巷道变形破坏、煤与瓦斯突出、冲击地压及能量、地震等灾害机理,建立了定量化研究巷道围岩力学行为的理论基础,为认识和解决地下工程灾害提供新思路和新方法。本书也是基于蝶形塑性区的应力敏感性、围岩选择性、方向旋转性、强度准则低敏感性等特性,研究硬-软变化区域煤岩体塑性区扩展演化机制诱发煤与瓦斯突出的机理。

1.2.3 煤与瓦斯突出机理研究现状

对煤与瓦斯突出机理的清晰掌握对于认知、预测、消除灾害十分重要。国内外学者也一直将煤与瓦斯突出的机理视为研究热点,尤其是俄罗斯、波兰等受灾严重的国家。假说是探究机理的重要过程,学者从不同致灾因素的角度出发,提出了数十种突出机理假说[11,100,101],归纳其中典型代表有瓦斯作用说、地应力作用说、化学本质说及综合作用假说等。

其中,瓦斯作用说认为存储在煤体内的高压力瓦斯在突出中扮演主要角色;地应力作用说认为导致突出的主要因素是高地应力;化学本质说认为在化学作用下形成的高瓦斯并产生热效应是突出的主要原因;霍朵特博士在1958年提出了综合作用假说,该假说兼顾了突出发生的作用力和作用介质之间的相互关系,综合了地应力、瓦斯压力及煤的力学性质等多类因素[102,103],认为突出是多因素综合相互作用的结果,目前为止多数学者对此假说认同[104,105]。

自20世纪70年代开始至今,我国众多学者在综合作用假说的基础上开展了一系列研究,提出了多种新的假说和机理,丰富了综合作用假说的内涵,为全面清晰地认识突出机理奠定了坚实的基础。其中:

于不凡[100](1985)认为突出是由距离工作面某处的应力集中点向外不均匀扩张,该应力集中点附近的煤岩体和瓦斯等为其扩展提供能量;李中成[106](1987)认为,煤巷掘进工作面煤与瓦斯突出过程是盘状破坏的连锁反应过程,并从能量的角度出发,认为煤体积聚的弹性变形能与瓦斯内能突然释放的过程就是突出过程本质；俞善炳[107-109]（1988）建立了一维流动模型来研究煤与瓦斯突出，认为恒稳推进中瓦斯渗流与煤体破碎启动两者的相互耦合是煤与瓦斯突出的内在因素，并在完全理想情况下提出了突出的破碎启动判据；李萍丰[110]（1989）提出二相流体假说，认为在突出中心形成了由瓦斯与煤粉结合的二相流体，当煤的破坏能小于二相流体的膨胀能量时即会发生突出；周世宁、何学秋[111,112]（1990）引入了时间因素，运用流变的观点分析了突出过程中含瓦斯煤在应力与孔隙气体作用下的时空过程，相对以往研究对突出机理仅停留在弹性力学的分析有所突破，提出并建立了煤与瓦斯突出的流变假说，为创立突出的综合指标提供了条件；章梦涛、徐曾和[113]等（1991）认为煤与瓦斯突出与冲击地压都是煤岩变形后受到外界因素扰动而引发的动力灾害，提出了冲击地压和煤与瓦斯突出的统一失稳理论；梁冰、章梦涛[114,115]（1995）提出煤与瓦斯突出固流耦合失稳理论，将突出发生的关键因素之间相互作用关系给出了定量化的叙述；蒋承林、余启香[116,117]（1995）提出的煤与瓦斯突出的球壳失稳假说揭示了石门揭煤含瓦斯层时煤体的破坏以球盖状煤壳的形成、扩展及失稳抛出等形式呈现，并从能量角度得出发生突出的真正动力与能源是煤体在地应力的作用下破坏后释放出的初始释放瓦斯膨胀能；鲜学福[118-120]（2001）基于突变理论对煤与瓦斯延期突出机理进行研究，把突出过程划分为突出源的形成发展、突出的激发和发生三个阶段；郭德勇、韩德馨[121,122]（2002）提出煤与瓦斯突出的黏滑失稳机理，并对突出过程中的震动、波动、延期突出、突出间歇等现象进行了较合理的解释；郑哲敏[123]（2004）采用数量级和量纲分析的方法，认为煤层的强度低与瓦斯能量大是导致突出的根本原因；马中飞、余启香[124,125]（2006）提出了煤与瓦斯承压散体失控突出机理，分析了超前水力卸压防止散体煤与瓦斯突出作用的机理并进行了实验室验证；胡千庭、周世宁[126]（2008）提出了煤与瓦斯突出过程的力学作用机理，认为突出是煤体间歇多次破坏和抛出的过程，并对突出的准备、发动、发展和终止四个阶段进行了重新划分和详细描述；王继仁[127]（2008）提出的煤与瓦斯突出的微观机理，认为煤岩体破坏可以产生电磁波，让瓦斯吸附伴生分子体系由吸附态变为激发态，致使瓦斯压力增大冲破弱面发生煤与瓦斯突出；谢雄刚、冯涛[128]（2010）从能量平衡角度的分析煤与瓦斯突出的机理，认为瓦斯膨胀能和弹性应变能是突出的主要动力来源，能量平衡与否关系到突出是否发生；李祥春、聂百胜[129,130]（2011）认为在振动场、电磁场、应力场与渗流场等多场耦合作用下，含瓦斯煤体内新旧裂隙汇合、扩展、贯通，产生大量宏观裂隙，最终导致突发性失稳破坏，导致煤与瓦斯突出；谢焰、陈萍[131]（2011）在流固耦合理论的基础上提出了渗透性失稳机理，认为瓦斯的渗透力导致煤体失稳，进而瓦斯膨胀压力造成煤与瓦斯突出运移；潘一山[132]（2016）提出了复合动力灾害发生的统一机理，认为煤体变形破坏出现裂隙，受外力扰动裂隙发育致使瓦斯解吸，而后煤与瓦斯变形系统发生动力失稳释放能量引发突出。

除此之外，吕绍林、何继善[133]（1999）基于瓦斯地质和地球物理介质条件研究，提出了关键层-应力墙瓦斯突出机理，认为关键层使煤层拥有了发生瓦斯突出的介质条件，在采场集中应力作用下易在工作面前方形成具有高瓦斯内能与高弹性潜能的应力墙，应力墙的动态平衡若被破坏会导致瓦斯突出；罗新荣[134]（2006）使用 RFPA 2D 软件对掘进煤巷工作面应力状态与"三带"范围进行了数字仿真，认为掘进煤巷工作面应力"三带"分布对于延时煤与瓦斯突出起到重大作用；林柏泉[101,135]（2007）认为突出发生由地应力、瓦斯、煤体与卸压区宽度四部分综合作用导致；韩军[136]（2008）认为向斜构造区域的高地应力、高瓦斯压力和构造煤发育三个因素综合作用导致该区域突出事故的发生；杨威、林柏泉[137]（2011）理论分析了"强弱强"石门揭煤消突机理，指出造成突出的主要原因是揭煤过程中能量突然释放造成的冲击，通过模拟分析了强弱圈层配合使用时防突效果显著；闫江伟[138]（2013）提出地质控制机理，认为一定规模的瓦斯突出煤体是突出发生的关键致灾因素；舒龙勇[139,140]（2017）提出了煤与瓦斯突出关键结构体致灾理论，建立了突出关键结构体模型，重新划分了突出过程的 4 个阶段，并将煤与瓦斯突出分为准静载作用下的延迟突出和动载作用下的瞬时突出 2 种类型；马念杰、赵希栋[4]（2017）提出了掘进巷道煤与瓦斯突出机理的猜想及发生突出的强度、应力、角度和触发事件等四个必要条件，并确定了突出发生的充分条件；王启飞[141]（2018）通过研发恒推力煤层掘进模拟实验系统，建立了巷道开挖破坏应力平衡后应力由不平衡状态向平衡态演变的动态响应模型，并得出巷道掘进过程中煤与瓦斯突出机理的应力演化规律；师皓宇[142]（2019）基于能量理论，阐明了煤与瓦斯突出过程中岩体弹塑性状态转化前后应变能释放机理，指出瓦斯势能和煤岩体弹性能共同作用并转化为煤岩体动能导致煤与瓦斯突出。

综上所述，国内外学者通过理论分析、物理模拟、事故反演、现场试验、假说猜想等多元手段，综合考虑了应力、介质、能量等多个角度，从宏观、中观、细观、微观等不同视角，提出了对于煤与瓦斯突出机理、突出过程、突出现象、突出发生的充分必要条件等方面的见解，为更加深入认识突出机理奠定了基础。但由于突出是一个非常复杂的问题，目前尚未出现一种理论可以解释所有的突出事故，因而暂未形成统一认识。

1.2.4 煤与瓦斯突出影响因素研究现状

近年来，国内外学者对于突出发生的影响因素进行了大量有益的探索，获得了丰富的研究成果。从宏观地质结构到微观介质颗粒等不同角度，分析了突出的各种影响因素，其中以地应力、煤的物理力学性质、瓦斯以及地质构造等因素综合影响为主。前文中已经对地应力与煤与瓦斯突出的关系进行了详细阐述，本节不再赘述。

(1) 煤的物理力学性质对煤与瓦斯突出的影响

高魁、刘泽功等[143](2013)对构造软煤的物理力学特性进行了研究，认为构造软煤带易发生煤与瓦斯突出主要原因是构造软煤的物理力学特性；程远平等[144,145](2019)将构造煤与原生煤进行了系统性对比，提出构造煤的强度和内聚性较低，其破坏所需的能量较低，有很快的瓦斯解吸能力，认为构造煤不仅是更易于突出，也更是突出发展的一个必要条件。

降文萍、宋孝忠等[146](2011)通过对不同煤体结构构造煤的孔隙特征研究，认为碎粒煤、糜棱煤中的狭缝形平板孔、墨水瓶形孔是造成构造煤瓦斯突出的一个主要内在因素；唐巨鹏、孙胜杰等[147](2019)通过模拟试验研究，认为孔隙压力是煤与瓦斯突出过程中主要动力诱导因素占据了煤体突出孕育能量中的主导地位，与突出孕育和激发都有密切联系，且随着含水率增加，突出能量转化率越小，越不易发生煤与瓦斯突出。

袁瑞甫、李化敏[148](2012)通过对不同强度含瓦斯煤体进行突出模拟试验研究，得出煤体强度对突出强度的影响较小，起负作用，软煤较中硬煤更易突出且突出强度更大；张文清[149](2015)通过对比两种煤体在不同应变率条件下的动态应力应变曲线，通过能量分析将突出过程分为临界突出和突出两个阶段。此外，许江、刘东等[150](2010)通过对不同煤粉粒型煤的研究，得出煤样粒径越小，煤与瓦斯突出发生时的强度越大，吸附的瓦斯量越大，但突出破碎效果不明显；蒋长宝、尹光志等[151](2014)研究认为煤层原始含水率越高，发生煤与瓦斯突出的危险性越小；孙家继[152](2017)研究认为，煤中可溶有机质对煤孔隙具有堵塞和缩孔的作用及具有提高煤吸附瓦斯的能力，煤中可溶有机质的存在增高了煤层突出的危险性。

(2) 瓦斯对煤与瓦斯突出的影响

景国勋、张强[153](2005)认为，瓦斯在孕育阶段主要通过吸附在煤体表面来降低煤体强度、提高煤的脆性刚度。煤体在受到地应力破坏后，煤体向大裂纹中释放瓦斯的膨胀能是瓦斯突出的主要能源；王家臣、邵太升等[154](2011)进行试验研究后，提出瓦斯对煤样结构影响复杂，其对煤样力学性质的影响程度与围压呈反向关系，瓦斯影响煤样力学性质进而影响煤与瓦斯突出；王刚、程卫民等[155](2011)对煤与瓦斯突出的能量条件进行了研究，认为瓦斯内能为突出的能量来源，地应力、煤的 f 值、掘进进尺决定了突出需要的瓦斯含量；高魁、刘泽功等[156](2015)研究认为，瓦斯压力是突出的动力来源，由于瓦斯压力的突然降低，释放出膨胀潜能进而加速煤体向采掘作业空间抛出；程远平等[157-159]（2016）研究认为自有气体的膨胀能量主要在压碎煤体的过程中被消耗不足以达到突出时煤块的大量输送，瓦斯在短期内的快速解吸是突出的重要前提，其可以显著提高总突出能量和突出冲击波的峰值；王汉鹏、张冰等[160]（2017）利用模拟试验，认为随吸附气体含量增加，型煤发生突出的风险增加，吸附气体含量越大其突出强度越大，并提出了吸附气体膨胀能的测定方法。

（3）地质构造对煤与瓦斯突出的影响

郭德勇、韩德馨[161]（1998）根据突出倾向性将地质构造分为突出构造和非突出构造，利用地质构造分段性将地质构造分为突出段和非突出段，认为突出构造的突出段对煤与瓦斯突出起到直接控制作用；周丕昌、刘万伦等[162]（2009）研究认为，高瓦斯和封闭性好的地质条件是瓦斯突出的物质基础，压性和压扭构造等地质构造的发育及地应力作用共同构成突出的主要因素；张宏伟等[163-165]（2010）对构造演化过程进行分析，对比瓦斯地质、应力、采动等因素，得出推覆构造为煤与瓦斯突出提供了低强度的煤体与高含量的瓦斯，认为煤与瓦斯突出的影响因素均受到地质构造演化的控制进而影响煤与瓦斯突出；郝富昌、刘明举等[166]（2012）对重力滑动构造形成机制等进行研究，认为滑动构造前缘因挤压应力作用，阻碍瓦斯逸散使瓦斯含量急剧增加，易发生煤与瓦斯突出；董国伟、胡千庭[167]（2012）研究认为，水城矿区因隔档式褶皱导致构造煤形成，其应力环境造成瓦斯封闭富集，距离向斜轴部越近突出越密集且危害越大；代志旭、石祥超[168]（2012）研究认为，平顶山矿区煤与瓦斯突出区域很少发生在负曲率范围，多发生在曲率变化值较大及正曲率的范围内；贾天让、王蔚等[169]（2013）研究认为，构造演化和断层走向与现代构造应力场最大主应力方向的关系控制着煤与瓦斯突出危险性，其中断层走向与最大主应力垂直时突出危险性最大；赵发军、王倩等[170]（2013）研究认为，滑动构造控制使煤层的孔隙率减小、强度降低，瓦斯风化带周围瓦斯梯度增大，易发生煤与瓦斯突出；肖鹏、赵鹏翔等[171]（2013）研究得出软分层瓦斯压力梯度、浓度梯度和其煤体骨架所承受合外力强度的综合效应与发生煤与瓦斯突出有紧密联系，软分层与其上覆硬煤层厚度大致相同时，发生突出的危险性最大；张建国[172]（2013）对平顶山矿区构造演化进行研究，认为地质构造活动积聚了较大的变形能，为突出提供了动力条件；薛凉[173]（2018）认为，控制煤与瓦斯突出是通过控制发生煤与瓦斯突出的条件如瓦斯、煤体结构等进而进行控制的；乔国栋、高魁[174]（2020）研究得出淮南煤田逆冲推覆构造带内构造煤发育、瓦斯含量高为煤与瓦斯突出创造了物质基础条件，而较高的构造应力及瓦斯压力为煤与瓦斯突出提供了动力条件。

（4）其他因素对煤与瓦斯突出的影响

邱贤德、庄乾城等[175](1992)研究认为，采场支承压力对突出起到控制作用，其破坏煤体的原生结构，煤体顶底板中的弹性能由于顶板的周期来压发生周期性变化，成为突出的动力来源；黄旭超、王克全等[176](2011)对采掘工作面前方煤体应力峰值变化进行研究，认为推进速度越快，突出危险性越高；张超林[177](2015)研究认为，应力集中系数越大，相对突出强度越大且突出孔洞体积越大，但其相对应力集中系数增大的部分有某个阈值；潘超[178](2015)研究认为，断层影响带内地应力因采动影响而升高，进而影响瓦斯压力增高导致突出发生；王刚、武猛猛等[179](2015)研究分析认为，瓦斯突出的最主要能量来源为瓦斯内能；李慧、冯增朝等[180](2018)通过对煤与瓦斯突出进行三维模拟试验研究，得出在突出之前煤体内部瓦斯压力和体积压力呈正相关性，提出煤与瓦斯突出与地应力、瓦斯压力、煤体强度和出口煤岩体抵抗强度相关；唐巨鹏、丁佳会等[102](2018)通过相似模拟实验得出影响石门揭煤突出强度主要因素是临界有效应力与揭煤面面积，揭煤处突出能量及突出强度随其增加而增大。

此外，孟贤正[181](2013)研究得出，采放比大于等于1∶3的突出特厚煤层初采期，放顶煤开采提高了突出危险性；雷东记、赫少攀等[182](2014)得出岩浆岩侵入对构造煤的分布有影响，煤与顺煤层顶板或底板侵入的岩浆接触形成天然焦，同时产生推挤应力，进而形成破坏程度不同的构造煤，岩浆作用使构造简单部位形成高瓦斯含量现象，为突出提供动力；罗勇、陶文斌等[183](2015)认为天体引潮力和煤与瓦斯突出有一定的相关，引潮力对突出的发生有一定的推动作用，二者都表现出时间上的周期性和空间上的地区差异性，且在引潮力作用最弱时，突出发生的频率低，作用最强时，突出发生的频率高；刘杰、王恩元等[184](2016)通过模拟研究，认为煤与瓦斯突出的危险性随煤层埋藏深度的增加而增高，随煤层厚度增加及煤体强度升高而减少；陈鲜展[185](2017)进行突出模拟实验得出，突出口径越大，瓦斯压力下降越快，突出强度也越大，煤体温度在突出过程中改变，即含瓦斯煤的破断失稳和突出特性受突出口径影响。

1.2.5 煤与瓦斯突出危险性评估方法研究现状

突出危险性评估是基于煤与瓦斯突出机理，对突出危险区域的一些前兆信息进行有效识别，并依此判断突出的风险及强度。合理地利用突出危险性预测方法可以确定高突出危险区域位置并设计针对性的防突措施。专家提出了许多煤与瓦斯突出危险性评估方法，大体上可分为区域突出危险性预测和工作面突出危险性预测[186]。

(1) 区域突出危险性预测

区域突出危险性预测的常用方法种类较多，其中，单项指标法、综合指标D-

K 法、地质指标法、按照煤的变质程度法和瓦斯地质单元法应用普遍。图 1-4 为煤层(区域)突出危险性综合指标诺模图。

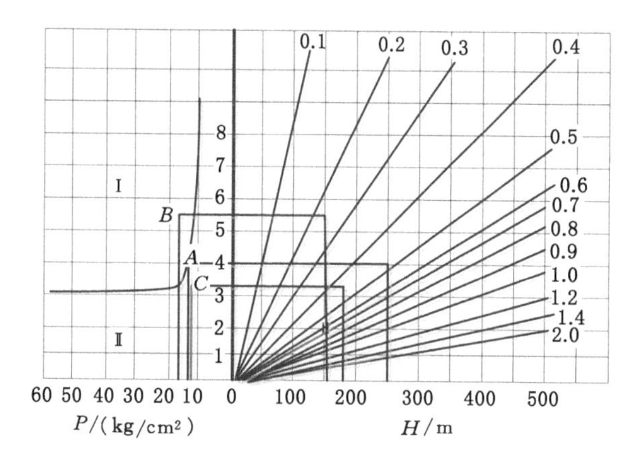

图 1-4　煤层(区域)突出危险性综合指标诺模图[4]

单项指标法采用的煤层突出危险鉴定指标为瓦斯放散初速度、煤层瓦斯压力、煤的破坏类型、煤的坚固性系数,当这些指标全达到临界值时,可预测该煤层为突出危险煤层。另外,依据煤的被破碎程度,将煤的破坏分为两大类,五种类型:无突出危险(Ⅰ、Ⅱ)、突出危险(Ⅲ、Ⅳ、Ⅴ)[187]。综合指标 D-K 法[187,188]采用的煤层突出危险鉴定指标为煤层开采深度、煤的坚固性系数、煤层瓦斯压力、煤的瓦斯放散初速度,综合考虑多个因素指标提出综合指标 D、K,当 D、K 指标全达到临界值时,可预测该煤层为突出危险煤层。地质指标法采用的煤层突出危险鉴定指标为煤层围岩定量指标、地质构造定量指标、煤层综合指标和煤层瓦斯指标,当这些指标全达到临界值时,可预测该煤层为突出危险煤层[189]。按照煤的变质程度法将不同变质程度煤依据挥发分分为三类:低变质程度(挥发分为 27%～35%)、中等变质程度(挥发分为 9%～18%)和高变质程度(挥发分小于 9%)。由不同变质程度煤中发生突出的统计可知,煤在中等变质程度时易发生煤与瓦斯突出,而在低变质和高变质程度时不易发生突出。瓦斯地质单元法[190]利用地质构造等参数,把煤层划分为不同危险程度瓦斯地质单元来实现区域预测。

(2) 工作面突出危险性预测

工作面突出预测方法分为两类:非连续预测和连续预测[191,192]。非连续预测指的是在工作面钻孔获得影响突出的敏感指标,对收集到的数据进行统一归纳量化,最后将量化数值与临界数值进行比较,从而判断工作面有无突出的危险。常见的非连续预测方法根据其量化的指标的单一和多种因素共存分为单一指标法和综合指标法。

钻屑量法[186]采用工作面突出危险鉴定指标为钻屑量和钻屑倍率；钻孔瓦斯涌出初速度法[193-195]采用工作面突出危险鉴定指标为钻孔瓦斯涌出初速度 q（与挥发分含量有关，挥发分含量越大，钻孔瓦斯涌出初速度越小）；钻屑瓦斯解吸指标法[196]采用工作面突出危险鉴定指标为钻屑解析指标 Δh_2 和 K_1，当以上的各鉴定指标达到或超出其临界值，即可预测工作面有突出危险性。以上三种方法的量化对比指标都为单一指标，故统称为单指标法。

单一指标的预测测量方法较为便捷，但由于受地质构造因素及人为因素对预测的影响，其预测准确性差。将多个量化的敏感指标进行综合考察，依据其对突出的影响程度，建立综合指标预测公式，此种方法被称为综合指标法。综合指标法在一定程度上克服了单一指标法的片面性，准确性得到提升，但是预测数据的处理较为复杂。

R 值指标法[197]是常见的综合指标法，其采用工作面突出危险鉴定指标为钻屑量和瓦斯涌出初速度，其量化的值达到或超出临界值，即可预测该工作面有突出危险性。综合瓦斯解吸指标 G 和综合指标 F 在我国也有较多的应用。

综上，可以看出非连续预测测量方法较为简易方便，但收集量化指标的工程量较大，严重影响井下采掘工作的正常开展，不符合高产高效的生产需求，且量化的指标以及所确定的临界值仅建立在大量收集的经验数据上，缺乏具体的理论支撑。

连续预测指的是动态的（连续的）监测工作面煤体影响煤与瓦斯突出的敏感指标，进而预测该工作面有无突出危险性的方法。常见的连续预测方法有温度监测法、瓦斯涌出动态法、声发射监测法、电磁辐射监测法。

温度监测法[198]监测的敏感指标为受瓦斯压力影响大的钻屑温度和煤体温度；瓦斯涌出动态法[199]监测的敏感指标为瓦斯涌出的动态变化；声发射监测法[200]的敏感指标为受载煤岩体内部裂隙影响大的声发射信号；电磁辐射监测法[201,202]的敏感指标为电磁辐射强度和脉冲数。以上的预测方法均是通过对敏感指标变化的监测，判断煤与瓦斯的状态，进一步预测工作面的突出危险性。

综上，国内外学者在地应力与突出的关系、围岩塑性区理论及应用、煤与瓦斯突出机理、影响因素以及危险性评估方面进行了大量有益的探索，取得了丰富的成果，为进一步科学合理地认识和防治煤与瓦斯突出奠定了坚实的基础。但当前的防灾技术手段仍不能满足矿井安全高效生产的需求，要实现突出风险的精准预测和突出隐患的有效消除还有很长的路要走。

2 突出危险区域地质环境特征

2.1 突出危险区域地应力场特征

2.1.1 突出危险区域原岩地应力场分布特征

存在于地层中没有受到扰动的天然应力称为地应力，其主要由岩体自重和地壳构造运动引起，是以水平应力为主的三向不等压应力场，并且三个主应力的方向和大小会随着时间和空间的改变而不断发生变化，属于一种不稳定的应力场，地质构造、地形地貌、岩性、断层、温度等因素都会影响地应力的方向和大小。不同矿区的地应力由于受多种因素影响其变化十分明显，研究应力场对矿山动力灾害的控制作用至关重要。

原岩地应力场与突出危险紧密相关，通过对以往实际发生的煤与瓦斯突出案例以及国内外学者的研究成果进行分析，发现地应力（尤其是构造应力）对于煤与瓦斯突出的发生和突出危险区域的分布具有明显的控制作用，地应力场的分布规律将直接影响该处煤层的突出倾向和危险等级。因此，有必要深入分析煤与瓦斯突出危险区地应力场分布规律，为突出机理的研究奠定基础。

为了获得突出危险区域原岩地应力场分布特征，本节通过文献调研收集了部分突出危险区域原岩地应力场的实测数据，通过对数据的深度挖掘分析，揭示突出危险区域原岩地应力场分布特征。根据大量文献统计，获得突出危险区域原岩地应力场的数据，列举其中部分数据见表 2-1，并基于表 2-1 的数据得到突出矿区地应力分布规律，如图 2-1 所示。

表 2-1　部分突出矿区地应力实测数据统计

序号	测点位置	埋深/m	最小主应力			中间主应力			最大主应力			数据来源
			数值/MPa	方位角/(°)	倾角/(°)	数值/MPa	方位角/(°)	倾角/(°)	数值/MPa	方位角/(°)	倾角/(°)	
1	新集二矿−750 m水平	760	9.4	23.0	−20.7	15.7	75.5	−60.0	24.0	108.2	−9.2	王震等[203]
2		770	11.4	193.9	16.0	15.2	76.1	62.7	21.2	103.8	11.3	
3	潘一矿井底车场	549	12.2	256.2	9.6	13.2	−72.6	78.8	23.1	167.2	5.7	韩军等[204]
4	平煤六矿水仓	657	10.1	180.0	28.6	15.5	−43.0	−76.0	28.6	268.0	9.0	
5	鹤壁六矿卸载站	450	5.6	170.2	−35.0	10.60	−27.6	−53.7	22.00	254.2	8.5	
6	兴安矿三水平北33层大巷	550	12.6	166.0	22.5	14.8	7.9	65.9	25.1	259.4	8.1	
7	平煤八矿−430 m大巷中部车场	495	6.0	209.5	−30.3	12.5	28.5	−59.7	28.1	119.2	−0.4	闫江伟等[205]
8	平煤十二矿己14-31010机巷	1 090	17.3	165.7	14.5	19.3	−25.0	75.3	41.3	255.0	−2.6	
9	平煤一矿石门	440	11.4	196.4	−21.1	12.7	49.4	−65.3	19.0	111.2	12.2	
10	平煤四矿戊九新专回巷	764	14.8	249.9	35.1	19.5	33.7	47.2	23.4	145.1	18.9	
11	平煤五矿−650 m车场火药库	960	18.2	98.6	54.4	19.0	6.2	1.8	29.2	95.0	−35.5	
12	平煤十矿	1 123	31.3	149.2	15.3	38.1	209.4	−75.8	65.4	60.1	−1.0	蔡美峰等[206]
13		785	18.3	293.4	−4.8	22.2	219.0	71.4	34.3	202.4	−16.9	
14		869	17.2	21.5	70.4	25.5	333.3	−11.5	44.4	56.0	−13.6	
15		514	15.4	146.2	16.1	17.5	131.1	−72.6	31.4	53.2	6.1	
16		914	14.2	27.5	81.4	28.3	132.2	2.3	40.2	43.1	−7.8	
17	平煤十矿中区戊8-30010外段	914	16.4	42.0	79.1	23.1	133.0	−4.5	43.4	−130.8	9.3	
18	谢一矿南B10槽底板巷	673	12.9	153.4	−11.3	17.8	−11.2	−78.3	25.2	244.0	−3.0	刘泉声等[207]
19	潘三矿−750 m水平皮带机石门	750	11.7	2.4	0.2	15.9	272.1	53.6	27.8	87.6	36.4	
20	九里山矿东轨一皮三横贯	230	4.9	120.7	−26.6	6.1	−40.9	−62.3	12.4	226.3	−6.6	蔡海峰等[208]

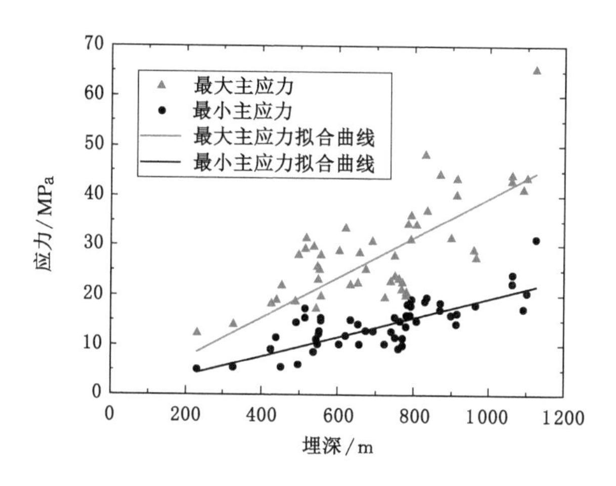

图 2-1 突出矿区地应力分布规律

由图 2-1 可以看出，随着埋深的增加，最大主应力和最小主应力均呈现增加的趋势，但线性增长关系并不严格，回归分析表明，最大主应力拟合曲线的相关系数为 0.446，最小主应力拟合曲线的相关系数为 0.513。通过数据也可看出，突出矿区的主应力值较静水压力而言均较大，例如 1 000 m 深度处按照自重计算所受到的原岩应力值约为 25 MPa，但图表中突出矿井相应深度的实测最大主应力可达到 65.5 MPa。一般来说，构造应力均是水平应力，可见突出危险区域构造应力起主导作用。

同时，通过表格中的数据发现，区域主应力场的方向规律性不强，数值较为离散，其方位角和倾角均未呈现明显的特征规律，甚至同一矿区同一矿井同一工作面的不同位置处主应力的方向也出现较大变化，可见突出危险区域的主应力场具有分布方向复杂、角度多变的特点。

将突出危险区域应力的比值分布绘制散点图，如图 2-2 所示。可以发现，在统计的全部 56 个数据点中，突出危险区地应力最大主应力与最小主应力比值低于 1.5 以下的点的个数为零，比值均在 1.5 以上，这说明低主应力比值下，突出危险性较小或不存在突出危险；比值大于 3 的点的数量为 3，占总数的 5.36%，比值介于 2～3 的点的数量为 27，占总数的 48.22%，比值介于 1.5～2 的点的数量为 26，占总数的 46.43%，多数比值集中在 1.5～3 之间，更有甚者比值接近 5。从这些数据中可以发现，发生突出的区域最大、最小主应力的比值较大，这是发生突出危险的先决条件。同时可以看出，最大、最小主应力比值在浅部变化较大，随着深度的增加变化幅度减小，但比值仍然保持在 2 左右。

综上，通过数据统计可以发现突出矿区的地应力场分布在数值上特征明显，

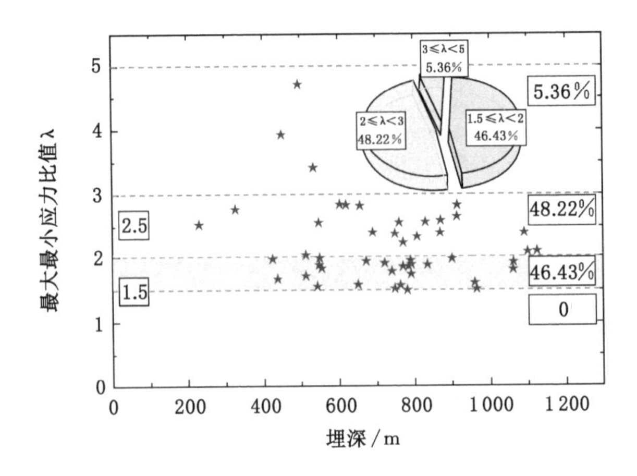

图 2-2 突出矿区最大最小主应力场比值分布

多数情况下突出危险区域水平的构造应力起主导作用,构造应力远大于自重应力;最大、最小主应力的比值普遍大于 1.5,大部分突出危险区域的比值介于 1.5～3 之间,有的甚至达到 5 左右;区域主应力场的方向复杂,角度多变,无明显规律。这说明高主应力比值是突出危险区域的显著地应力特征。

2.1.2 区域应力场及其应力状态

圣维南原理:假设弹性体的一部分面积或者体积上的荷载的合力和合力距都等于零,那么在荷载作用区的远端,其应力可忽略不计。换句话说,荷载的具体分布只对其作用区附近的应力分布有影响,因此对于复杂的力边界,可用静力等效的力来代替。将圣维南原理应用到地下工程掘进巷道中可知,在地下足够大的空间范围内,巷道的存在对边界影响可以忽略不计。因此本书所谓区域应力场,就是作用于地质单元体的边界应力场。

假定在含煤地层中任取一地质单元体(六面体),如图 2-3 所示。在笛卡尔坐标系下,由于该地质单元体在地层中相对周边岩体处于静止状态,则地质单元体自身处于一种应力平衡状态。若将地质单元体视为地层中空间的一点,则作用于同一地质单元体上所有不同外法线方向平面上的应力矢量构成该地质单元体的应力状态,即区域应力状态。

则该点的应力状态可以用应力张量 $\boldsymbol{P}_{ij}(x,y,z)$来表示,即:

$$\boldsymbol{P}_{ij}(x,y,z)=\begin{bmatrix}P_{11} & P_{12} & P_{13}\\ P_{21} & P_{22} & P_{23}\\ P_{31} & P_{32} & P_{33}\end{bmatrix} \tag{2-1}$$

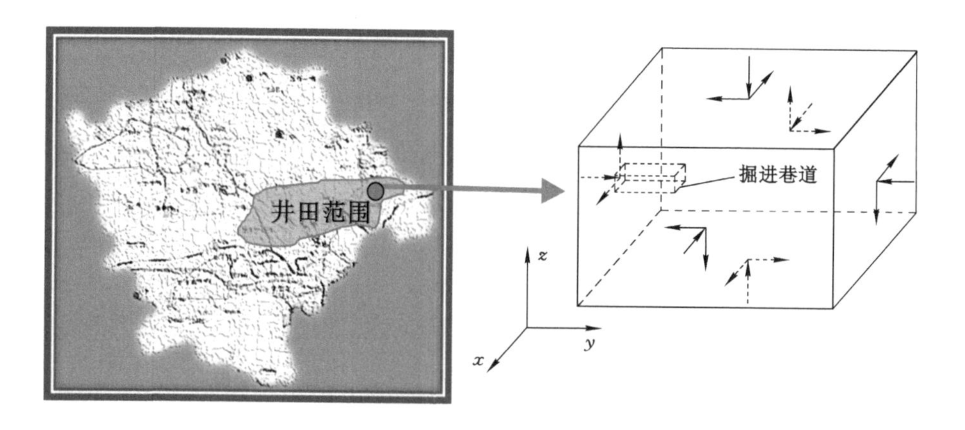

图 2-3　地质单元体示意图

式中，$i,j=(1,2,3)$。$P_{ij}(x,y,z)$的大小取决于该点的空间位置。

根据弹性力学基本原理，只要知道 P_{11}，P_{22}，P_{33}，P_{12}，P_{13}，P_{23} 即可求得该点任意截面上的正应力和切应力，此六个应力分量可以完全确定该点的应力状态。

在地质单元体强度准则确定的条件下，该点的应力状态直接决定其是否破坏。根据摩尔强度准则，在最大主应力 σ_1 固定的情况下，若最小主应力 σ_3 减小，则该点应力状态越接近破坏状态，即，该处岩体越不稳定；在最小主应力 σ_3 固定的情况下，若最大主应力 σ_1 增大，点应力状态也越接近破坏状态，即岩体亦越不稳定。但无论何种情况，随着 σ_1/σ_3 比值的增大，地质单元体更容易发生破坏。换句话说，即应力比值越大，地质单元体越容易发生破坏。则突出危险区域原岩地应力比值较大时，突出危险区域的岩体也容易发生破坏，因此区域应力状态与塑性区发育以及突出危险必然存在内在的联系。

2.2　突出危险区域硬软变化地质结构特征

地质构造对煤与瓦斯突出的控制作用明显，这是综合作用假说的重要组成部分，在很早之前就已经被广泛接受，至今仍然是研究煤与瓦斯突出机理和影响因素的重要研究方向。以往学者对断层、褶曲、滑动等单一类型的地质构造下的突出机理进行了深入研究，也对多种构造并存的复合构造带开展了一系列探索，从地质构造对地应力、瓦斯运移、煤体结构、煤层结构的影响等方面进行了合理解释。但目前对于突出危险区域的共性地质结构特征缺乏总结。本节将分析突出危险区域赋存煤岩体的内在力学特性，并通过事故统计分析说明突出危险区域的地质结构特征。

需要特别注意的是，本书所指“硬-软”并非单指狭义的煤体强度所表示的“硬煤-软煤”含义，而是泛指掘进巷道所处围岩环境发生相对的“硬软”改变，即掘进面经过煤系地层中赋存紧邻的、有一定范围的、硬软强度差异明显的煤岩体。

2.2.1 突出危险区域煤体结构特征

关于突出危险区煤体结构的概念最早于1983年提出，原焦作矿业学院瓦斯地质课题组提出了“瓦斯-地质区划论”，认为突出发生是受地质条件控制的。为了区别“煤的结构”“煤层结构”等概念，将突出煤层的煤结构称为煤体结构，并对构造结构煤与原生结构煤的宏观、微观特征进行了对比，指出构造结构煤的存在是突出的一个必要条件[211]。而后则常用煤体结构代表煤结构的破坏类型这一内涵，实际上是一种构造形迹特征，它反映了煤层的应变历史和应变特征[212]。

煤体结构是指煤层各组成部分的颗粒大小、形态特征及其相互关系[213]。在突出危险区域，同一煤层中分布着不同的煤体结构，其煤体颗粒大小及接触关系的不同是导致煤体均质性、各向异性差异明显的内在原因；外在表现即为不同的煤体结构，其强度、渗透率等的不同。具体表现为：

(1) 构造结构煤的强度低于原生结构煤，在同一应力状态下更容易发生破坏，在突出启动时更容易被抛出；

(2) 构造结构煤的煤体孔隙大于原生结构煤，渗透性较差，易形成瓦斯富集区；

(3) 构造结构煤的瓦斯放散速度、瓦斯解吸速度均高于原生结构煤。

作为衡量突出危险性的一项重要指标，煤体结构依据破坏程度有多种分类方法[213]，主要有苏联的五类划分法、我国原煤炭工业部的五类划分法、原焦作矿业学院的四类划分法、原中国矿业学院的三类划分法等，以及矿井生产中习惯使用的软煤、硬煤二类划分法。其中，软煤、硬煤二类划分法由于误差小、简单易行且适用于一线现场，因而被广泛推广，在矿井突出预测及防治方面发挥了重要作用。本书重点研究突出危险区域煤岩体强度差异造成的塑性区非连续扩展机制，因此选用简单易行的二类划分法来表征煤体结构，原生结构煤即为硬煤，构造结构煤即为软煤。

许多学者从不同角度对煤体结构类型进行试验研究。文献[214]讨论了煤体结构类型与坚固性系数(f)之间的内在联系,表明不同煤体结构煤的坚固性系数具有相对密集的值域。依 f 值可将煤体结构较明确地区分为硬煤和构造软煤两大类,所以,f 值可以作为区别硬煤和构造软煤的分类指标。《防突细则》中提供了一个参照临界值:$f<0.5$ 时,试验煤为构造煤,即软煤,具有突出危险性。但 f 值只能作为经验参考,有的矿区如平顶山矿区,其煤层整体都比较软,构造煤 f 值都小于 0.2。图 2-4 为不同煤体结构的 f 值测定。

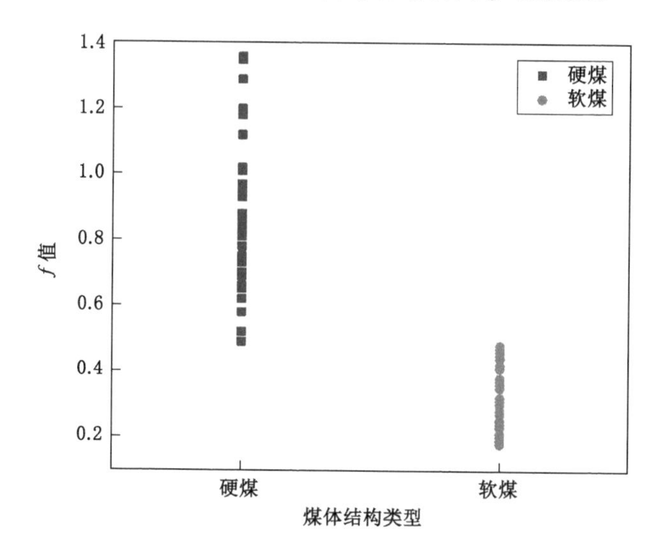

图 2-4　不同煤体结构的 f 值测定

程远平教授课题组致力于构造煤和煤与瓦斯突出关系的研究,对于构造煤的储层特性进行了系统而全面的分析[145]。通过研究不同地区的构造煤和原生煤在不同围压下的抗压强度和弹性模量发现,构造煤和原生煤在抗压强度和弹性模量方面差异明显:构造煤的单轴抗压强度一般小于 3 MPa,而原生煤的单轴抗压强度为 10～80 MPa;构造煤的弹性模量小于 1 GPa,而原生煤的弹性模量为 2～8 GPa。由于构造煤体无法重构,为了尽量避免实验室制样过程对结果的影响,董骏等[215]将同一地点取样的构造煤和原生煤直接粉碎筛分到所需的尺寸进行力学测试,结果表明,相对有效弹性模量(定义为原生煤与构造煤的有效弹性模量之比)与相对抗拉强度(定义为原生煤与构造煤的抗拉强度之比)均随煤粒径的增加而增加,说明原生硬煤的弹性模量与抗拉强度要普遍高于构造软煤,且煤样之间的力学性能差异比两者颗粒之间的差异更为显著。如图 2-5、图 2-6 所示。

因此,从煤体结构的角度来看,软煤与硬煤在坚固性系数、弹性模量和抗拉

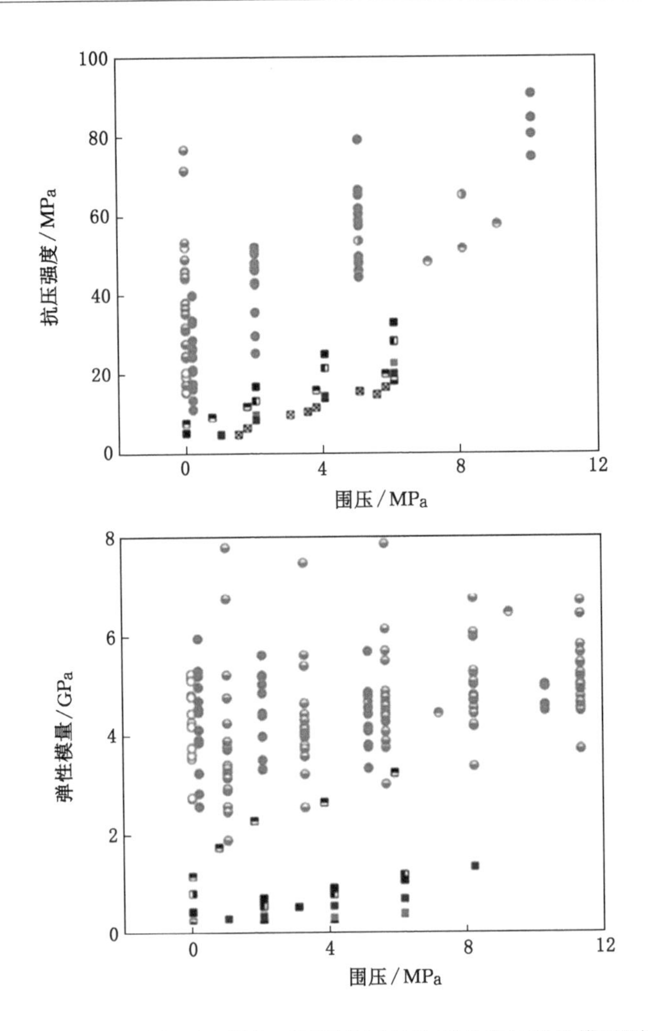

图 2-5　构造煤与原生煤在不同围压下的抗压强度与弹性模量测值[145]

强度方面具有明显差异。由于地应力存在“欺软怕硬”的围岩选择性，软煤的低强度特点导致其在相同应力条件下更容易发生破坏，进而引发瓦斯解吸和能量释放，诱发突出启动，因而对于构造发育地带，软煤的存在是突出发生的有利因素，硬煤与软煤的内在特性差异是突出启动的诱因之一。

2.2.2　突出危险区域地质结构特征

大量调查研究资料表明，煤与瓦斯突出分布是不均衡的，具有分区分带的特点。对于存在有地质构造带的煤层，其煤体结构的自身差异易于诱发突出。但

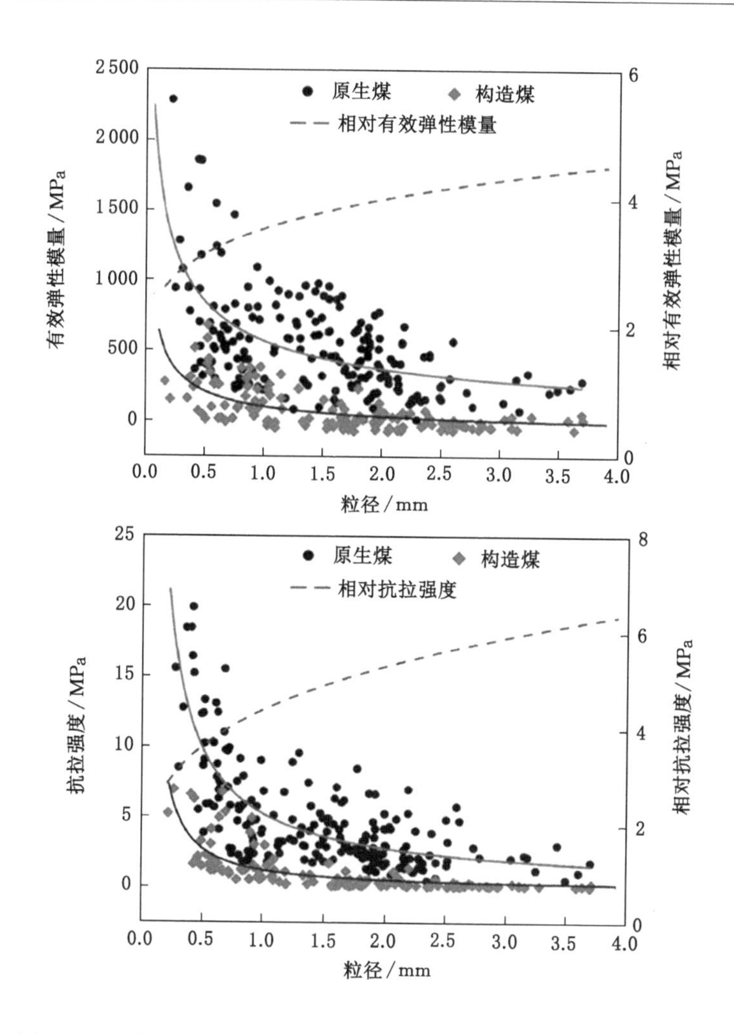

图 2-6 不同粒径下原生煤和构造煤的有效弹性模量和抗拉强度测值[145]

是，并非所有的突出事故都是由于软煤存在而诱发的。如石门揭煤，目前并不能证明所有的揭煤事故都是由于刚好在软煤处揭露；还有煤层变厚诱发的突出，也不是所有的变厚煤层都存在煤体结构的改变。因此有必要进一步对突出危险区域的地质结构共性特征进行研究。

笔者通过文献调研和现场资料收集统计了全国 10 多个省份的 60 余起煤与瓦斯事故，总结整理了事故发生的位置、时间和直接原因。表 2-2 为部分突出事故统计，按照直接原因将其归类。

表 2-2 煤与瓦斯突出事故统计表

序号	省份	煤矿	位置	直接原因	时间
1	陕西	燎原煤业	1105 运顺掘进工作面	煤层厚度急剧增厚，倾角急剧增大，构造软煤发育	2020 年 6 月 10 日
2	贵州	龙窝煤矿	东下山采煤工作面	煤层煤体松软	2019 年 7 月 29 日
3	贵州	新田煤矿	1404 回风平巷	煤层破碎，层理消失，煤体疏松	2014 年 10 月 5 日
4	贵州	马场煤矿	13302 底板瓦斯抽放巷	位于地质构造带，未采取防突措施	2013 年 3 月 12 日
5	贵州	响水煤矿	1135 掘进面	地质构造遇软煤，突出措施落实不到位	2012 年 11 月 24 日
6	贵州	广木煤矿	掘进工作面	地质构造，煤质变软	2011 年 3 月 9 日
7	山西	寺家庄矿	15201 进风巷掘进工作面	位于向斜轴部与褶曲交汇区，煤质变软	2009 年 6 月 10 日
8	河南	天安八矿	已$_{9\text{-}10}$-12160 机巷	掌子面前方和上、下帮煤体松动，煤质变软	2009 年 4 月 10 日
9	河南	平禹四矿	12190 工作面切眼	前方煤体松软，煤层变厚，为瓦斯富集区	2008 年 8 月 1 日
10	河南	平煤八矿	戊-通风行人巷	煤层较松软	2004 年 1 月 6 日
11	湖南	新源煤矿	二水平南翼运输巷掘进面	前方煤层变厚，煤质变软	2002 年 5 月 15 日
12	河南	暴雨山二矿	运输大巷和二级提升交叉点	+250 m 巷道上方煤体裂隙不断增大，瓦斯压力也随着增大	2000 年 9 月 5 日
13	四川	劳武煤矿	下山联络平巷碛头	煤体松软破碎	2000 年 6 月 13 日
14	河南	平煤八矿	戊二皮带巷	煤层层理紊乱，节理发育	1993 年 10 月 7 日
15	河南	平煤八矿	戊二沿煤轨道下延	煤质较松、层理紊乱、破坏严重	1993 年 3 月 21 日
16	河南	平煤八矿	戊$_{9\text{-}10}$-16131 机巷	煤质松软、节理不清且发育	1992 年 12 月 17 日
17	河南	平煤八矿	戊 9-1413 机巷	煤层变厚，揉皱严重	1992 年 12 月 15 日
18	河南	平煤八矿	已 15 煤层 13170 机巷	突出点煤层变厚，揉皱严重，层理紊乱	1992 年 1 月 2 日
19	河南	平煤八矿	已 15-13170 设备道	突出点层理紊乱和节理发育的构造煤	1991 年 8 月 17 日
20	河南	平煤八矿	戊$_{9\text{-}10}$-12131 综采面	综采工作面前方有一定厚度的硬煤分层	1989 年 4 月 14 日

表 2-2(续)

序号	省份	煤矿	位置	直接原因	时间
21	河南	平煤八矿	戊$_{9\text{-}10}$-12131 综采面	割煤过程中发现煤松软冒落	1989 年 3 月 16 日
22	河南	平煤八矿	戊$_{9\text{-}10}$ 皮带下山掘进 25 m	突出点含厚度达 5.4 m 的软分层	1984 年 10 月 13 日
23	河南	兴峪煤业	泵房管子道上山掘进面	−190 m 石门揭煤，未采取瓦斯治理措施，工作面爆破	2017 年 1 月 4 日
24	贵州	新华煤矿	1601 回风巷联络巷揭煤面	石门揭穿 M6 煤层，区域瓦斯治理未消突达标，过煤门爆破	2014 年 6 月 11 日
25	贵州	金佳煤矿	211 运输石门掘进面	石门揭煤	2013 年 1 月 18 日
26	湖北	金竹园煤矿	西区段运输平巷七石门处	石门揭煤未采取探钻孔措施确定煤层位置	2012 年 3 月 28 日
27	重庆	同华煤矿	安稳斜井石门揭煤工作面	被揭煤层具有严重的突出危险性，“四位一体”防突措施不到位	2009 年 5 月 30 日
28	河南	新丰二矿	62011 下副巷掘进面	揭露煤体，未采取“四位一体”综合防突措施	2008 年 9 月 21 日
29	安徽	望峰岗矿	主井井筒	地层呈复杂的反 S 状褶曲，矿井所处地区的构造应力集中	2006 年 1 月 5 日
30	云南	合乐武煤矿	副斜井维修巷道	揭露 K9 煤层	2000 年 7 月 12 日
31	河南	平煤八矿	已三轨道回风斜巷	上山从煤层底部揭煤	1992 年 8 月 23 日
32	河南	平煤八矿	戊 9-10-12170 采煤工作面	采煤工作面顶板 0.6 m 处软分层增大为 1.2 m	2004 年 2 月 14 日
33	河南	平煤八矿	戊 9-10-14140 机巷	工作面中部软分层增厚为 1.5 m	2002 年 4 月 24 日
34	河南	平煤八矿	戊 9-10 煤层戊二皮带下山	突出点含软分层厚度增大为 1.2 m	2000 年 10 月 15 日
35	河南	平煤八矿	己 15-13160 综采面	突出段有受力挤压现象，软分层明显变厚	1991 年 9 月 16 日
36	河南	平煤八矿	己 15-13170 机巷设备道	硬煤厚度为 1.5～1.7 m，底下软煤增厚	1991 年 8 月 26 日
37	河南	平煤八矿	戊二皮带下山	软分层厚度增大为 1.0 m	2000 年 8 月 5 日
38	河南	平煤八矿	戊$_{9\text{-}10}$煤层沿煤皮带下山	突出点煤层变厚，同时软分层也有变厚的现象	1984 年 10 月 25 日

表 2-2(续)

序号	省份	煤矿	位置	直接原因	时间
39	贵州	广隆煤矿	21202 运输巷掘进工作面	突出点附近煤层变厚	2019 年 12 月 16 日
40	湖南	兴隆煤矿	3463 工作面	煤层突然变厚，工作面处于孤岛煤柱中，属应力集中区	2019 年 5 月 28 日
41	河南	平煤十三矿	己$_{15\text{-}17}$ 11111 采煤工作面	突出位置附近煤层厚度变化较大	2018 年 8 月 16 日
42	湖南	琪四煤矿	2157 下块工作面煤平巷	区域地质构造变化导致煤层厚度变化	2014 年 6 月 29 日
43	湖南	大园煤矿	3352 运输副巷掘进工作面	所处地段煤层厚度变化大，工作面位于应力集中区	2006 年 2 月 25 日
44	湖南	蛇形山煤矿	－300 主石门	煤层厚度增厚，倾角变缓，造成过煤门的距离拉长	2003 年 8 月 6 日
45	湖南	青树煤矿	－128 水平二石门掘进工作面	突出点处于厚煤区	2002 年 5 月 26 日
46	河南	平煤八矿	戊 15-13190 机巷	突出点附近煤层变厚	1999 年 1 月 25 日
47	河南	平煤八矿	己 15 煤层 13170 机巷	煤层倾角由小变大，煤厚由薄变厚	1991 年 12 月 12 日
48	河南	平煤八矿	已三扩大运输平巷进风巷	煤层厚度变大	1991 年 10 月 11 日
49	河南	平煤八矿	己$_{16\text{-}17}$ 煤层扩大皮带下山	煤层突出点处有突然变厚的现象	1990 年 6 月 24 日
50	贵州	三甲煤矿	41601 运输巷掘进工作面	煤层具有突出危险，事故发生前揭露一条落差 0.2～0.8 m 的断层	2019 年 11 月 25 日
51	河南	薛湖煤矿	2306 风巷掘进工作面	掘进工作面遇断层，构造应力与地应力叠加	2017 年 5 月 15 日
52	贵州	玉舍西井	11182 机巷底抽巷掘进面	受断层影响，煤层为强突出煤层	2014 年 5 月 25 日
53	河南	鹤煤六矿	21431 综采工作面	地质构造，工作面突遇断层	2008 年 10 月 13 日
54	河南	平煤八矿	戊$_{9\text{-}10}$-12140 机巷	下帮有落差 1.5 m 的正断层	2006 年 12 月 7 日
55	河南	大平煤矿	21 轨道下山岩石掘进工作面	(距地表垂深 612 m)石门揭煤，逆断层处	2004 年 10 月 20 日

表 2-2(续)

序号	省份	煤矿	位置	直接原因	时间
56	湖南	秋湖煤业	3249 工作面补充切眼掘进面	穿越落差 6 m 逆断层	2002 年 9 月 3 日
57	河南	平煤八矿	戊$_{9-10}$-14140 机巷	突出点 20 m 范围的顶板揭露出落差为 1.4 m 倾角为 30°的逆断层	2002 年 2 月 28 日
58	河南	平煤八矿	戊$_{15}$-13190 回采工作面	突出点位于落差为 1.8 m 的逆断层上盘	1998 年 10 月 16 日
59	河南	平煤八矿	已$_{15}$-13190 机巷西头	煤层倾角由小变大	1998 年 12 月 4 日
60	河南	平煤八矿	已$_{15}$-1408 风巷	突出点顶板破碎，煤层倾角由 28°增大到 34°	1997 年 4 月 13 日
61	河南	平煤八矿	戊$_{9-10}$-12121 机巷	煤层倾角变化	1994 年 12 月 21 日
62	安徽	海孜矿	Ⅱ1026 机巷掘进工作面	受巨厚火成岩影响致前方煤体应力集中，煤层瓦斯含量增大	2009 年 4 月 25 日
63	河南	崔庙东升煤矿	掘进 11101 巷道	违规掘进	2008 年 5 月 4 日
64	江西	建新煤矿	6$^{\#}$采区 1113 东平巷	工人进行破煤和打锚索作业的震动效应	2007 年 10 月 13 日

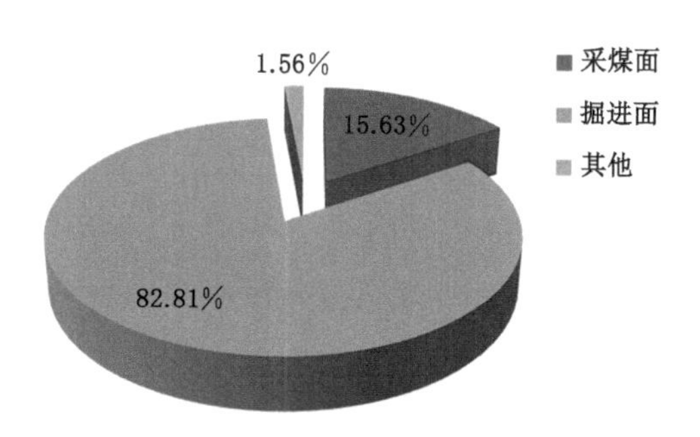

图 2-7 突出事故发生位置

由图 2-7 可知，煤与瓦斯突出事故更多地发生在巷道掘进工作面，占到统计事故总数的 82.81%，发生在采煤工作面的事故占比为 15.63%，而除此之外发生在井筒等其他地点的事故占比仅为 1.56%，所占比重较少。根据事故报告中突出发生区域的地质结构原因将其分类，其中，在掘进巷道里面，掘进面前方存在硬-软变化地质结构的有 39 起，占比可达 73.58%，按照单一地质因素划分可包括四大类，其中由硬煤变为软煤的突出事故12起，煤层揭露导致的突出事故有9起，突出地点煤层厚度发生变化的情况有14起，由软分层变厚导致的突出事故有5起。此外，掘进面过断层时发生的事故有7起，还有5起事故在突出点煤层倾角有明显增大。以上分类的依据是单一地质因素，而很多突出地点会存在两种或两种以上的复合地质因素。同时，通过调研以上案例的事故调查报告发现，部分案例在突出前已经按要求治理瓦斯监测达标，但仍然发生了突出，此类事故的突出煤量和瓦斯涌出量相对较少。

通过总结以上案例发现，掘进巷道发生的煤与瓦斯突出事故的突出区域有硬煤-软煤变化、煤层的软分层变厚、煤层厚度或倾角变大、岩巷揭露煤层、掘进面过断层等不同类型的地质结构，其共性特征为掘进面经过煤系地层中赋存紧邻的、具有一定范围的、硬软强度差异明显的含瓦斯煤岩体，即存在硬-软变化的区域地质结构特征。具体如下。

(1) 巷道掘进方向存在具有一定范围的硬煤岩体。本书所指"硬-软"并非单指狭义的煤体强度所表示的"硬煤-软煤"含义，而是泛指掘进巷道所处围岩环境发生相对的"硬软"突变。例如在石门揭煤过程中，石门所处的岩层为"硬"，被揭露煤层为"软"；在煤层厚度增大或者倾角变大过程中，掘进巷道前方围岩环境逐渐由原先较"硬"的岩体变为相对较"软"的煤体。以上情况均有典型的突出案例存在，虽然没有直接发生煤体强度的硬软变化，但岩性突变造成掘进巷道围岩体强度产生了明显的由硬到软的变化。"一定范围的硬煤岩体"是突出发生前封堵瓦斯气体的厚墙屏障，在掘进作业空间与软煤岩体之间发挥阻隔作用，为能量的集聚和封存提供闭锁条件。

(2) 巷道掘进方向存在具有一定范围的含瓦斯软煤岩体。正如在以上地质结构类型中，硬煤-软煤变化区域的软煤体、石门揭煤中被揭露的煤层、硬软分层变化时变厚的软分层以及变厚的煤层等，"具有一定范围的含瓦斯软煤体"可以为硬软变化区域煤与瓦斯突出的发生提供足够的基本原料和孕灾空间。

(3) 掘进面前方煤岩体发生由硬到软的强度突变。无论是煤体结构改变或者是围岩体的岩性突变，都会使掘进面前方围岩体出现硬软强度差异。在一定的区域应力条件下，随着巷道掘进的扰动，软煤岩体将先于硬煤岩体破坏。软煤岩体的存在降低了突出启动和发展的应力条件，硬煤岩体的存在则为突出前的能量积聚提供了阻隔屏障。可以认为，这种掘进面前方围岩由硬到软的强度突变是煤与瓦斯突出发生的准备条件之一。

2.3 本章小结

本章通过分析部分突出危险区域原岩地应力场的实测数据获得了突出危险区域地应力场的分布特征，通过分析典型突出事故案例，总结了突出危险区域的共性地质结构特征，主要获得如下结论：

（1）获得了突出危险区域地应力场的分布特征。通过数据统计可以发现突出矿区的地应力场分布在数值上特征明显，多数情况下突出危险区域水平的构造应力起主导作用；大部分突出危险区域最大、最小主应力的比值介于1.5～3之间，有的甚至达到5左右；区域主应力场的方向复杂，角度多变，无明显规律。高主应力比值是突出危险区域显著的地应力特征。

（2）通过分析典型突出事故案例，总结了突出危险区域的共性地质结构特征。掘进巷道突出事故区域有硬煤-软煤变化、煤层的软分层变厚、煤层厚度或倾角变大、岩巷揭露煤层等不同类型的地质结构，其共性特征为掘进面经过煤系地层中赋存紧邻的、具有一定范围的、硬软强度差异明显的含瓦斯煤岩体，即存在硬-软变化的区域地质结构特征。“一定范围的硬煤岩体”是突出发生前封堵瓦斯气体的厚墙屏障，在掘进作业空间与软煤岩体之间发挥阻隔作用，为能量的集聚和封存提供闭锁条件；“一定范围的含瓦斯软煤体”可以为硬软变化区域煤与瓦斯突出的发生提供足够的基本原料和孕灾空间；在一定的区域应力条件下，随着巷道掘进的扰动，软煤岩体将先于硬煤岩体破坏，掘进面前方围岩由硬到软的强度突变是煤与瓦斯突出发生的准备条件之一。

3　区域地质应力状态对煤岩体塑性区分布的控制作用

煤与瓦斯突出发生的必要条件之一是煤体发生强度破坏，而煤体不发生破坏就没有突出的发生，这一点早已为人们所共识。已有研究表明[5]，煤岩体的破坏实质上是其塑性区的形成和发展引起的，因此，探索煤与瓦斯突出的动力失稳机理首先要掌握采掘空间围岩塑性区的形成与演化规律。本章在总结突出危险区域地应力场分布特征的基础上，采用理论分析与数值模拟相结合的方法研究了区域应力状态对孔洞围岩偏应力场和塑性区分布的控制作用，然后对不同应力状态下含孔洞砂岩试样的声发射及破坏特征进行了试验研究，为进一步掌握硬-软变化区域煤岩体塑性区的演化特征奠定了理论基础。

3.1　区域应力状态对孔洞围岩偏应力场分布的控制作用

3.1.1　区域应力状态对圆形孔洞围岩偏应力场分布的影响

根据经典弹塑性理论，一点的应力状态可分解为静水压力状态和偏应力状态之和。对应地，区域应力场也可理解为区域平均正应力场和区域偏应力场叠加的结果。本节通过理论计算分析的方法，研究区域应力状态改变对于圆形孔洞围岩偏应力场分布的影响。

偏应力状态是从一点的应力状态中扣除静水压力状态后的部分，对应地层中某一地质单元体的区域偏应力场则可用一点的应力张量减去球形张量所得的偏应力分量表示，即：

$$[s_{ij}] = \begin{bmatrix} \sigma_{11}-\sigma_0 & \tau_{12} & \tau_{13} \\ \tau_{21} & \sigma_{22}-\sigma_0 & \tau_{23} \\ \tau_{31} & \tau_{32} & \sigma_{33}-\sigma_0 \end{bmatrix} \tag{3-1}$$

式中，$\boldsymbol{s}_{ij}$表示偏应力张量，它决定地质单元体的形状变化和破坏；σ_{11}、σ_{22}、

σ_{33}分别为地质单元体的最大主应力、中间主应力和最小主应力；σ_0 表示平均正应力$\left[\sigma_0=\frac{1}{3}(\sigma_{11}+\sigma_{22}+\sigma_{33})\right]$；$\tau_{ij}$为各面所受的剪应力。

偏应力张量 $\boldsymbol{s}_{ij}$是一个对称的二阶张量，使用张量形式表现为：

$$\boldsymbol{s}_{ij}=\boldsymbol{\sigma}_{ij}-\boldsymbol{\sigma}_0\boldsymbol{\delta}_{ij} \tag{3-2}$$

$\boldsymbol{\sigma}_0\boldsymbol{\delta}_{ij}$为球形张量，它决定地质单元体的体积变形。

在现有数学力学方法条件下，通常采用圆孔的平面应变模型来研究井下巷道围岩的弹塑性问题，偏应力张量的主方向和应力张量主方向相同，由此，平面应变问题的偏应力主值为：

$$\begin{cases} s_1=\dfrac{2\sigma_1-\sigma_3}{3} \\ s_3=\dfrac{2\sigma_3-\sigma_1}{3} \end{cases} \tag{3-3}$$

由于井下开采环境受构造应力、采动应力等因素控制，为此建立巷道围岩受力模型时应将其放在非均匀应力场中考虑，如图 3-1 所示。圆孔巷道周围复杂的应力环境用区域应力状态表示，P_1 为区域最大主应力，P_3 为区域最小主应力。图中，a 是巷道半径，(r,θ)代表坐标系中任意一点的极坐标，λ 是最大最小主应力的比值，可用于反映区域应力场分布的不均匀程度。在巷道所处的地质单元体中，巷道围岩在一定范围内的受力情况可用巷道所在区域的主应力来衡量，称为区域主应力场。

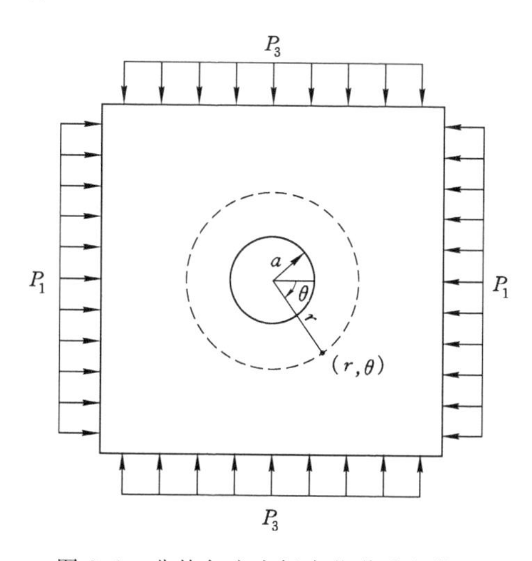

图 3-1　非均匀应力场中巷道受力模型

根据弹性力学基本原理，围岩中任意点的径向应力、环向应力和剪应力的表达式如下：

$$\begin{cases}\sigma_r = \left(\dfrac{P_1 + P_3}{2}\right)\left(1 - \dfrac{a^2}{r^2}\right) + \left(\dfrac{P_1 - P_3}{2}\right)\left(1 - 4\dfrac{a^2}{r^2} + 3\dfrac{a^4}{r^4}\right)\cos 2\theta \\ \sigma_\theta = \left(\dfrac{P_1 + P_3}{2}\right)\left(1 + \dfrac{a^2}{r^2}\right) - \left(\dfrac{P_1 - P_3}{2}\right)\left(1 + 3\dfrac{a^4}{r^4}\right)\cos 2\theta \\ \tau_{r\theta} = \left(\dfrac{P_1 - P_3}{2}\right)\left(1 + 2\dfrac{a^2}{r^2} - 3\dfrac{a^4}{r^4}\right)\sin 2\theta \end{cases} \tag{3-4}$$

式中，σ_r、σ_θ、$\tau_{r\theta}$分别为围岩中任意点的径向、环向和剪应力，MPa；r、θ 为任一点的极坐标；a 为巷道半径，m；λ 为最大与最小主应力的比值。

已知将直角坐标转换为极坐标：

$$\begin{cases}\sigma_1 = \dfrac{\sigma_r + \sigma_\theta}{2} + \dfrac{1}{2}\sqrt{(\sigma_r - \sigma_\theta)^2 + 4\tau_{r\theta}^2} \\ \sigma_3 = \dfrac{\sigma_r + \sigma_\theta}{2} - \dfrac{1}{2}\sqrt{(\sigma_r - \sigma_\theta)^2 + 4\tau_{r\theta}^2}\end{cases} \tag{3-5}$$

将式(3-4)和式(3-5)带入式(3-3)中，可将 s_1 与 s_3 表示为关于(P_3，λ，a，r，θ)的五维函数，即：

$$s_1 = \frac{1}{6}\left\{(1+\lambda)P_3 - \frac{(\lambda-1)2a^2P_3 \cdot \cos(2\theta)}{r^2} + 3P_3\sqrt{\frac{[a^2r^2(1+\lambda) - (\lambda-1)(3a^4 - 2a^2r^2 + r^4)\cdot\cos(2\theta)]^2 + (\lambda-1)^2(-3a^4 + 2a^2r^2 + r^4)^2 \cdot \sin^2(2\theta)}{r^8}}\right\}$$

$$s_3 = \frac{1}{6}\left\{(1+\lambda)P_3 - \frac{(\lambda-1)2a^2P_3 \cdot \cos(2\theta)}{r^2} - 3P_3\sqrt{\frac{[a^2r^2(1+\lambda) - (\lambda-1)(3a^4 - 2a^2r^2 + r^4)\cdot\cos(2\theta)]^2 + (\lambda-1)^2(-3a^4 + 2a^2r^2 + r^4)^2 \cdot \sin^2(2\theta)}{r^8}}\right\}$$

(3-6)

为实现圆形孔洞围岩偏应力场计算结果的可视化，使用 Python 语言编程对公式(3-6)进行循环迭代求解，以获得孔洞围岩偏应力场的分布云图。以孔洞的中心点作为极点，水平方向为极轴，建立极坐标系。下面以 s_1 为例，对其规律进行深入分析。取巷道半径 $a=2$，不同区域应力状态下偏应力最大主值的理论计算的结果见表 3-1。

表 3-1　不同区域应力状态下偏应力最大主值的理论计算结果

区域应力状态		偏应力场分布（s_1/MPa）
主应力场大小	受力表示	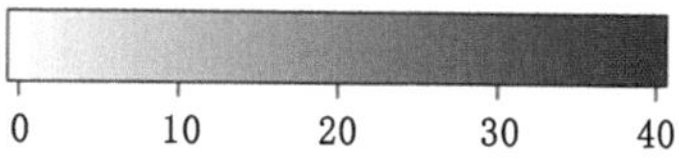
P_1＝21 MPa P_3＝21 MPa	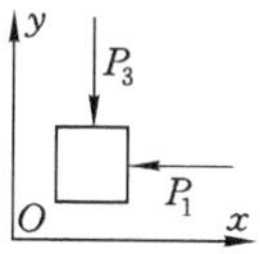	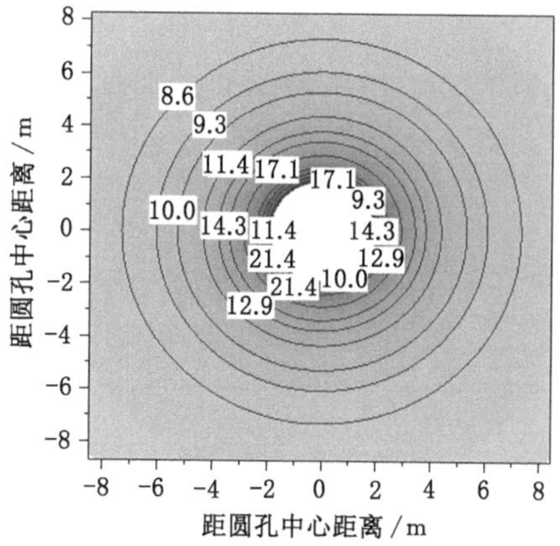
P_1＝21 MPa P_3＝14 MPa	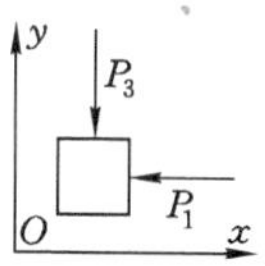	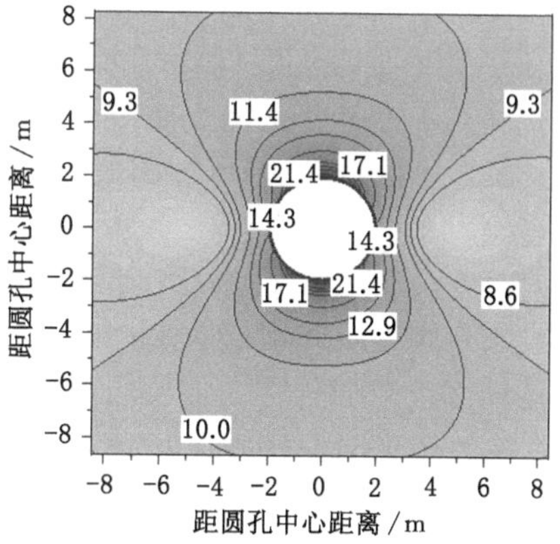

表 3-1(续)

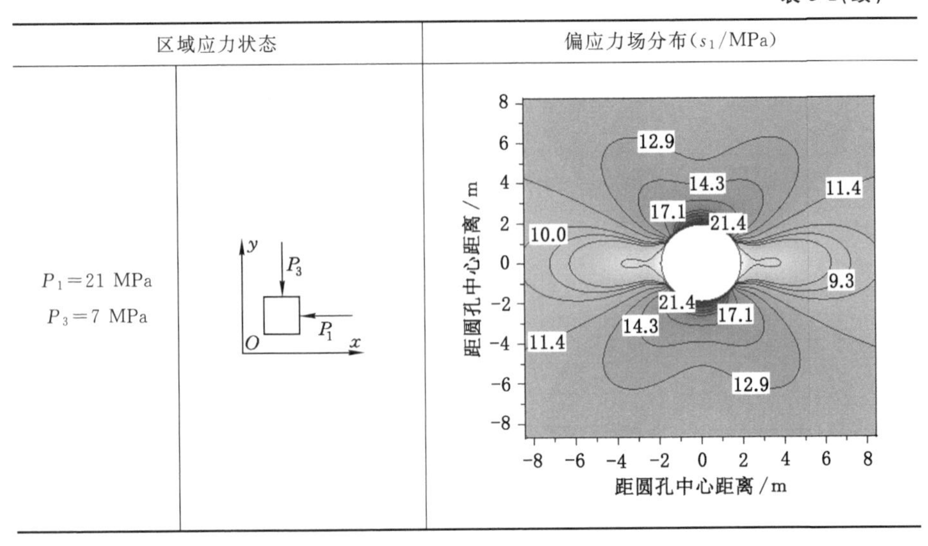

区域应力状态		偏应力场分布(s_1/MPa)
$P_1=21$ MPa $P_3=7$ MPa		

表 3-1 中深浅代表数值的大小。由表可以看出,当圆形孔洞处于双向等压应力场中时,孔洞周边偏应力场等值线呈圆环状分布,从巷道周边向深部围岩逐渐递减,随着距离圆孔的位置越来越远,偏应力递减的幅度越来越小;当圆形孔洞处于非等压应力场中时,圆孔周边偏应力场等值线分布也出现明显的非均匀特征,从孔洞周边向深部围岩逐渐递减,但偏应力场作用范围明显增大,且沿最大主应力方向递减的幅度远大于最小主应力方向,在最大主应力方向在最大、最小主应力夹角的角平分线方向上偏应力集中程度更高。

下面采用控制变量,通过图表分析最大主应力、最小主应力、比值、角度对 s_1 的影响。

方案一:区域应力场为等压均匀应力场,即当 $\lambda=1$ 时,取巷道半径 $a=2$;取 $P=10$、20、30、40、50、60;分别计算 s_1,偏应力场的分布情况如图 3-2 所示,用深浅代表数值的大小。

从分析结果图中可以看出,当 $\lambda=1$ 时,即,圆形巷道在等压均匀应力场环境下围岩偏应力场也是呈圆形分布,计算云图显示离巷道越近,偏应力主值 s_1 越大,反之则越小,且偏应力主值 s_1 与角度 θ 无关,只与半径 r 有关,其表达式为:

$$s_1=\frac{1}{6}\left(2P+6\sqrt{\frac{a^4P^2}{r^4}}\right) \tag{3-7}$$

取 $r=4$ 处的巷道周边偏应力主值进行特征分析,如图 3-3 所示。由图可知,在 θ 从 0°变化至 90°的过程中,偏应力主值保持直线,即偏应力主值未发生变化。而由图 3-3 小图可以发现,在给定 $\theta=40°$不变时,随着应力 P 的增大,偏应

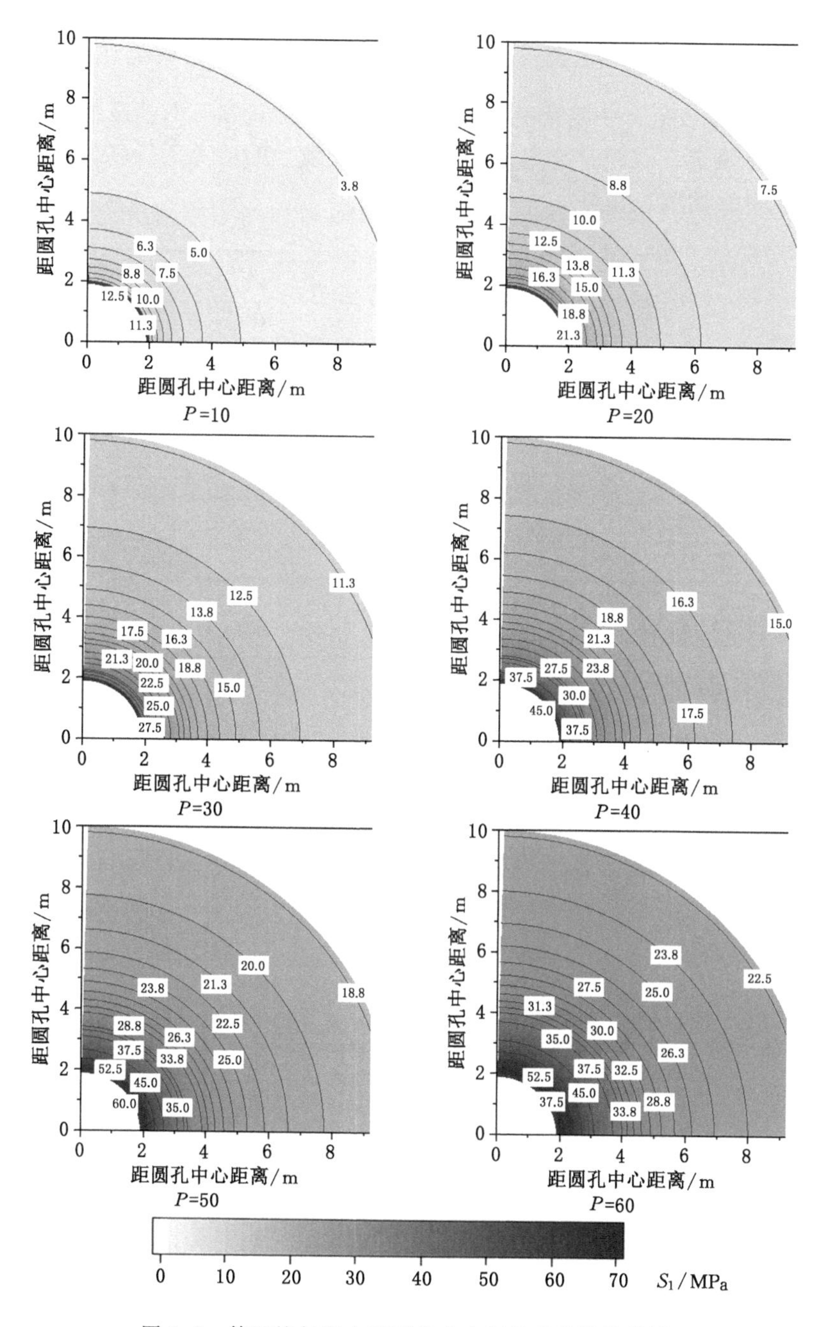

图 3-2 等压均匀应力场下偏应力场的理论计算结果

力主值 s_1 呈直线线性增长趋势，此时，$s_1=\frac{7P}{12}$。可见，圆形巷道在等压均匀应力场中，岩体深度值 r 一定情况下，偏应力主值 s_1 无论在圆形巷道的哪个方位，其值均保持恒定。在同时给定 θ 值和岩体深度值 r 的情况下，偏应力随着应力 P 的增大呈线性增长趋势。

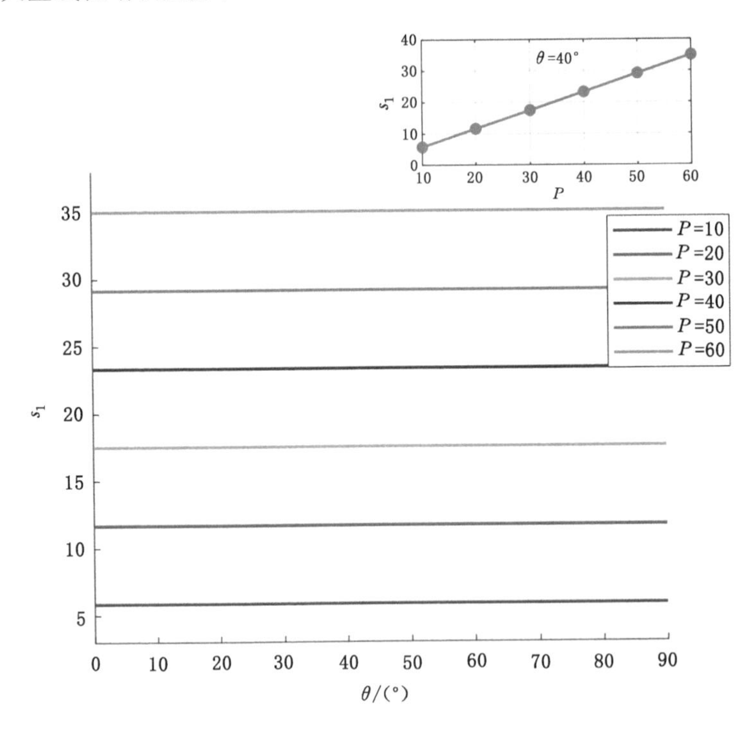

图 3-3　$\lambda=1$ 时，$r=4$ 处的巷道周边偏应力主值

方案二：$\lambda=1.5$ 时，最大主应力取值为 10、20、30、40、50、60 MPa 时，偏应力场的分布情况(巷道形状为圆形)如图 3-4 所示。

从分析结果图中可以看出，当 $\lambda=1.5$ 时，即，圆形巷道围岩偏应力场的分布不均匀，偏应力主值 s_1 不但与角度 θ 有关，也与巷道围岩内部一点所处深度 r 有关。云图显示，P_1 值越大，巷道围岩中的应力越大。取 $r=4$ 处的巷道围岩偏应力主值进行更细致的特征分析，如图 3-5 所示。由图可知，θ 从 0°变化至 90°的过程中，偏应力主值 s_1 呈现增加的趋势，且增长速度在初期较慢，后快速增长，最后增长速度下降至零。也可发现，偏应力主值 s_1 随着最大主应力 P_1 值的增加而增加，而且 P_1 值越大，曲线越陡峭，即增长速率越大，P_1 值越小，曲线越平缓，即增长速率越小。而由图 3-5 可以发现，对于给定的 θ 值，随着最大主应

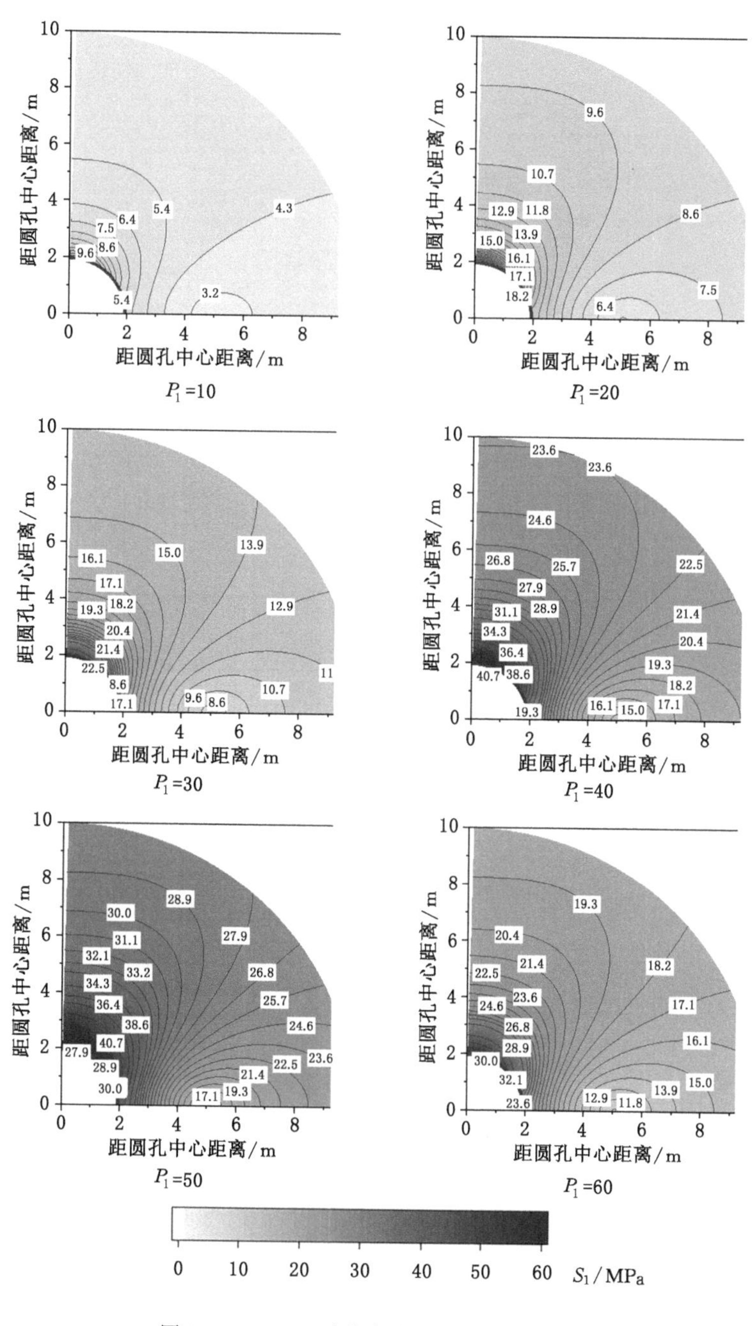

图 3-4　λ=1.5 时偏应力场的理论计算结果

力 P_1 的增大，偏应力主值 s_1 呈直线线性增长趋势，且 θ 值越大，偏应力主值 s_1 越大。

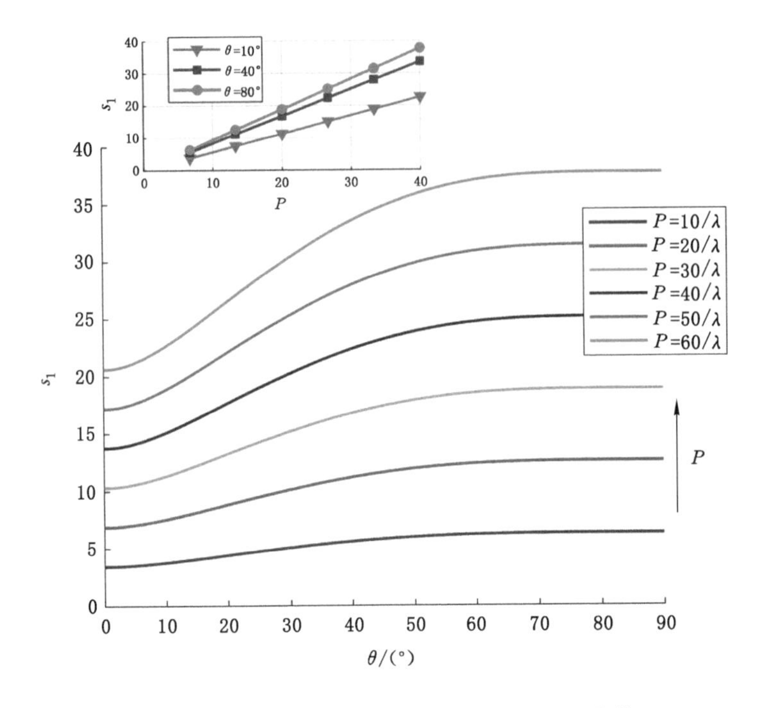

图 3-5　$\lambda=1.5$ 时 $r=4$ 处的巷道周边偏应力主值

方案三：最小主应力 P_3 固定取值为 10 MPa，最大、最小主应力比值 λ 变化，根据前述突出危险区域地应力分布特征，最大、最小主应力比值均在 1.25 以上，因此，本分析中比值 λ 取值分别为 1、1.5、2、2.5、3、3.5 时，探究分析区域主应力比值变化对偏应力场分布的影响，此时偏应力场的分布情况（巷道形状为圆形）如图 3-6 所示。

从分析结果图中可以看出，随着比值的不断增加，偏应力场的不均匀程度越显著，同一深度处围岩的应力差值变化越剧烈。类似地，偏应力主值 s_1 不仅与角度 θ 有关，也与巷道围岩内部一点所处深度 r 有关。取 $r=4$ 处的巷道围岩偏应力主值进行更细致的特征分析，如图 3-7 所示。由图可知，λ 从 1 变化至 3.5 的过程中，除 $\lambda=1$ 时，偏应力主值 s_1 保持不变以外，其他比值情况下，偏应力主值 s_1 均呈现先增加后降低的趋势，且增长速度在初期较慢，再快速增长，然后快速下降再缓慢下降的特征。由图 3-7 小图可以看出，同一角度下，s_1 随比值的增加大体呈线性增长，但当 θ 为 60°时增长最快。

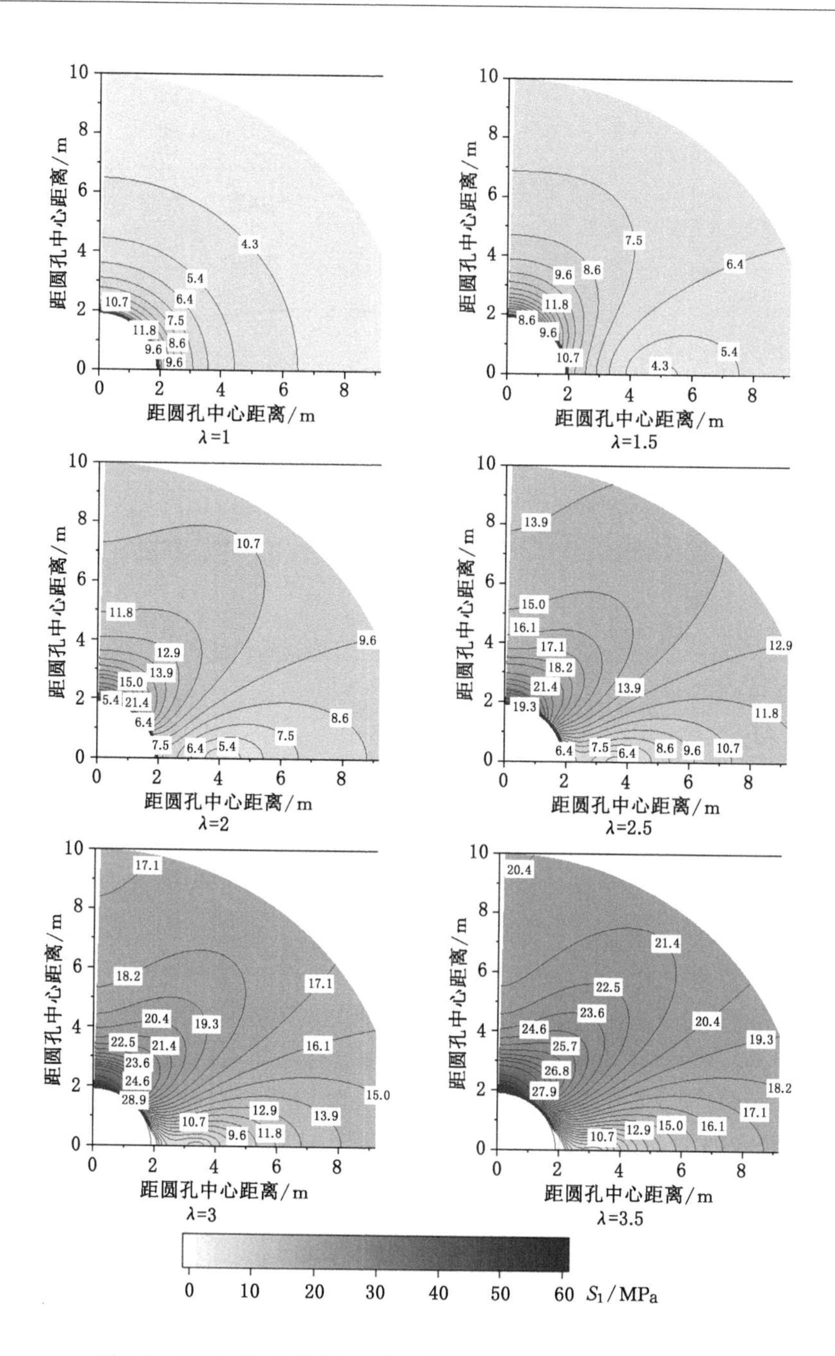

图 3-6 P_1 加载时不同主应力比值下偏应力场的理论计算结果

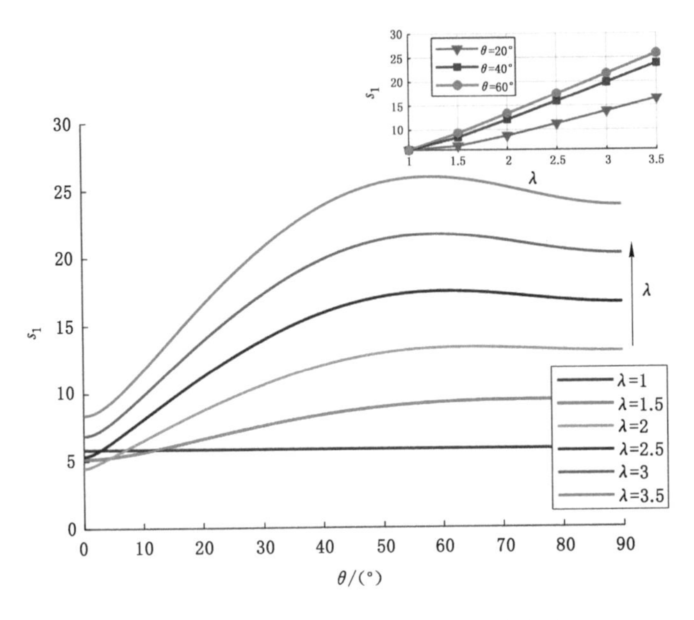

图 3-7　P_1 加载时的巷道周边偏应力主值

方案四:保持最大主应力 P_1 为 20 MPa 不变,最大、最小主应力比值 λ 分别为 1、1.5、2、2.5、3、3.5 时,分析最小主应力减小时偏应力的变化。此时偏应力场的分布情况(巷道形状为圆形)如图 3-8 所示。

从分析结果图中可以看出,随着最小主应力的不断减小,偏应力场的不均匀程度也越大,同一深度处围岩的应力差值变化也越剧烈。同样偏应力主值 s_1 不但与角度 θ 有关,也与巷道围岩内部一点所处深度 r 有关。取 $r=4$ 处的巷道围岩偏应力主值进行更细致的特征分析,如图 3-9 所示。由图可知,随着最小主应力的不断减小,除了最小主应力与最大主应力相等时偏应力主值 s_1 保持不变以外,其他情况下的偏应力主值 s_1 均呈现先增加后降低的趋势,且增长速度在初期较慢,再快速增长,然后快速下降再缓慢下降的特征。但从 3-9 小图可以看出,对于给定的某一角度,偏应力主值 s_1 随最小主应力的减小呈现不同的变化特征,具体来说,当 θ 为 10°时,偏应力主值 s_1 的值最小,且在初期下降较快,随后有小幅缓慢升高,在最小主应力是最大主应力的 2/5 时取得极小值。当 θ 为 30°时,偏应力主值 s_1 先减小后增大,在最小主应力是最大主应力的 2/3 时取得极小值。当 θ 为 50°和 70°时,s_1 一直增加。

综合可见,区域应力状态对圆孔周边偏应力场的分布有明显的控制作用。区域应力场的大小控制圆孔周边偏应力场分布的范围,区域最大、最小主应力的比值控制偏应力场分布的形态。在均匀等压应力场条件下,偏应力场的分布形

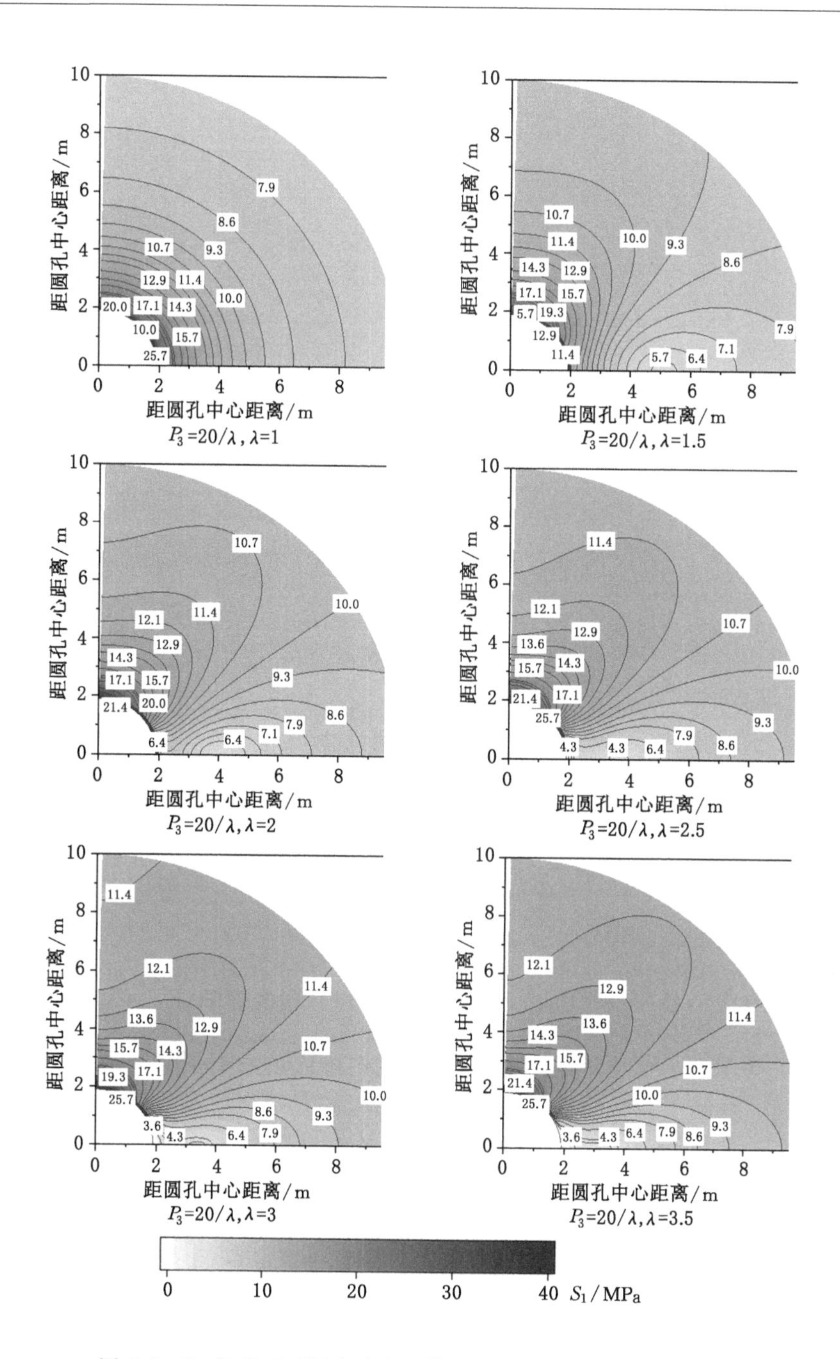

图 3-8　P_3 卸载时不同主应力比值下偏应力场的理论计算结果

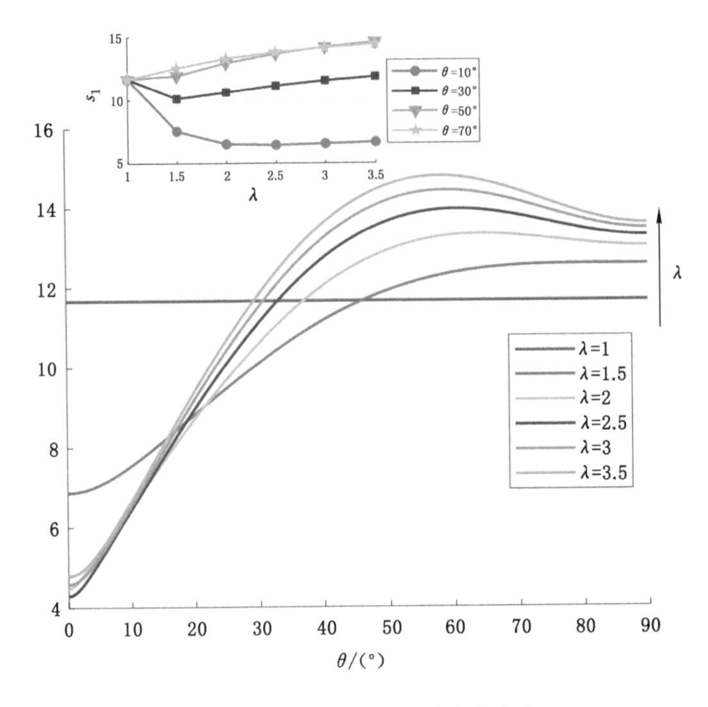

图 3-9 P_3 卸载时的周边偏应力主值

态不变，围岩中某点的偏应力值随着最大主应力的增大呈线性增长趋势；非等压情况下，无论是 P_1 加载还是 P_3 卸载，随着最大、最小主应力比值的增加，偏应力场等值线分布形态的不均匀程度显著增加，且偏应力场的影响范围沿着最大最小主应力夹角的角平分线方向急剧扩展。

3.1.2 区域应力状态对掘进巷道围岩偏应力场分布的影响

掘进巷道为三维模型，对于其围岩塑性区形态的分析同样需要在三维空间进行研究。受制于目前的数学力学水平，尚无法直接对三维空间模型的应力分布进行理论求解，因此本节采用数值模拟方法分析掘进巷道的空间偏应力场分布。

为全面了解掘进巷道偏应力场的一般形态特征，本次研究采用均质岩体模型，采用 $FLAC^{3D}$ 建立的三维模型，设计尺寸为 50 m×80 m×50 m（$X\times Y\times Z$），巷道断面为 5 m×4 m。计算过程中掘进巷道沿 Y 轴开挖 20 m。

由于掘进巷道为空间模型，从单个视角很难全面了解巷道围岩偏应力场的整体分布特征，因此，在对计算结果进行分析时，采用 Tecplot 软件分别提取出偏应力计算结果在 X、Y、Z 三个坐标方向在巷道中心线处的剖面[5]。计算模型示意及各坐标方向的剖面位置如图 3-10 所示。数值模拟计算结果见表 3-2。

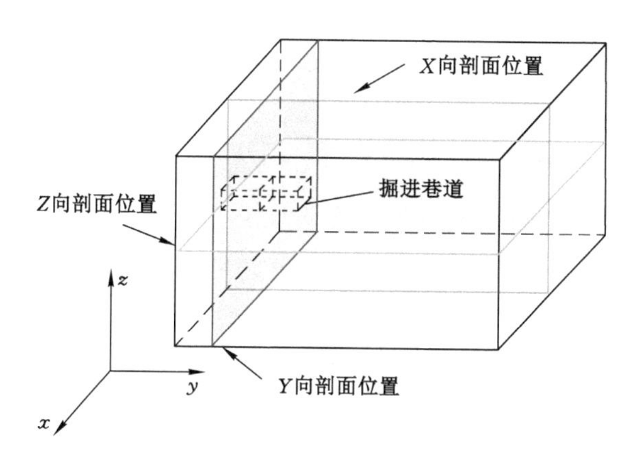

图 3-10 计算结果的剖面位置

表 3-2 掘进巷道围岩偏应力场分布形态的数值模拟计算结果

区域应力状态		空间偏应力场分布 S_1/MPa	
主应力场/MPa	受力表示	三维效果图	$X=0$ 剖面图(掘进方向)
		0 2 4 6 8 10 12 14 18 20 22	
$P_1=21$ $P_2=21$ $P_3=21$	P_1 P_2 P_3		
$P_1=21$ $P_2=14$ $P_3=14$	P_1 P_2 P_3		

表 3-2(续)

区域应力状态		空间偏应力场分布 S_1/MPa	
主应力场/MPa	受力表示	三维效果图	$X=0$ 剖面图(掘进方向)
		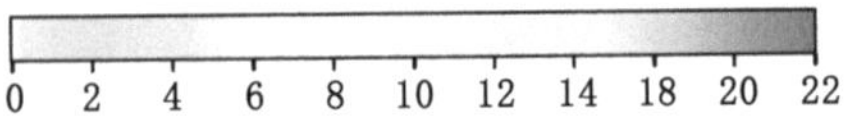 0 2 4 6 8 10 12 14 18 20 22	
$P_1=21$ $P_2=7$ $P_3=7$	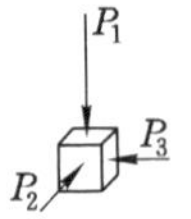 P_1 P_2 P_3	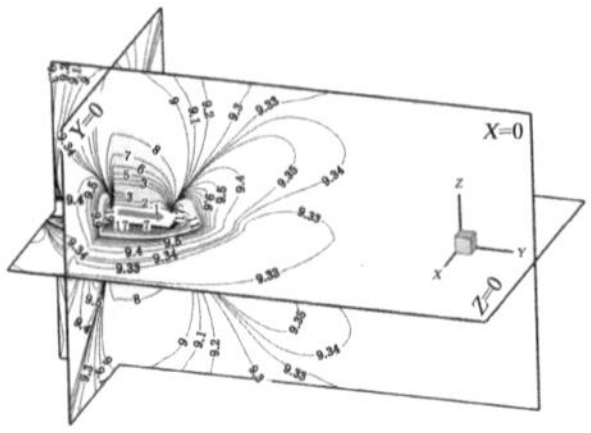	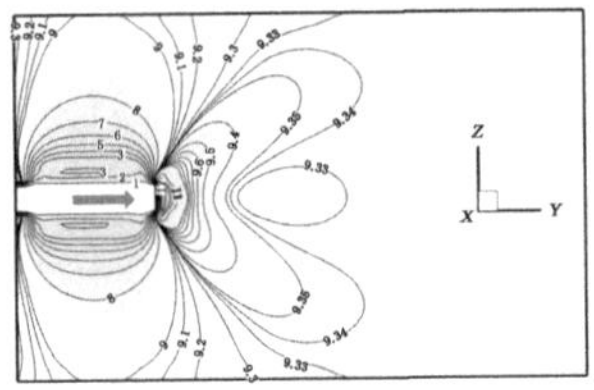

从掘进巷道周边偏应力场分布的形态上来看，当 $P_1=21$，$P_2=21$，$P_3=21$，区域应力状态处于三向等压状态，即最大、最小主应力比值 $\lambda=1$ 时，周边偏应力场等值线呈圆球状分布，从巷道周边向深部围岩逐渐递减，在掘进巷道较近的距离处变化较大，随着距离掘进头的位置越来越远，偏应力递减的幅度越来越小，仅分布在巷道周边附近，影响范围较小，最外侧应力值仅为 1；当 $P_1=21$，$P_2=14$，$P_3=14$，即最大、最小主应力比值 $\lambda=1.5$ 时，掘进巷道偏应力场分布范围明显增加，偏应力主值也较等压条件有所增大，周边应力场等值线呈环状椭球体分布，掘进头位置前方偏应力场分布较为集中，沿开挖方向向深部逐渐递减，且递减的幅度大于巷道顶、底板方向；当 $P_1=21$，$P_2=7$，$P_3=7$，即最大、最小主应力比值 $\lambda=3$ 时，掘进巷道偏应力场分布范围急剧增加，偏应力主值也明显增大，偏应力场等值线不均匀程度激增，呈空间蝶形环状分布，掘进头前方偏应力场明显分布更加集中，沿掘进方向向深部逐渐递减，且递减的幅度远大于巷道顶底板方向，在掘进头顶、底角方向上偏应力集中程度急剧升高，影响范围急剧扩展。

从掘进头前方的偏应力场的演化规律来看，随着主应力比值的增加，其范围和大小都会发生突变。例如，$\lambda=1$ 时，掘进面前方最外侧偏应力等值线的值仅为 1，且距离掘进面很近。$\lambda=1.5$ 时，掘进面前方最外侧偏应力等值线的值增加至 5，且距离是均匀应力场的两倍左右。当 $\lambda=3$ 时，偏应力场发生突变，呈大范围蝶形分布，且等值线的值剧增，最外侧等值线的值达到 9.3。这与前述圆形孔洞周边偏应力场分布的演化规律一致。

运算结果表明，区域应力状态对掘进巷道周边偏应力场的分布具有明显的控制作用。与平面圆孔的偏应力场演化规律基本一致，掘进巷道偏应力场的形态分布由区域主应力场的比值和大小共同决定。区域应力场的大小控制掘进巷道围岩偏应力场分布的范围，区域最大、最小主应力的比值控制偏应力场分布的形态。随着区域主应力场比值的增大，掘进巷道的偏应力场在掘进面迎头顶部和底部方向上的集中程度急剧升高，影响范围急剧扩展。在一定条件下，区域应力状态的改变会引起掘进巷道前方偏应力场的分布形态产生急剧突变。

3.2 区域应力状态对圆形孔洞围岩塑性区分布的控制作用

前文对巷道弹性状态下的偏应力分布进行了研究。实际条件下，巷道是弹塑性体，巷道开挖后必然造成塑性破坏，在巷道周围产生塑性区，因此，需进一步研究区域应力状态对圆形孔洞围岩塑性区分布的影响。

3.2.1 区域应力状态对圆形孔洞围岩塑性区形态分布的影响

由郭晓菲[209]依据孔洞围岩塑性区边界八次方隐形方程开发的巷道围岩塑性区可视化程序计算得到圆形孔洞围岩塑性区的形态和范围。计算采用煤岩力学参数（内聚力 C，内摩擦角 φ，单轴抗压强度 $Rc=10$ MPa）、区域应力状态及孔洞围岩塑性区计算结果见表 3-3。

表 3-3 圆形孔洞围岩塑性区形态计算结果

区域应力状态		岩体参数		塑性区分布		
主应力场/MPa	受力表示	c/MPa	φ	形态	R_{max}/m	理论计算
$P_1=21$ $P_3=21$	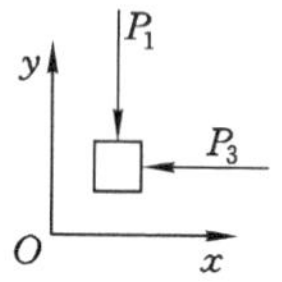	2	30	圆形	2.63	
$P_1=21$ $P_3=14$	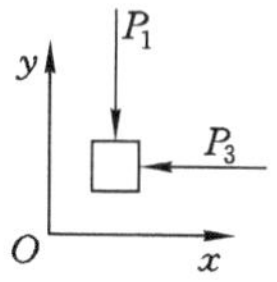	2	30	椭圆	2.73	
$P_1=21$ $P_3=7$	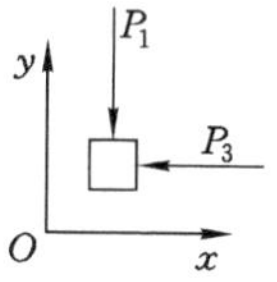	2	30	蝶形	5.42	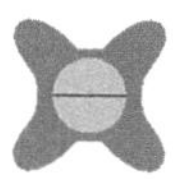

表 3-3(续)

区域应力状态		岩体参数		塑性区分布		
主应力场/MPa	受力表示	c/MPa	φ	形态	R_{max}/m	理论计算
$P_1=21$ $P_3=7$	y α P1 P3 O x	2	30	蝶形	5.42	

由表 3-3 可知，在相同的均质围岩条件下，主应力比值 λ 从 1 增大至 3 时，塑性区由圆形变为椭圆形最后呈现为蝶形，塑性区的范围也不断扩大。由表计算结果可知，在 $P_1=P_3=21$ MPa，即双向等压应力场条件下，圆形巷道的塑性区发育形状亦为圆形，塑性区宽度围绕圆形巷道等值，最大为 2.63 m；在 $P_1=21$ MPa，$P_3=14$ MPa，即双向不等压，主应力比值 $\lambda=1.5$ 的情况下，塑性区表现为椭圆形，最大塑性区宽度为 2.73 m；在 $P_1=21$ MPa，$P_3=7$ MPa，即双向不等压，主应力比值 $\lambda=3$ 的情况下，塑性区表现为蝶形，塑性区最大半径增长至 5.42 m；在 $P_1=21$ MPa，$P_3=7$ MPa，即双向不等压，主应力比值$\lambda=3$且加载方向与外法线方向呈一定角度的情况下，塑性区表现仍为蝶形，塑性区最大半径未发生变化仍为 5.42 m，但其塑性区形态发生旋转，且随应力偏转的角度一致。

以上结果说明，区域应力状态对平面圆孔周边塑性区的控制作用同偏应力场基本一致。区域应力场的大小控制孔洞围岩塑性区的范围，区域最大、最小主应力的比值控制塑性区的形态，区域应力场的偏转方向控制孔洞围岩塑性区的旋转方向。

3.2.2 区域应力状态对圆形孔洞围岩塑性区扩展演化规律的影响

3.2.2.1 圆形孔洞围岩塑性区的演化规律

通过 FLAC^{3D}数值模拟软件对不同加载条件下均质圆形巷道塑性区形态及塑性区范围进行数值模拟分析，建立 X、Y、Z 轴分别为 50 m、1 m、50 m 的圆形巷道模型，对模型前后左右及底部边界采用位移固定，固定竖直载荷为 20 MPa(相当于埋深 800 m)情况下，研究直径为 2 m 的圆形巷道在不同横向载荷下的围岩塑性区形态变化及最大塑性区范围扩展规律。模型物理力学参数见表 3-4。

表 3-4 模型物理力学参数

密度/(kg/m³)	体积模量/GPa	剪切模量/GPa	抗拉强度/MPa	内聚力/MPa	内摩擦角/(°)
2 500	5	4.5	2	2	30

如图 3-11 所示。最大主应力方向加载时巷道围岩塑性区范围不断扩大，塑性区形态也随着应力的加载而发生改变。横向主应力为 20 MPa 时，巷道围岩受双向等压作用，塑性区为范围较小的圆形，随着最大主应力的增大，塑性区变为椭圆形，此时塑性区范围仍然较小；随着 P_1 继续增大，塑性区范围在不断扩大的同时向巷道顶、底角部转移，形成蝶形塑性区；之后，随着最大主应力的继续增大，围岩塑性区范围不断扩大，其形态几乎不再发生变化。P_3 卸载时规律基本类似。

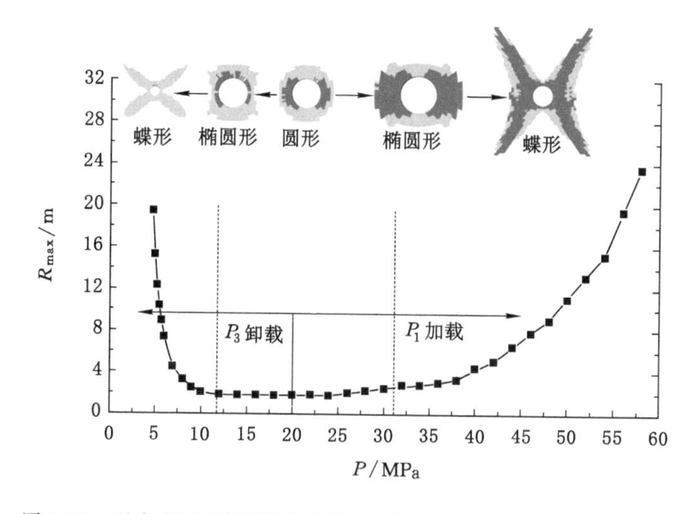

图 3-11 施加纵向不同横向载荷 P 时巷道围岩塑性区最大半径 R_{max}

在出现蝶形之前，巷道围岩塑性区范围都很小，塑性区对区域应力状态改变响应迟钝。对 P_1 加载或是对 P_3 卸载，都将引起塑性区范围的扩展，但是范围扩展很小。继续对 P_1 加载或是对 P_3 卸载，巷道围岩塑性区形态开始出现蝶形形态，围岩塑性区范围变大，塑性区对区域应力状态的改变越发敏感。当受到周围应力扰动后，将会引起塑性区大范围扩展。

3.2.2.2 蝶形塑性区的基本性质

巷道围岩塑性区的 RPP 曲线是指巷道围岩塑性区的最大半径 R_{max} 与巷道区域最大主应力 P_1 和最小主应力 P_3 之间的关系，如图 3-12 所示。具体来说，蝶形塑性区的 R_{max} 是指蝶叶的最大半径，其 RPP 曲线为指数增长型，如图 3-12

中曲线1所示；椭圆形塑性区的R_{max}是指椭圆的长轴半径，其RPP曲线为直线增长型，如图3-12中曲线2所示；而圆形塑性区的R_{max}是指圆的半径，其RPP曲线也为直线增长型，如图3-12中曲线3所示。

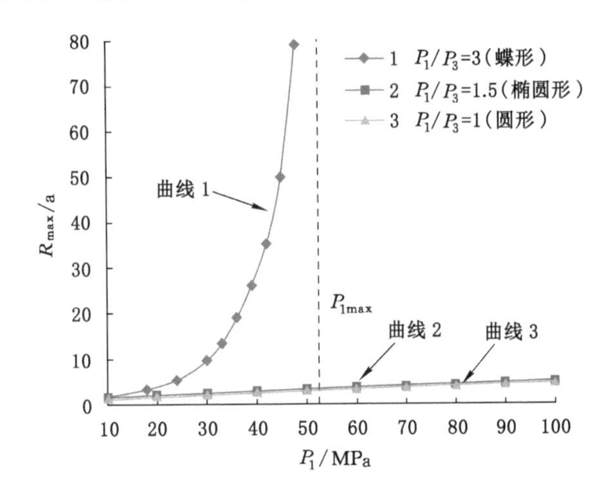

$C=3$ MPa，$\varphi=25°$，$a=0.05$ m

图3-12　巷道围岩不同形态塑性区的RPP曲线

（1）高度敏感性

由图3-12可以看出，蝶形塑性区的RPP曲线与圆形和椭圆形塑性区的RPP曲线差异巨大，其物理意义是当巷道围岩出现蝶形塑性区后，围岩破坏范围会随着巷道区域应力场的改变出现剧烈变化，而非蝶形塑性区的变化则平稳得多，可以说蝶形塑性区对巷道区域应力场的变化具有高度敏感性。如果塑性区的变化是在较长时间（例如1 h时或更长）内完成，则伴随着煤岩体的塑性破坏，围岩将产生缓慢变形；如果在瞬间（例如1 s或更短）完成，则会伴随出现不同程度的震动、声响和煤岩体抛出等动力现象，即不同程度的动力事件。因此，可以说蝶形塑性区对于动力灾害的发生极为敏感。

按照非线性动力系统的观点，动力灾害是采矿系统在某些因素反复作用下的迭代结果。蝶形塑性区受到外部环境变化的干扰后如何变化同它周边的应力动力学性态密切相关。乔建永教授在参考文献[182]中研究复杂动力系统在花瓣型不稳定点附近的动力学性态，得出最终可以划归为Leau-Fatou花瓣定理（参考文献[183]）的结论。注意到蝶形塑性区恰好为4叶花瓣，蝶形塑性区附近的主应力分布也恰好符合Leau-Fatou花瓣定理描述的吸引轴和排斥轴的分布规律。我们认为，蝶形塑性区附近的动力学性态必然满足Leau-Fatou花瓣定理。复杂动力系统的结论（参考文献[183]）表明：在Leau-Fatou

花瓣出现时，系统具有对“初始状态”的敏感依赖性，任何微小的扰动都有可能引发系统的灾变。总之，蝶形塑性区对于动力灾害的发生极为敏感，这一结论完全符合复杂动力系统的结构不稳定性论断(参考文献[184])。

(2) 无限扩展性

由图 3-12 中蝶形塑性区的 *RPP* 曲线可见，当区域主应力场的最大主应力 P_1 达到某一值 P_{1max}时，蝶形塑性区最大半径出现无穷大；当区域主应力场的最大主应力 P_1 超过围岩单轴抗压强度后，随着最小主应力 P_3 的减小，蝶形塑性区的最大半径也可以达到无穷大(图 3-13)，蝶形塑性区边界的这种性质称为塑性区边界的无限扩展性。如果某种围岩的塑性区达到这种无限扩展，则产生的冲击灾害将是灾难性的。

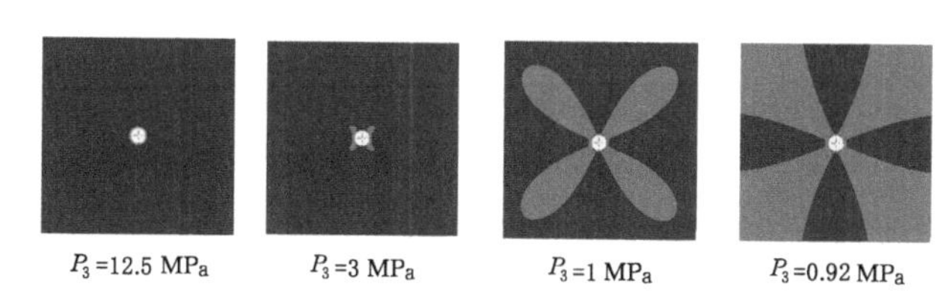

$P_1=12.5$ MPa，$Rc=10$ MPa，$c=3$ MPa，$\varphi=28°$

图 3-13 蝶形塑性区边界随着 P_3 的减小无限增大

(3) 方向旋转性

蝶形塑性区的蝶叶方向与巷道区域主应力场的最大主应力方向之间成近似45°的夹角，因而，当巷道区域主应力场的方向变化时，蝶叶方向也会随之发生旋转[18]，如图 3-14 所示。同样，可以说蝶形塑性区对巷道区域应力场的变化具有方向旋转性。如果蝶叶方向与煤层方向一致，则更容易发生动力事件。

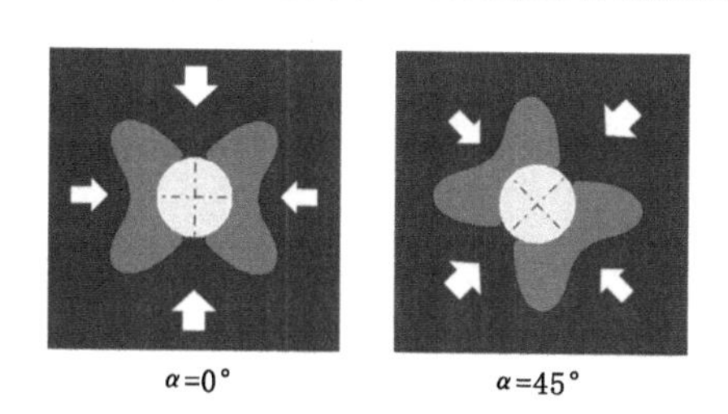

$P_1=20$ MPa，$P_3=8$ MPa，$a=2.0$ m，$C=3$ MPa，$\varphi=20°$

图 3-14 蝶形塑性区的方向性

综上所述，均质圆形巷道围岩破坏时，其塑性区一般会出现圆形、椭圆形和蝶形三种形态，其中，蝶形塑性区的高度敏感性、无限扩展性和方向旋转性均为巷道围岩在一定区域应力状态下的力学响应，蝶形塑性区及其基本性质能够较好地解释动力灾害发生时巷道围岩产生爆炸式破坏的力学本质。

3.3 区域应力状态对掘进巷道围岩塑性区分布的控制作用

3.3.1 区域应力状态对掘进巷道围岩塑性区形态分布的影响

掘进巷道为三维模型，对于其围岩塑性区形态的分析需要采用三维空间模型进行研究，由于目前尚无法对三维空间模型的采动应力分布进行理论计算，因此，该部分内容运用 $FLAC^{3D}$ 数值模拟软件进行计算分析。

(1) 计算模型的建立

为全面了解掘进巷道围岩塑性区的一般形态特征，本次研究采用均质岩体模型，建立的三维模型如图 3-15 所示。模型设计尺寸为 50 m×80 m×50 m ($X\times Y\times Z$)，巷道断面为 5 m×4 m。模型中垂直于 X、Z 轴的四个面和垂直于 Y 轴的非开挖面分别固定三个方向的位移约束，Y 轴的开挖面固定 X、Y 两个方向的位移约束。计算过程中掘进巷道沿 Y 轴开挖 20 m，模型采用莫尔-库仑准则，岩石物理力学参数见表 3-5。

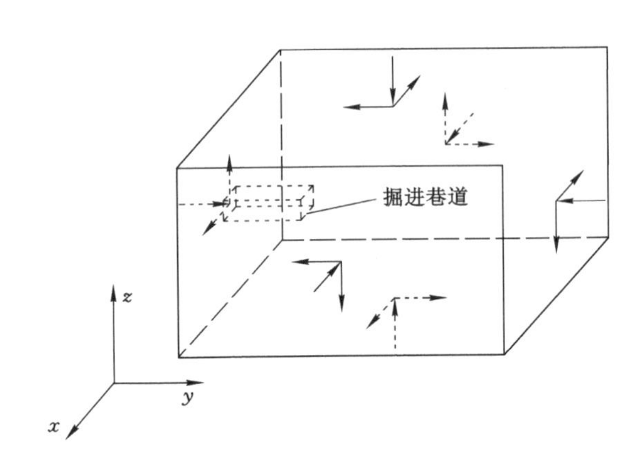

图 3-15　计算模型

表 3-5　巷道岩石物理力学参数

摩擦角/(°)	内聚力/MPa	密度/(kg/m³)	剪切模量/GPa	体积模量/GPa
25	3	1 200	5.1	5.8

(2) 计算方案的确定

煤矿地下开采时的地应力场复杂多变,归纳起来可分为均匀应力场和非均匀应力场,该部分主要研究掘进巷道围岩塑性区的一般形态特征,暂不考虑主应力场方向的变化,计算模型施加的初始地应力场如图 3-16 所示。

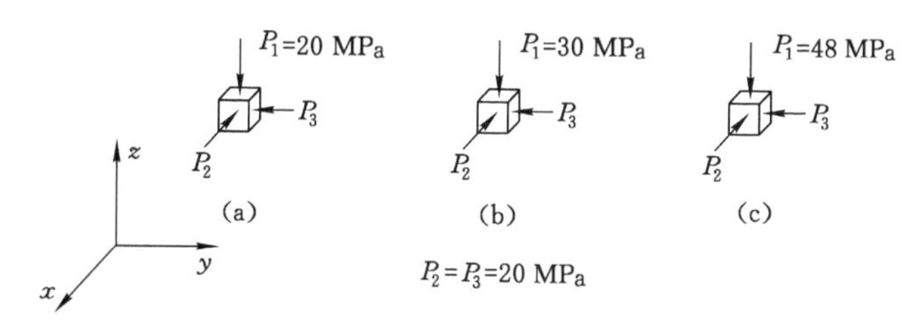

图 3-16　初始地应力场

(3) 塑性区的形态特征分析

由于掘进巷道为空间模型,从单个视角很难全面了解巷道围岩塑性区的整体分布特征,因此,在对计算结果进行分析时,需要对计算模型从多个角度进行观察,分别提取出计算结果在 X、Y、Z 三个坐标方向的整体效果和剖面效果,各坐标方向的剖面位置如图 3-17 所示。

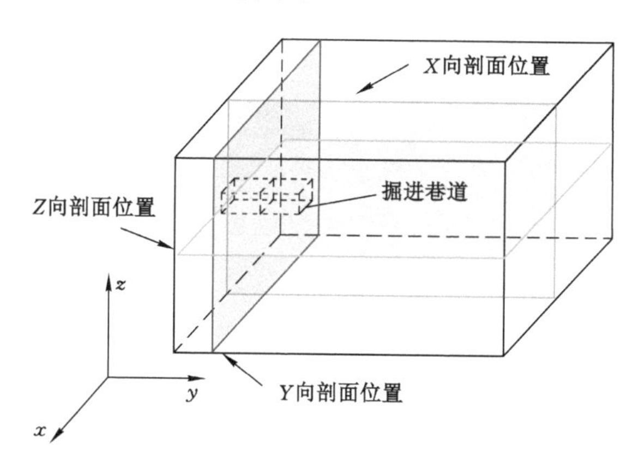

图 3-17　计算结果的剖面位置

当掘进巷道处于三向均压($P_1=P_2=P_3=20$ MPa)的应力环境中时,巷道围岩的塑性区形态如图 3-18(a)所示。从 X 坐标轴方向来看,巷道围岩塑性区整体分布均匀,在掘进头位置处呈半球形,其中,沿巷道中心线的剖面图显示,巷道顶底板的塑性区深度基本一致,在掘进头位置近似呈圆形;从 Y 坐标轴方向来看,巷道顶、底板及两帮围岩的破坏范围大致相同,两肩角和两底角位置处的

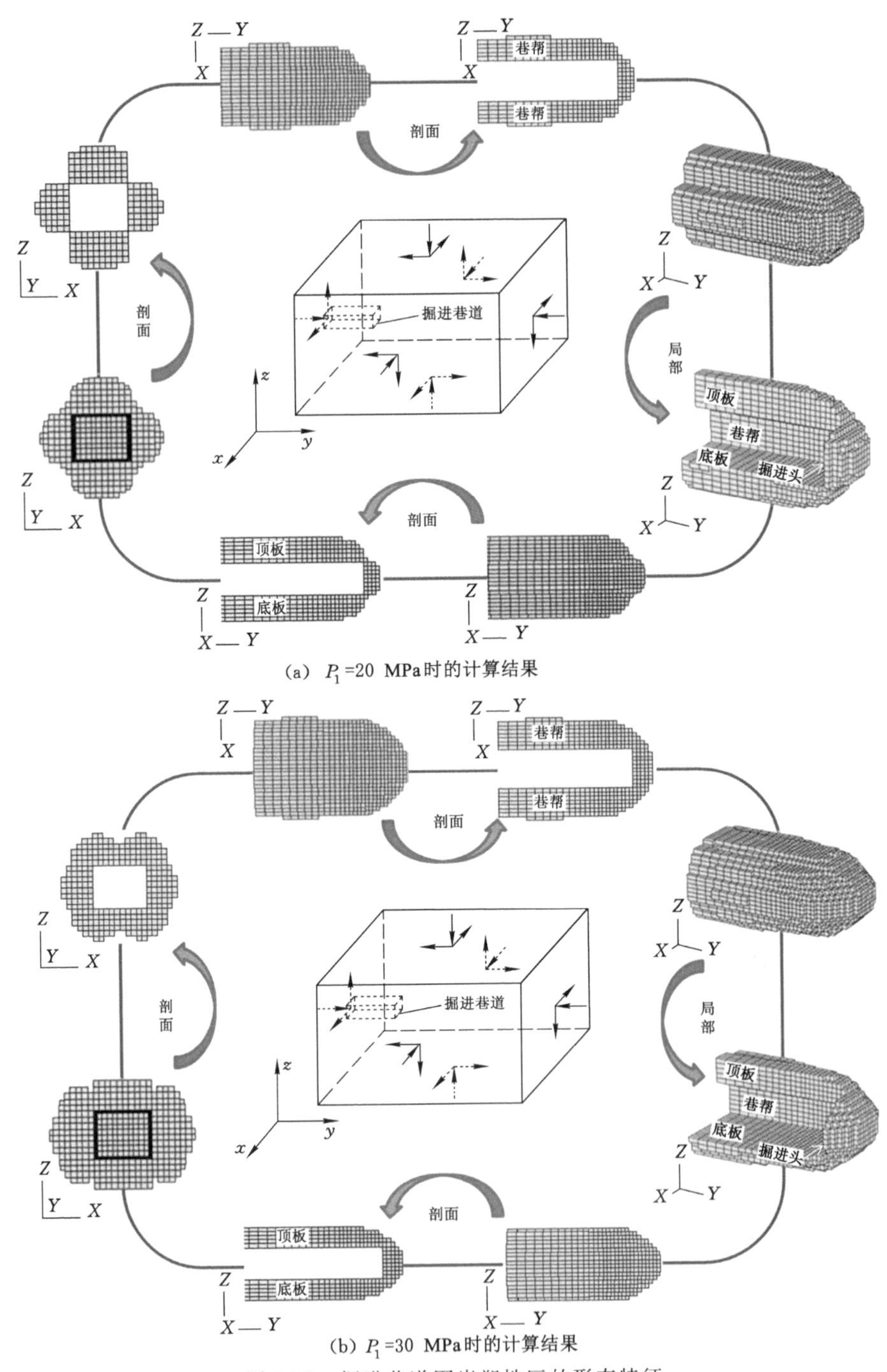

(a) P_1=20 MPa时的计算结果

(b) P_1=30 MPa时的计算结果

图 3-18　掘进巷道围岩塑性区的形态特征

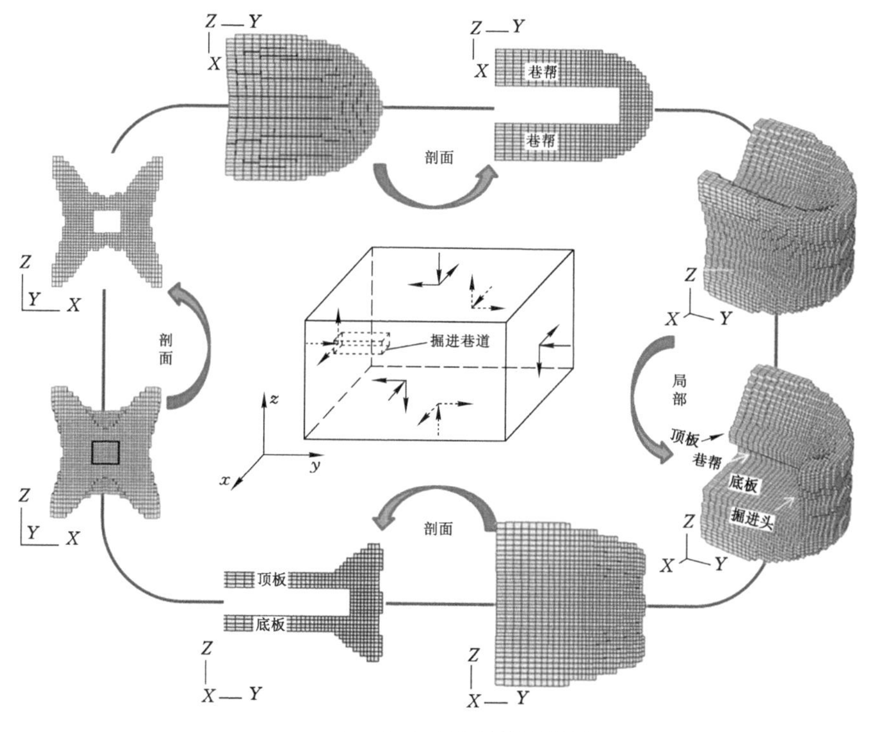

(c) P_1=48 MPa时的计算结果

图 3-18(续)

破坏深度基本一致，但相对较小，塑性区在巷道断面近似呈圆形分布，且塑性区沿巷道轴向均匀延展，整体来看近似呈圆柱状分布；从 Z 坐标轴方向来看，巷道围岩塑性区整体分布均匀，在掘进头位置处呈半球形分布，其中，沿巷道中心线的剖面图显示，巷道两帮围岩的塑性区深度基本一致，在掘进头位置近似呈圆形。总体来看，塑性区整体分布比较均匀，巷道顶底板及两帮围岩的破坏深度基本相同，在巷道断面塑性区近似呈圆形分布，塑性区沿巷道轴向整体近似呈圆柱形分布，在掘进头附近近似呈半球形分布。

当掘进巷道位于最大主应力场为 $P_1=30$ MPa($P_2=P_3=20$ MPa)的非均匀应力环境中时，巷道围岩的塑性区形态如图 3-18(b)所示。从 X 坐标轴方向来看，巷道围岩塑性区整体分布均匀，在掘进头位置处呈半椭球形，其中，沿巷道中心线的剖面图显示，巷道顶、底板的塑性区深度基本一致，在掘进头位置近似呈圆形。从 Y 坐标轴方向来看，巷道顶板与底板围岩的破坏范围以及两帮围岩的破坏范围均大致相同，但两帮围岩的破坏范围略大于顶、底板围岩的破坏范围，其中，巷道中部位置的剖面图显示塑性区在巷道断面近似呈椭圆形分布，塑性区沿巷道轴向均布延展，整体近似呈椭圆柱形分布。从 Z 坐标轴方向来看，巷道围岩塑性区整体分布均匀，在掘进头位置处呈半椭球形分布，其中，沿巷道中心线的剖面图显示，巷道两帮围岩的塑性区深度基本一致，在掘进头位置近似呈圆形。总体来看，塑性区整体分布比较均匀，其中，两帮围岩的塑性破坏范围略大于顶、底板围岩的塑性破坏范围，塑性区在巷道断面内近似呈椭圆形，且沿巷道轴向均布延展，整体近似呈椭圆柱形分布，塑性区在掘进头附近区域近似呈半椭球形分布。

当掘进巷道位于最大主应力场为 $P_1=48$ MPa($P_2=P_3=20$ MPa)的非均匀应力环境中时，巷道围岩的塑性区形态如图 3-18(c)所示。从 X 坐标轴方向来看，巷道围岩塑性区范围沿掘进方向略有减小，在掘进头位置处呈环形，其中，沿巷道中心线的剖面图显示，在远离掘进头处，巷道顶、底板的塑性区深度基本一致，而在掘进头的顶、底角位置各存在一个大小相同的蝶叶塑性区。从 Y 坐标轴方向来看，巷道的两个肩角和两个底角位置各有一个大小相同的蝶叶塑性区，巷道中部位置的剖面图显示塑性区在巷道断面呈蝶形分布，且巷道两帮的塑性区深度大于巷道顶、底板的塑性区深度，塑性区沿巷道轴向均匀延展，整体呈柱状分布。从 Z 坐标轴方向来看，巷道围岩塑性区范围沿巷道掘进方向逐渐变小，在掘进头位置处呈蝶叶式半环形分布，其中，沿巷道中心线的剖面图显示，巷道两帮围岩的塑性区深度基本一致，但明显大于巷道顶、底板的塑性区深度，塑性区在掘进头位置近似呈圆形。总体来看，巷道围岩的局部破坏特征比较明显，在巷道断面内塑性区呈蝶形分布，且塑性区沿巷道轴均匀延展，整体呈柱状分布，在掘进头的顶、底角位置也存在蝶叶塑性区，塑性区在掘进头附近整体近似呈蝶叶式半环形分布，且由于掘进头的端头效应，掘进头附近的蝶叶塑性区尺寸略小于远离掘进头区域的蝶叶塑性区。

综上所述，当掘进巷道位于三向均压的均匀应力场中时，巷道围岩塑性区整体分布均匀，在巷道断面内塑性区近似呈圆形分布，塑性区沿巷道轴向均匀延展，整体近似呈圆柱形分布，在掘进头位置的塑性区呈半球形分布。在非均匀应力场中，在巷道断面内围岩的塑性区形态还会呈现出椭圆形和蝶形，同样，塑性区沿巷道轴向均匀延展，分别形成对应形态的柱体形，但值得注意的是，在掘进头的顶、底角部位也会出现蝶叶塑性区，根据应力场的不同，掘进头位置的塑性区形态整体会呈现出半椭球形或蝶叶式半环形分布。

3.3.2 区域应力状态对掘进巷道围岩塑性区演化规律的影响

3.3.2.1 掘进巷道围岩塑性区分布的主要影响因素

由平面应变条件下均质圆形巷道围岩塑性区的形态系数可以看出，影响巷道围岩塑性区形态的主要因素有区域主应力场和岩体强度。本部分仍然运用数值模拟计算软件，分析主应力场大小、方向以及围岩强度对掘进巷道围岩塑性区分布的影响，计算过程所采用的模型如图 3-15 所示，岩体的物理力学参数见表 3-5。

(1) 主应力场大小对塑性区分布的影响

在分析主应力场大小对塑性区分布的影响时，分别考虑最大、中间和最小主应力场的大小各自对塑性区分布的影响。具体计算时固定主应力场的方向不变，分别设定所分析对象之外的其他主应力大小为常数，计算方案如图 3-19 所示。

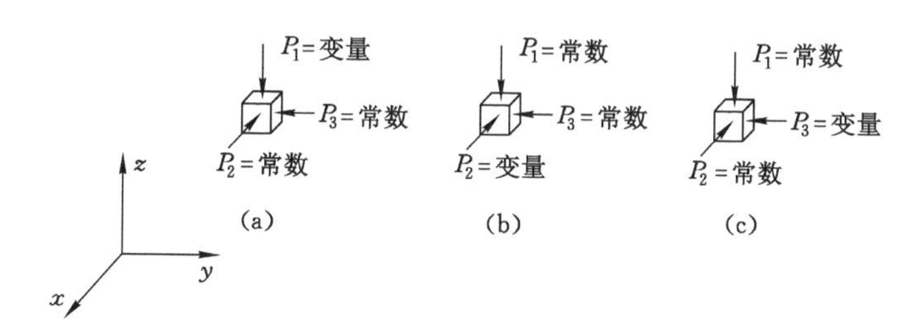

图 3-19　不同主应力场大小的计算方案

① 最大主应力场的影响

根据图 3-20 所示的初始地应力场，得出的计算见表 3-6。根据计算结果可以看出，随着区域最大主应力的增大，巷道围岩塑性区形态发生了明显变化。由计算结果的整体效果图可知，随着最大主应力的增大，巷道围岩塑性区形态由开始的圆筒状逐渐向椭圆筒状和三维蝶叶状发展，见表 3-6 中(a)所示，塑性区在巷道两肩角、两底角以及掘进头的顶、底角位置出现明显扩展。以 X 坐标轴为法向量，巷道的中心点为一定点做剖面，见表 3-6 中(b)所示，可以明显看出，随着最大主应力的增大，巷道顶、底板围岩的塑性破坏深度逐渐减小，而在掘进头前方以及其顶、底板位置处，塑性区范围明显增大，并逐渐形成蝶叶塑性区；以 Y 坐标轴为法向量，巷道轴向中部断面的任意一点为定点做剖面，见表 3-6 中(c)所示，可以看出，随着最大主应力的增加，巷道断面内的塑性区形态由开始均匀分布的类圆形逐渐向类椭圆形(以两帮方向为长轴)和蝶形发展，且巷道两帮围岩的塑性区范围逐渐增大，而巷道顶、底板围岩的塑性区范围有逐渐减小的趋势；同样，以 Z 坐标轴为法向量，巷道的中心点为一定点做剖面，见表 3-6 中(d)所示，可以看出，随着最大主应力的增加，巷道两帮及掘进头前方围岩的塑性区范围逐渐增大，而该断面内的塑性区形态无明显变化。

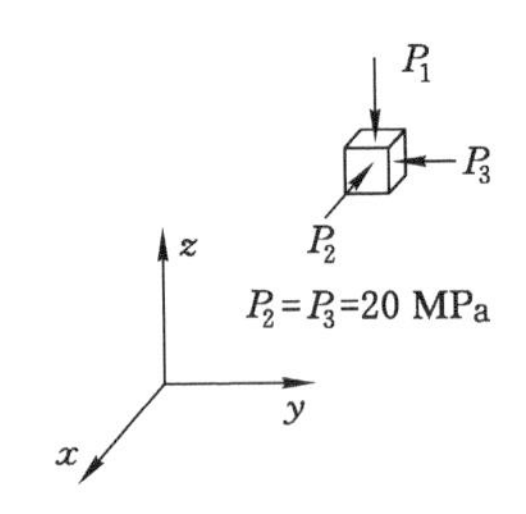

P_1 /MPa 取值

序号	Ⅰ	Ⅱ	Ⅲ	Ⅳ
P_1	20	30	40	48

图 3-20　最大主应力场大小不同时的初始地应力场

表 3-6　最大主应力场大小不同时的计算结果

	Ⅰ	Ⅱ	Ⅲ	Ⅳ
(a) 整体效果	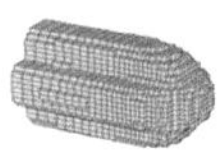	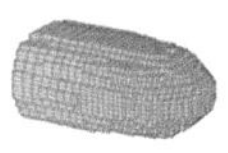	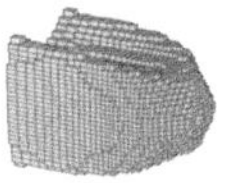	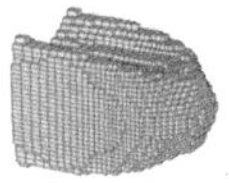
(b) X 轴				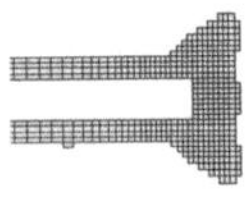
(c) Y 轴	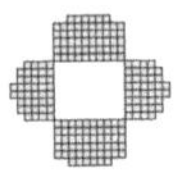	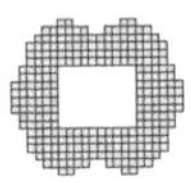	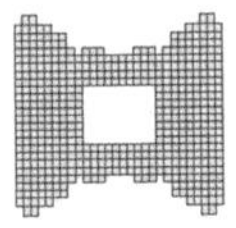	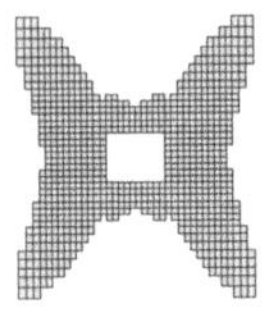
(d) Z 轴	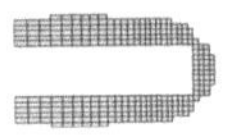	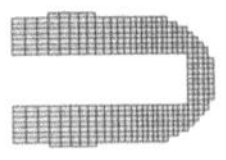	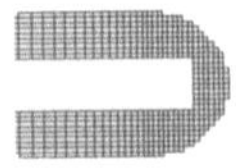	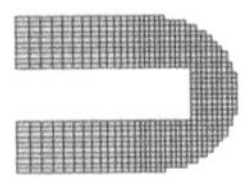

② 最小主应力场的影响

根据图 3-21 所示的初始地应力场，得出的计算结果见表 3-7。由计算结果可以看出，随着区域最小主应力的减小，巷道围岩塑性区的形态并没有发生明显的变化。

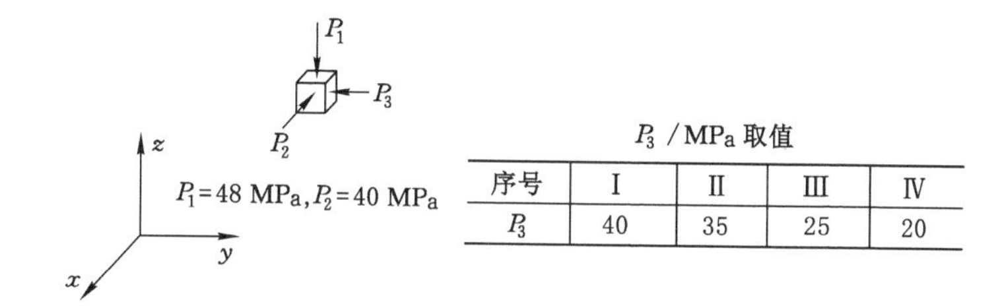

P_3 /MPa 取值

序号	Ⅰ	Ⅱ	Ⅲ	Ⅳ
P_3	40	35	25	20

图 3-21　最小主应力场大小不同时的初始地应力场

表 3-7　最小主应力场大小不同时的计算结果

	Ⅰ	Ⅱ	Ⅲ	Ⅳ
(a) 整体效果				
(b) X 轴				
(c) Y 轴				
(d) Z 轴				

由计算结果的整体效果图可知，随着最小主应力的减小，巷道围岩塑性区的整体形态保持近似圆筒状，见表 3-7 中(a)所示，而巷道掘进工作面附近的塑性区由开始的圆球状逐渐向扁平状发展。以 X 坐标轴为法向量，巷道的中心点为一定点做剖面，见表 3-7 中(b)所示，可以看出，随着最小主应力的减小，巷道顶底板及掘进头前方围岩的塑性破坏深度略有增大，但整体形态基本保持不变，由于掘进头附近顶、底板位置的塑性区范围增加的相对明显，因而其塑性区形态由开始的近似半圆形逐渐趋于扁平；以 Y 坐标轴为法向量，巷

道轴向中部断面的任意一点为定点做剖面，见表 3-7 中(c)所示，可以看出，随着最小主应力的减小，巷道断面内的塑性区形态几乎保持不变，而巷道顶、底板及两帮围岩的塑性区范围有逐渐增大的趋势；同样，以 Z 坐标轴为法向量，巷道断面的中心点为一定点做剖面，见表 3-7 中(d)所示，可以看出，随着最小主应力的减小，巷道两帮围岩的塑性区范围逐渐增大，同时，类似于表 3-7 中(b)，由于掘进头附近帮部围岩塑性区的增加相对明显，从而使其塑性区形态由开始的近似半圆形逐渐趋于扁平。

③ 中间主应力场的影响

根据图 3-22 所示的初始地应力场，得出的计算结果如表 3-8。根据计算结果可以看出，随着区域中间主应力的增大，巷道围岩塑性区的形态同样也发生了明显变化。由计算结果的整体效果图可知，随着中间主应力的增大，巷道围岩塑性区形态由开始的三维蝶叶状逐渐向椭圆筒状和圆筒状发展，见表 3-8 中(a)所示，在巷道两肩角、两底角以及掘进头的顶、底角位置的塑性区逐渐减小，而巷道顶、底板及两帮围岩的塑性区逐渐增大，也就是巷道围岩的局部破坏特征逐渐弱化。以 X 坐标轴为法向量，巷道的中心点为一定点做剖面，见表 3-8 中(b)所示，可以明显看出，随着中间主应力的增大，巷道顶、底板围岩的塑性破坏深度逐渐增大，而在掘进头前方及其顶、底板位置处的塑性区范围变化不明显，掘进头前方的蝶叶形塑性区逐渐消失；以 Y 坐标轴为法向量，巷道轴向中部断面的任意一点为定点做剖面，见表 3-8 中(c)所示，可以看出，随着中间主应力的增大，巷道断面内的塑性区形态由开始的蝶形逐渐向类椭圆形(以两帮方向为长轴)和类圆形发展，此时，巷道两帮及顶、底板围岩的塑性区范围均逐渐增大；同样，以 Z 坐标轴为法向量，巷道断面的中心点为一定点做剖面，见表 3-8 中(d)所示，可以看出，随着中间主应力的增大，巷道两帮围岩的塑性区范围逐渐增大，而掘进头前方围岩的塑性区范围变化不明显，同样，塑性区形态也无明显变化。

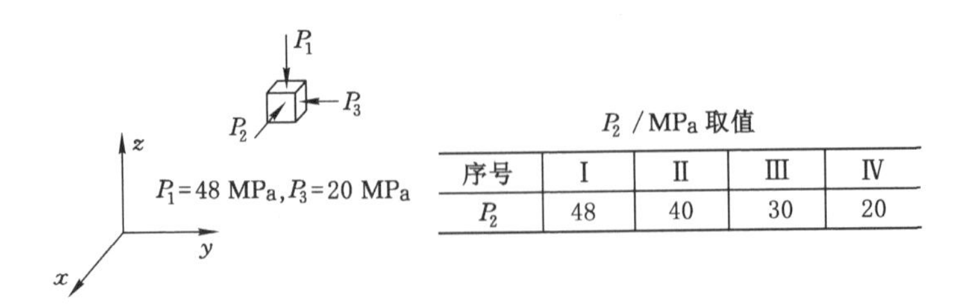

P_2 /MPa 取值

序号	I	II	III	IV
P_2	48	40	30	20

图 3-22　中间主应力场大小不同时的初始地应力场

表 3-8 中间主应力场大小不同时的计算结果

	Ⅰ	Ⅱ	Ⅲ	Ⅳ
(a) 整体效果	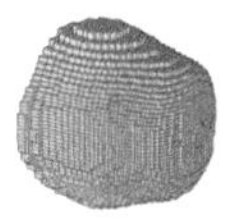			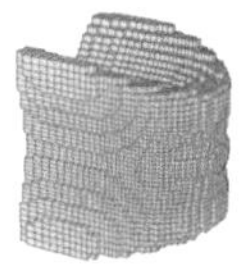
		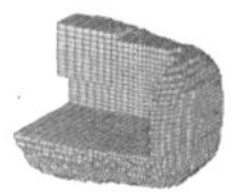	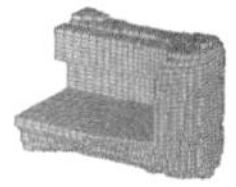	
(b) X 轴	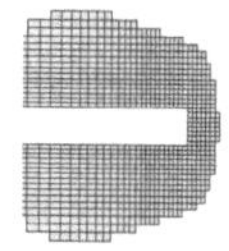	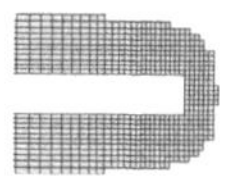	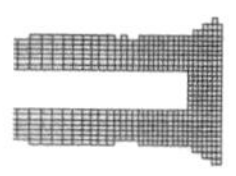	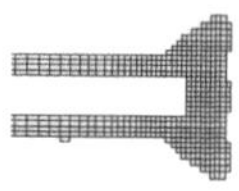
(c) Y 轴	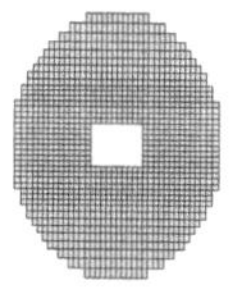			
(d) Z 轴	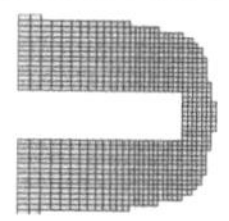	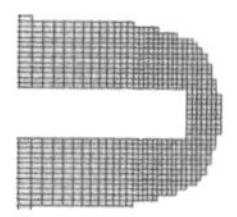	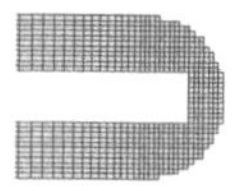	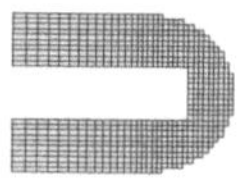

主应力场的大小对掘进巷道围岩的塑性区形态有显著影响,其中,平行于巷道断面的最大和中间主应力场的大小对塑性区形态的影响最大,即,随着最大主应力场的增大,或者是中间主应力场的减小,巷道围岩塑性区会逐渐呈现出蝶形的破坏特征;而沿巷道轴向的最小主应力场的大小对塑性区形态的影响相对较小,即,随着最小主应力场的减小,巷道围岩的塑性区范围均匀增大,但塑性区的形态变化不大。

(2) 主应力场方向对塑性区分布的影响

由于掘进巷道为三维空间模型,为全面掌握主应力场方向对掘进巷道围岩塑性区分布的影响,在设定计算模型的初始地应力场时,分别考虑将主应力场在原始地应力场的基础上分别绕 X、Y、Z 坐标轴各自旋转指定角度,对比分析主应力场绕固定坐标轴旋转不同角度时的塑性区分布特征,进而总结得出主应力场方向对塑性区分布的影响,计算方案如图 3-23 所示。

① P_1 和 P_3 绕 X 轴旋转

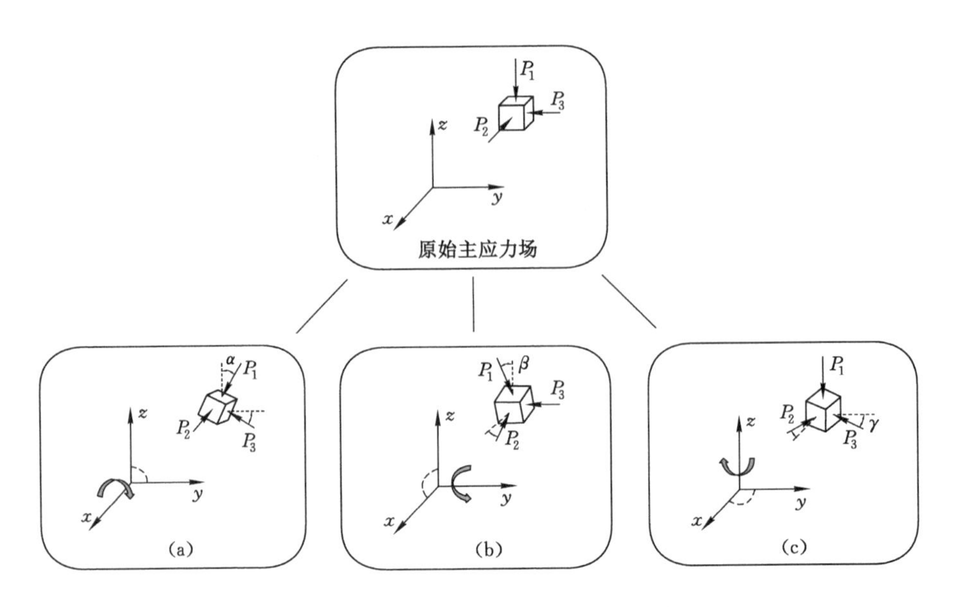

图 3-23　不同主应力场方向的计算方案

根据图 3-24 所示的初始地应力场，得出的计算结果见表 3-9。根据计算结果可以看出，随着区域最大和最小主应力场绕 X 轴的旋转，巷道围岩塑性区的形态发生了显著变化。由计算结果的整体效果图可知，随着最大和最小主应力场绕 X 轴的变化，巷道围岩塑性区的三维蝶叶状特征逐渐弱化，见表 3-9 中(a)所示，巷道两肩角和两底角部位的蝶叶塑性区范围逐渐减小，而掘进头顶、底角部位的蝶叶塑性区随着最大和最小主应力场绕 X 轴的旋转而发生明显偏转。以 X 坐标轴为法向量，巷道的中心点为一定点做剖面，见表 3-9 中(b)所示，可以明显看出，随着最大和最小主应力场绕 X 轴的旋转，巷道顶、底板围岩的塑性破坏深度逐渐增大，且顶板围岩的破坏深度明显大于底板，而掘进头顶、底角部位的蝶叶塑性区逐渐发生偏转，即顶角的蝶叶塑性区逐渐向掘进头方向偏移，底角的蝶叶塑性区逐渐向巷道底板以里偏移；以 Y 坐标轴为法向量，巷道轴向中部断面的任意一点为定点做剖面，见表 3-9 中(c)所示，可以看出，随着最大和最小主应力场绕 X 轴的旋转，巷道断面内的蝶形塑性区形态特征逐渐弱化，即巷道两肩角和两底角的四个蝶叶塑性区逐渐减小，且两肩角的蝶叶塑性区尺寸相比两底角的蝶叶塑性区尺寸减小的幅度更大；同样，以 Z 坐标轴为法向量，巷道断面的中心点为一定点做剖面，见表 3-9 中(d)所示，可以看出，随着最大和最小主应力场绕 X 轴的旋转，巷道两帮围岩的塑性区范围稍有减小，但不明显，且掘进头前方围岩的塑性区范围变化不明显，同样，塑性区形态也无明显变化。

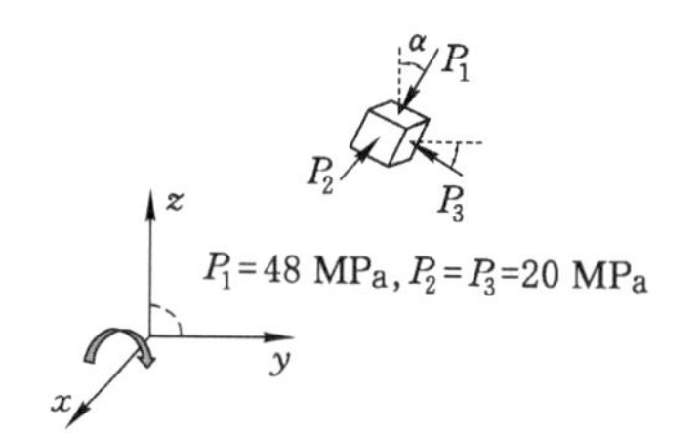

α/(°) 取值

序号	Ⅰ	Ⅱ	Ⅲ	Ⅳ
α	0	10	30	50

图 3-24　P_1 和 P_3 绕 X 轴变化时的初始地应力场

表 3-9　P_1 和 P_3 绕 X 轴变化时的计算结果

	Ⅰ	Ⅱ	Ⅲ	Ⅳ
(a) 整体效果	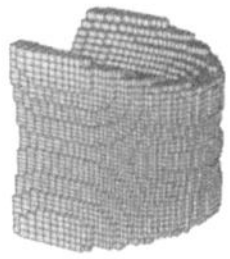		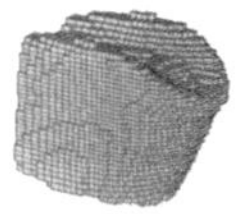	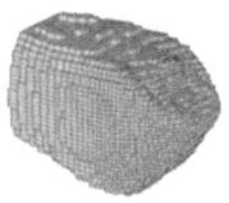
			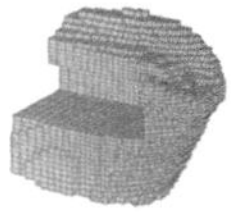	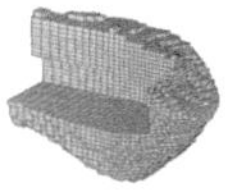
(b) X 轴	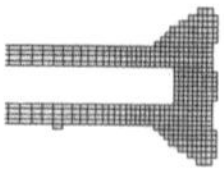	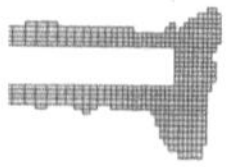		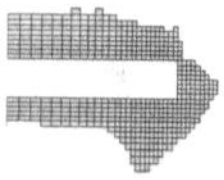
(c) Y 轴		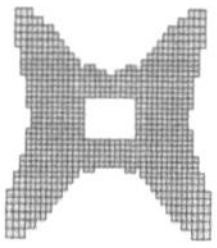		
(d) Z 轴	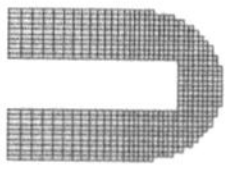	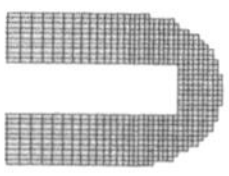	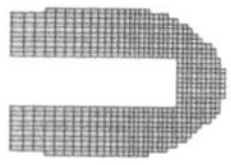	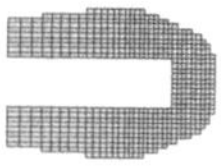

② P_1 和 P_2 绕 Y 轴旋转

根据图 3-25 所示的初始地应力场，得出的计算结果如表 3-10 所示。根据计算结果可以看出，随着 P_1 和 P_2 绕 Y 轴的旋转，巷道围岩塑性区的形态发生了显著变化。由计算结果的整体效果图可知，巷道围岩的三维蝶形塑性区随着 P_1 和 P_2 绕 Y 轴的旋转而偏转，见表 3-10 中(a)所示，巷道两肩角和两底角部位的蝶叶塑性区逐渐向巷道顶、底板和两帮位置偏转，而掘进头顶、底角部位的蝶

叶塑性区随着 P_1 和 P_2 绕 Y 轴的旋转而发生明显偏转。以 X 坐标轴为法向量,巷道的中心点为一定点做剖面,见表 3-10 中(b)所示,可以明显看出,随着三维蝶形塑性区因 P_1 和 P_2 绕 Y 轴的旋转而偏转,巷道顶、底板围岩的塑性破坏深度经历了先逐渐增大后逐渐减小的变化过程,而掘进头顶、底角部位的蝶叶塑性区也随着三维蝶形塑性区的整体偏转而消失,直观显示蝶叶塑性区随着巷道围岩顶、底板塑性破坏深度的增大而逐渐消失;以 Y 坐标轴为法向量,巷道轴向中部断面的任意一点为定点做剖面,见表 3-10 中(c)所示,可以看出,巷道断面内的蝶形塑性区形态随着 P_1 和 P_2 绕 Y 轴的旋转而发生同步偏转,塑性区的形态特征一致保持为蝶形,即巷道两肩角和两底角的蝶叶塑性区分别逐渐向巷道顶、底板以及两帮围岩依次循环偏转;同样,以 Z 坐标轴为法向量,巷道断面的中心点为一定点做剖面,见表 3-10 中(d)所示,可以看出,随着三维蝶形塑性区因 P_1 和 P_2 绕 Y 轴的旋转而偏转,巷道两肩角和两底角部位的蝶叶塑性区逐渐向巷道顶、底板和两帮位置偏转,即巷道两帮围岩的塑性破坏深度经历了先逐渐增大后逐渐减小的变化过程,而掘进头两帮角部位的塑性区形态随着三维蝶形塑性区的整体偏转逐渐开始呈现蝶叶分布。

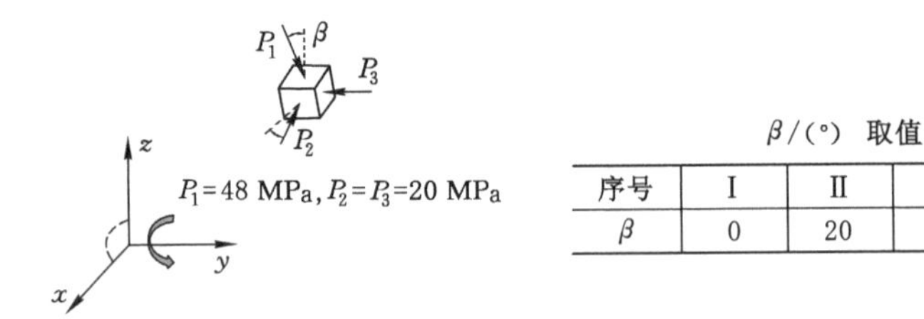

β/(°) 取值

序号	Ⅰ	Ⅱ	Ⅲ	Ⅳ
β	0	20	40	60

图 3-25 P_1 和 P_2 绕 Y 轴变化时的初始地应力场

表 3-10 P_1 和 P_2 绕 Y 轴变化时的计算结果

	Ⅰ	Ⅱ	Ⅲ	Ⅳ
(a) 整体效果				

表 3-10(续)

	Ⅰ	Ⅱ	Ⅲ	Ⅳ
(b) X 轴				
(c) Y 轴				
(d) Z 轴				

③ P_2 和 P_3 绕 Z 轴旋转

根据图 3-26 所示的初始地应力场,得出的计算结果见表 3-11。根据计算结果可以看出,随着 P_2 和 P_3 绕 Z 轴的旋转,巷道围岩塑性区的形态发生了显著变化。

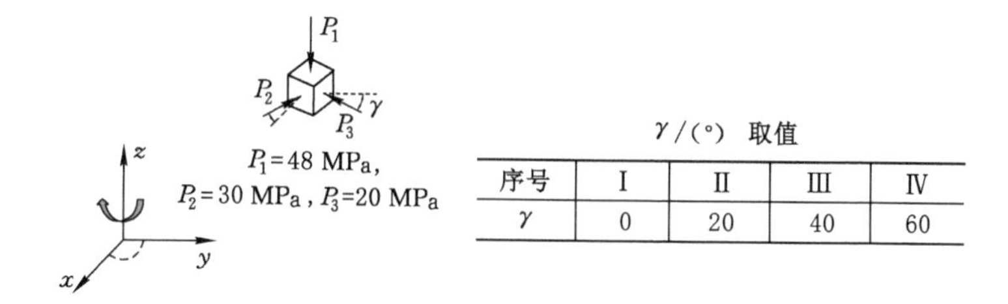

序号	Ⅰ	Ⅱ	Ⅲ	Ⅳ
γ	0	20	40	60

图 3-26 P_2 和 P_3 绕 Z 轴变化时的初始地应力场

表 3-11　P_2 和 P_3 绕 Z 轴变化时的计算结果

	Ⅰ	Ⅱ	Ⅲ	Ⅳ
(a) 整体效果	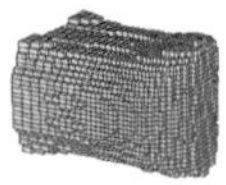	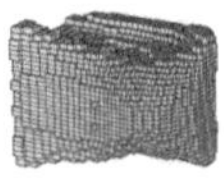	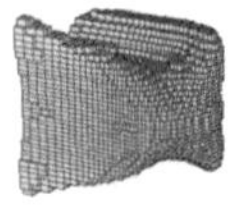	

(b) X 轴	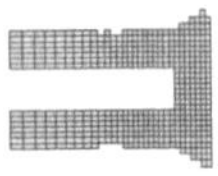	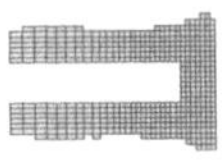		
(c) Y 轴			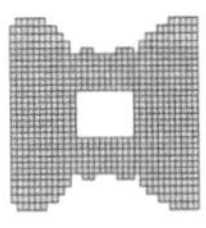	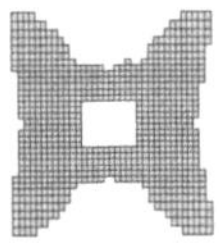
(d) Z 轴	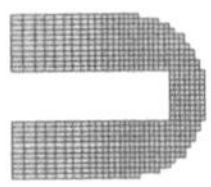	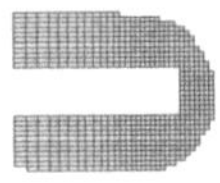	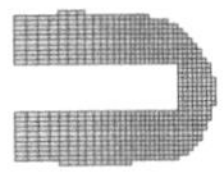	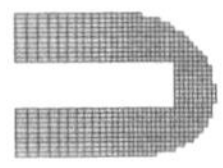

由计算结果的整体效果图可知，巷道围岩塑性区形态随着 P_2 和 P_3 绕 Z 轴的旋转逐渐呈现出三维蝶形的特征，见表 3-11 中(a)所示，巷道两肩角和两底角部位逐渐出现蝶叶塑性区，而掘进头顶、底角部位的蝶叶塑性区随着 P_2 和 P_3 绕 Z 轴的旋转而逐渐消失。以 X 坐标轴为法向量，巷道的中心点为一定点做剖面，见表 3-11 中(b)所示，可以明显看出，随着 P_2 和 P_3 绕 Z 轴的旋转，巷道顶、底板围岩的塑性破坏深度逐渐减小，且掘进头顶、底角部位的蝶叶塑性区也逐渐消失，而掘进头前方围岩的破坏深度略有增大；以 Y 坐标轴为法向量，巷道轴向中部断面的任意一点为定点做剖面，见表 3-11 中(c)所示，可以看出，随着 P_2 和 P_3 绕 Z 轴的旋转，巷道断面内的塑性区形态由初始的类椭圆形逐渐向蝶形发展，即巷道两肩角和两底角的蝶叶塑性区越来越明显，巷道顶、底板和两帮围岩的塑性破坏范围均略有减小，但都不明显；同样，以 Z 坐标轴为法向量，巷道断面的中心点为一定点做剖面，见表 3-11 中(d)所示，可以看出，随着 P_2 和 P_3 绕

Z 轴的旋转，巷道两帮围岩的塑性破坏范围略有减小，掘进头前方围岩的塑性破坏范围略有增大，但都不明显。

在主应力场大小一定时，主应力场方向对掘进巷道围岩塑性区的分布具有显著影响。当掘进巷道围岩存在蝶形塑性区时，随着主应力场方向的变化，蝶形塑性区的形态会随之而发生偏转，进而使巷道围岩塑性区的分布在原有形态基础上更为多元化，即，在某种应力场条件下，蝶形塑性区的蝶叶出现在掘进头的顶、底角部位，当主应力场方向变化时，蝶形塑性区的蝶叶可能会在掘进头前方或巷道断面的两肩角和两底角部位，但无论主应力场方向如何变化，蝶形塑性区的蝶叶始终分布在主应力场方向与巷道交汇处的角平分线附近区域。

(3) 煤岩体强度对塑性区分布的影响

根据图 3-27 所示的初始地应力场以及围岩强度参数，得出的计算结果见表 3-12。根据计算结果可以看出，随着岩体强度的增大，巷道围岩塑性区的形态和范围均发生了显著变化。

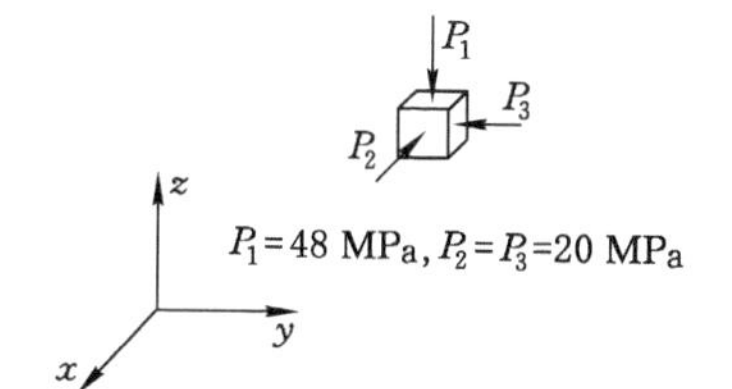

围岩强度参数取值

序号	Ⅰ	Ⅱ	Ⅲ	Ⅳ
c/MPa	3	4.5	6	7.5
φ/(°)	25	30	35	40
Rc/MPa	9.4	15.6	23.1	32.2

图 3-27　初始地应力场及围岩强度参数

表 3-12　围岩强度不同时的计算结果

	Ⅰ	Ⅱ	Ⅲ	Ⅳ
(a) 整体效果		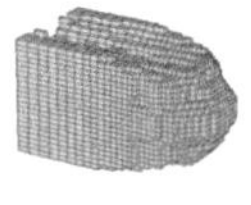	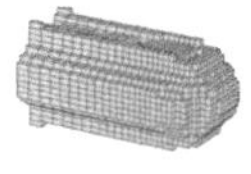	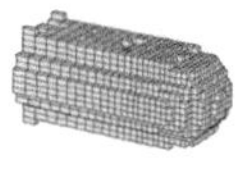
	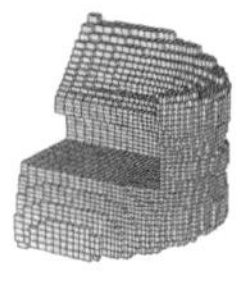		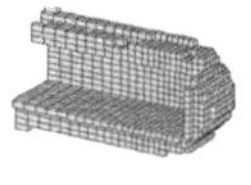	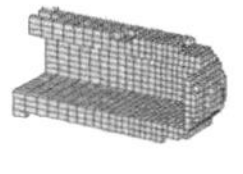

表 3-12(续)

	Ⅰ	Ⅱ	Ⅲ	Ⅳ
(b) X 轴	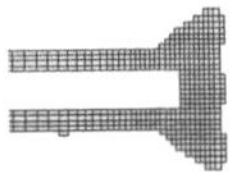		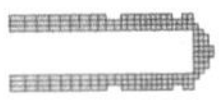	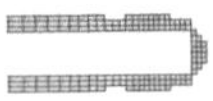
(c) Y 轴	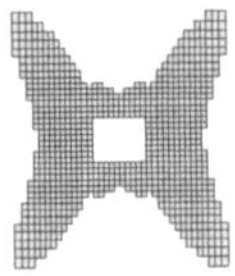	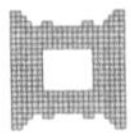		
(d) Z 轴	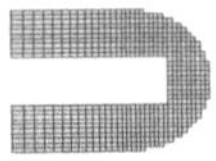	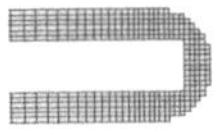	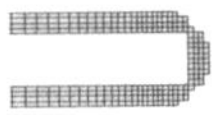	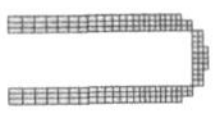

由计算结果的整体效果图可知，巷道围岩塑性区的三维蝶形特征随着岩体强度的增大而逐渐减弱，见表 3-12 中(a)所示，巷道两肩角和两底角以及掘进头顶、底角部位围岩的蝶叶塑性区随着岩体强度的逐渐增大而减小，并趋于消失。以 X 坐标轴为法向量，巷道的中心点为一定点做剖面，见表 3-12 中(b)所示，可以明显看出，随着围岩强度的增大，巷道顶、底板围岩的塑性破坏深度略有减小，但掘进头顶、底角部位的蝶叶塑性区有明显减小，并随着围岩强度的增大逐渐消失，掘进头前方的围岩塑性区范围随着围岩强度的增大也在逐渐减小；以 Y 坐标轴为法向量，巷道轴向中部断面的任意一点为定点做剖面，见表 3-12 中(c)所示，可以看出，巷道断面内两肩角和两底角的蝶叶塑性区随着围岩强度的增大逐渐减小并趋于消失，且巷道顶、底板和两帮围岩的塑性破坏深度随着围岩强度的增大也在逐渐减小，两帮围岩的塑性区范围减小得更为明显；同样，以 Z 坐标轴为法向量，巷道断面的中心点为一定点做剖面，见表 3-12 中(d)所示，可以看出，巷道两帮围岩和掘进头前方围岩的塑性区范围随着围岩强度的增大逐渐减小，但该剖面内的塑性区形态特征并无明显变化。总之，岩体强度对掘进巷道围岩塑性区的形态和范围都具有显著影响。

综上所述，主应力场的大小、方向和岩体强度对掘进巷道围岩塑性区的形态和范围都具有显著影响。当主应力场方向一定时，平行于巷道断面的主应力场大小对塑性区形态的影响最大，而沿巷道轴向的主应力场大小对塑性区形态的影响相对较小；在一定应力和围岩条件下，当巷道围岩存在蝶形塑性区时，蝶形塑性区的蝶叶会随着主应力场方向的变化而发生偏转，甚至消失，但无论主应力场方向如何变化，蝶叶塑性区始终分布在主应力场方向与巷道交汇处的角平分线附近区域。

3.3.2.2　掘进巷道蝶形塑性区的基本特性

以层状岩体模型为基础，如图 3-28 所示，模型设计尺寸为 50 m×80 m×50 m（$X\times Y\times Z$），巷道断面为 5 m×4 m。模型中垂直于 X、Z 轴的四个面和垂直于 Y 轴的非开挖面分别固定三个方向的位移约束，Y 轴的开挖面固定 X、Y 两个方向的位移约束。计算过程中掘进巷道沿 Y 轴开挖 20 m，模型采用莫尔-库仑准则，岩石物理力学参数见表 3-13，其中煤 Ⅰ、Ⅱ、Ⅲ 分别代表三种不同强度的煤体。

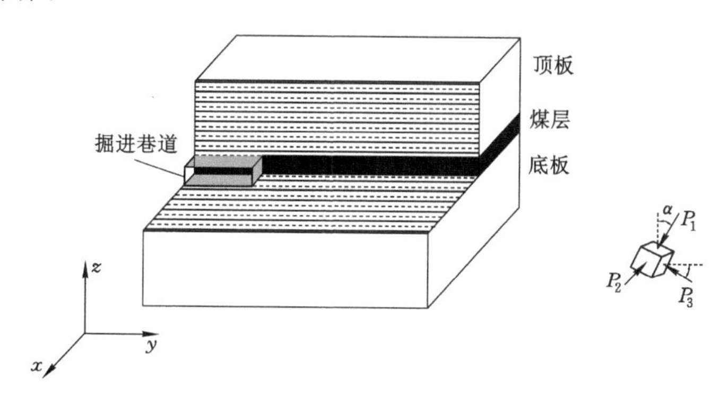

图 3-28　数值计算模型

表 3-13　巷道顶、底板岩层岩石物理力学参数

层标		厚度/m	摩擦角/(°)	内聚力/MPa	密度/(kg/m³)	剪切模量/GPa	体积模量/GPa
顶板		23	38	6	2 600	8.0	8.2
煤	Ⅰ	4	25	1.0	1 050	4.8	5.4
	Ⅱ	4	30	2	1 100	4.9	5.7
	Ⅲ	4	35	3	1 300	5.2	6.1
底板		23	40	6.5	2 700	8.0	8.5

（1）高度敏感性

根据掘进巷道围岩塑性区的一般形态可知，当主应力场大小不同时，掘进巷道围岩的塑性区形态主要有圆筒形、椭圆筒形和三维蝶形。在表 3-5 所示岩体条件下，当主应力场为 $P_1/P_3=3$（$P_1\geqslant10$ MPa，$P_2=P_3$）时，巷道围岩的塑性区形态为三维蝶形；当主应力场为 $P_1/P_3=1.5$（$P_1\geqslant10$ MPa，$P_2=P_3$）时，巷道围岩的塑性区形态为椭圆筒形；当主应力场 $P_1=P_2=P_3(P_1\geqslant 10\ \text{MPa})$时，巷道围岩的塑性区形态为圆筒形。在上述层状岩体模型中，煤体的物理力学参数与表 3-5 相同，巷道顶、底板岩层的物理力学参数见表 3-13。当围岩塑性区形态为三维蝶形时，将区域最大主应力场直接旋转至与垂直方向的夹角为 $\alpha=50°$，即将蝶叶塑性区旋转至掘进工作面前方的煤岩体中。

图 3-29 为上述三种条件下掘进巷道工作面前方煤岩体塑性区分布的计算结果，可以看出，三种条件下，当 $P_1=40$ MPa 时，三维蝶形塑性区的范围最大，为 370 m^3，椭圆筒形和圆筒形的塑性区范围较小，分别为 58 m^3 和 62 m^3；当 $P_1=50$ MPa 时，三维蝶形塑性区的范围已扩展至 2 590 m^3，而椭圆筒形和圆筒形的塑性区范围仅为 120 m^3 左右。将以上三种条件下巷道掘进面前方煤岩体塑性区范围 V 随主应力场大小变化的计算结果绘制成 VPP 关系曲

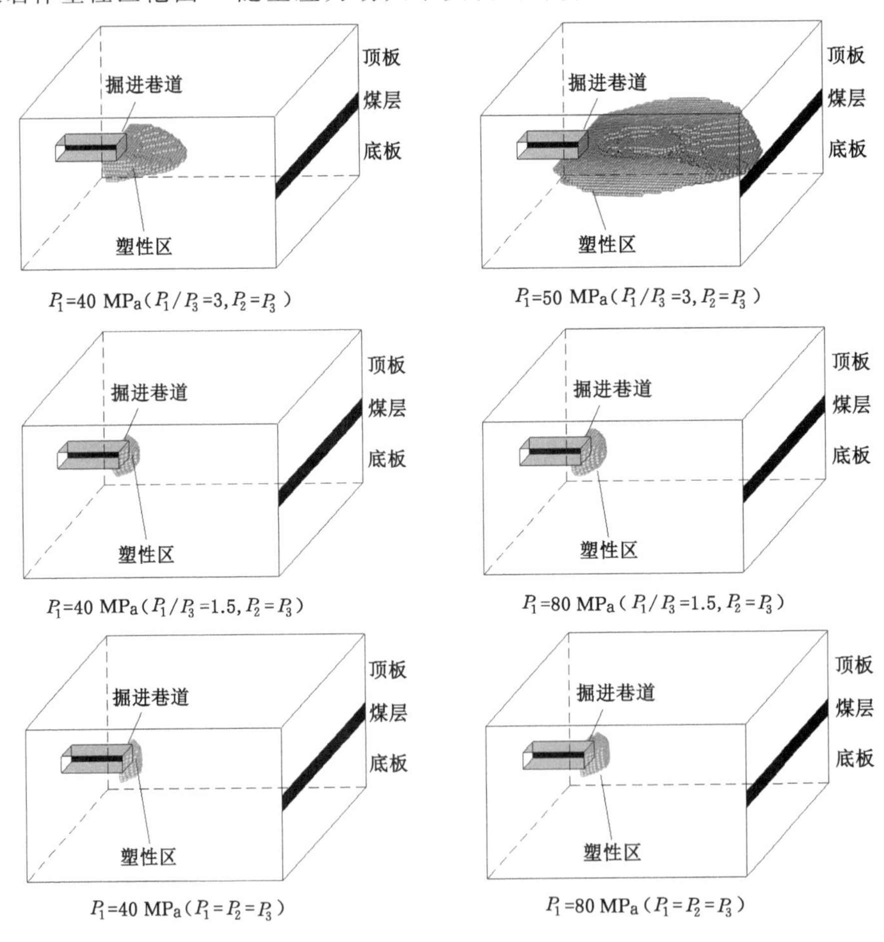

图 3-29　掘进工作面前方煤岩体的塑性区形态

线，如图 3-30 所示。可以清楚地看出，三维蝶形塑性区的 VPP 曲线为指数增长型，如图3-30中曲线 1 所示；椭圆筒形塑性区的 VPP 曲线为直线增长型，如图 3-30 中曲线 2 所示；圆筒形塑性区的 VPP 曲线也为直线增长型，如图 3-30中曲线 3 所示。根据以上计算结果，三维蝶形塑性区的 VPP 曲线与圆筒形和椭圆筒形塑性区的 VPP 曲线差异巨大，其物理意义是当掘进巷道工作面前方煤岩体出现蝶形塑性区后，围岩破坏范围会随着巷道区域应力场的改变出现剧烈变化，而非蝶形塑性区的变化则平稳得多，可以说蝶形塑性区对巷道区域应力场的变化具有高度敏感性。

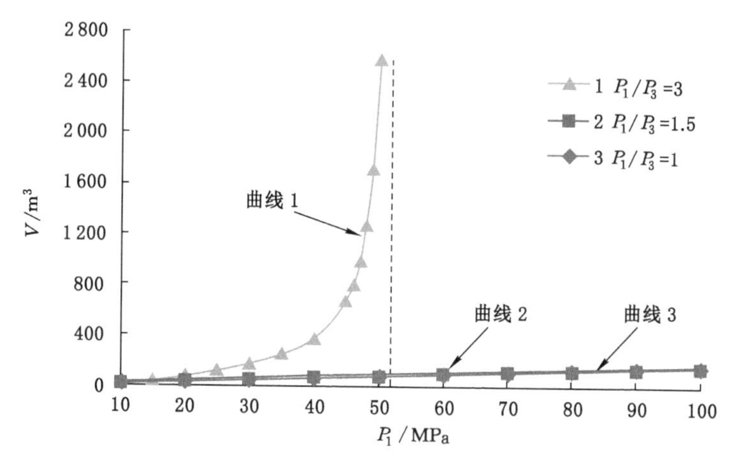

图 3-30　掘进巷道工作面前方煤岩体塑性区的 VPP 曲线

(2) 无限扩展性

① 蝶叶塑性区随最大主应力场的演化特性

根据主应力场大小对巷道围岩塑性区形态的影响可知，巷道围岩的蝶叶塑性区随着区域最大主应力场的增大而不断扩展。同样，在层状岩体中，将区域最大主应力场直接偏转至与垂直方向的夹角为 $\alpha=50°$，故当围岩中产生蝶形塑性区时，蝶形塑性区的蝶叶会随着区域最大主应力场的增大在掘进工作面前方围岩中不断扩展，模型中煤层岩性为煤Ⅱ时的计算结果如图 3-31 所示。

当 $P_1=25$ MPa 时，掘进工作面前方的塑性区形态已具有蝶叶特征，但塑性区范围只有 55 m³；随着 P_1 的增大，掘进工作面前方的塑性区范围逐渐增大，塑性区的蝶叶形态特征也越来越明显，但值得注意的是，随着 P_1 的不断增大，蝶叶塑性区增加的幅度也在不断增大，当 $P_1=35$ MPa 时，蝶叶塑性区的范围已达 272 m³，在 P_1 在增大 1.5 MPa，即为 36.5 MPa 时，蝶叶塑性区的范围会突然扩展至 1 439 m³。为了进一步研究蝶形塑性区随区域最大主应力场增大的演化特

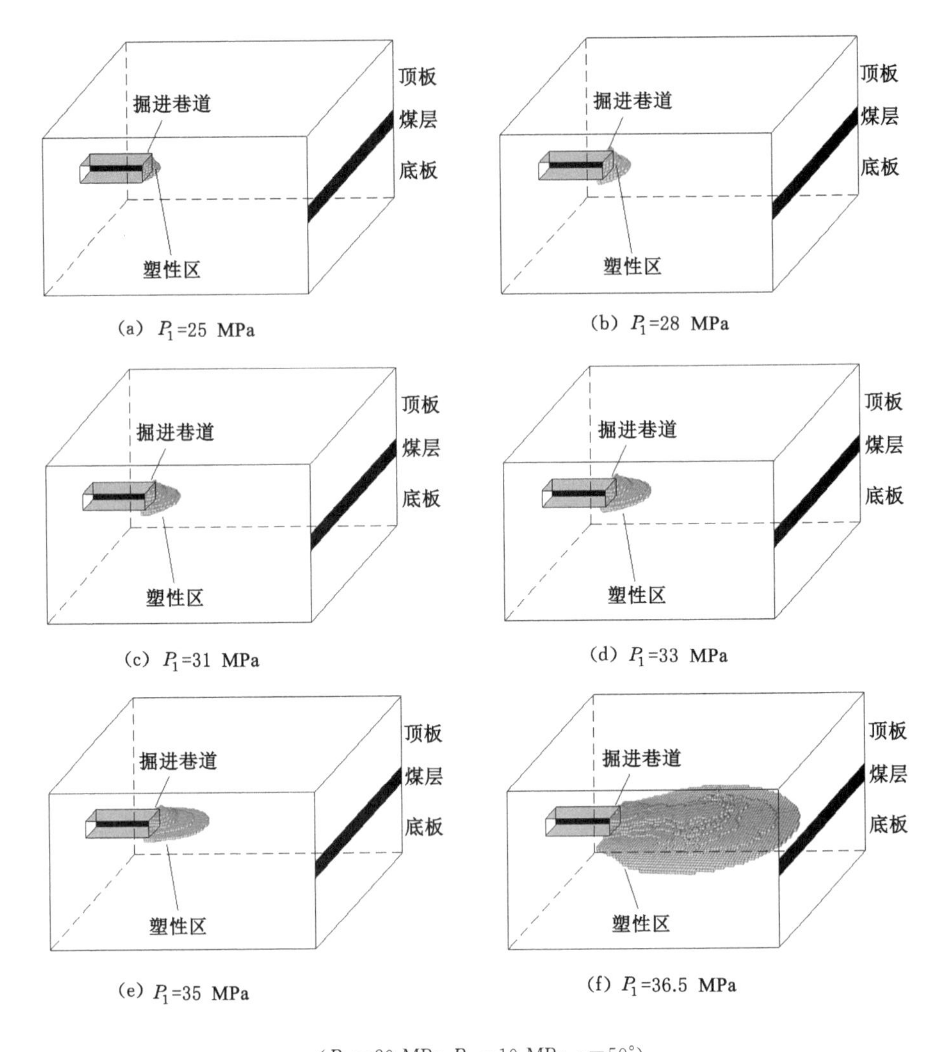

($P_2=20$ MPa、$P_3=10$ MPa、$\alpha=50°$)

图 3-31　掘进工作面前方蝶叶塑性区形态

性，将巷道掘进面前方煤岩体塑性区范围 V 与区域最大主应力场 P_1 绘制成图 3-32 所示的关系曲线，其中，曲线Ⅰ、Ⅱ、Ⅲ分别为模型中煤层岩性为煤Ⅰ、Ⅱ、Ⅲ时的三种计算结果，结果显示，在一定围岩和应力条件下，巷道掘进面前方煤岩体塑性区范围 V 随着 P_1 的增加而不断增大，同时，V 的变化程度也在逐渐增大，对于不同强度的煤体，P_1 都存在一个对应的临界值$[P_1]$，使得在其临界值附近满足：$V\to\infty$，且$[P_1]_{\text{Ⅰ}}<[P_1]_{\text{Ⅱ}}<[P_1]_{\text{Ⅲ}}$，即$[P_1]$会随着围岩强度的增强而增大。

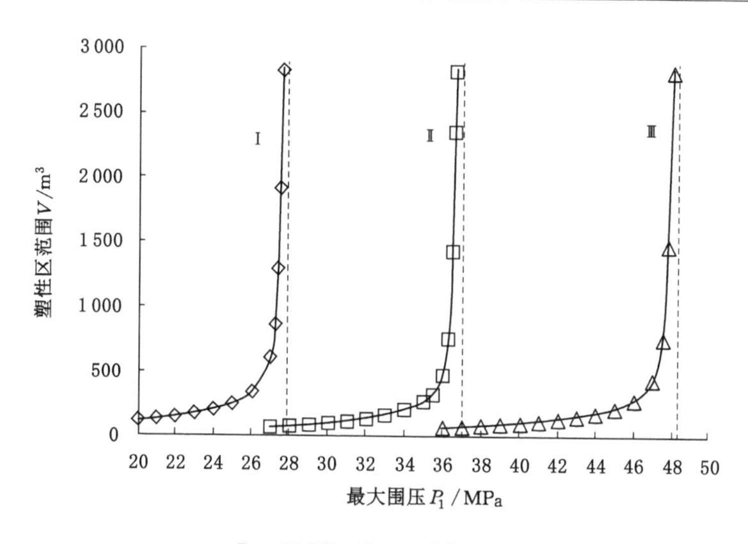

$P_2=20$ MPa、$P_3=10$ MPa、$\alpha=50°$

图 3-32　掘进工作面前方蝶叶塑性区的无限扩展性(V-P_1 关系曲线)

② 蝶叶塑性区随最小主应力场的演化特性

由前文中的分析可知,巷道围岩的蝶叶塑性区也会随着区域最小主应力场的减小而不断扩展。同样,在层状岩体中,将区域最大主应力场直接偏转至与垂直方向的夹角为 $\alpha=50°$,故当围岩中产生蝶形塑性区时,蝶形塑性区的蝶叶会随着区域最小主应力场的减小而在掘进工作面前方围岩中不断扩展,模型中煤层岩性为煤Ⅱ时的计算结果如图 3-33 所示。

由前文中的分析可知,巷道围岩的蝶叶塑性区也会随着区域最小主应力场的减小而不断扩展。同样,在层状岩体中,将区域最大主应力场直接偏转至与垂直方向的夹角为 $\alpha=50°$,故当围岩中产生蝶形塑性区时,蝶形塑性区的蝶叶会随着区域最小主应力场的减小而在掘进工作面前方围岩中不断扩展,模型中煤层岩性为煤Ⅱ时的计算结果如图 3-33 所示。当 $P_3=15$ MPa 时,掘进工作面前方的塑性区形态已具有蝶叶特征,但塑性区范围只有 70 m³;随着 P_3 的减小,掘进工作面前方的塑性区范围逐渐增大,塑性区的蝶叶形态特征也越来越明显,同样值得注意的是,随着 P_3 的不断减小,蝶叶塑性区增加的幅度也在不断增大,当 $P_3=10$ MPa 时,蝶叶塑性区的范围已达 483 m³,此后,当 P_3 继续减小 0.2 MPa,即为 9.8 MPa 时,蝶叶塑性区的范围会突然扩展至 1 439 m³。同样将巷道掘进面前方煤岩体塑性区范围 V 与区域最大主应力场 P_3 绘制成图 3-34 所示的关系曲线,其中,曲线Ⅰ、Ⅱ、Ⅲ分别为模型中煤层岩性为煤Ⅰ、Ⅱ、Ⅲ时的三种计算结果,结果显示,在一定围岩和应力条件下,巷道掘进面前方煤岩体塑性

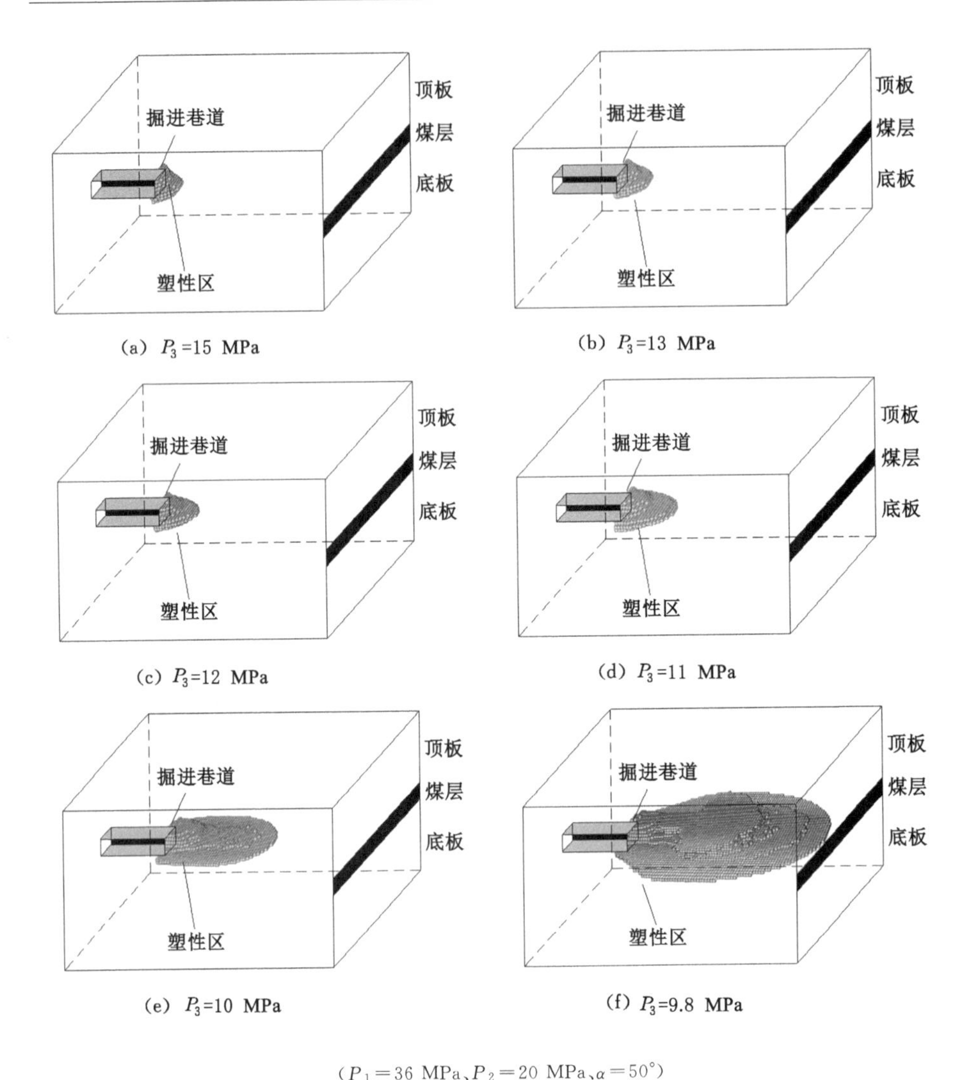

(a) P_3=15 MPa (b) P_3=13 MPa (c) P_3=12 MPa (d) P_3=11 MPa (e) P_3=10 MPa (f) P_3=9.8 MPa

(P_1=36 MPa、P_2=20 MPa、α=50°)

图 3-33 掘进工作面前方蝶叶塑性区形态

区范围 V 随着 P_3 的减小而不断增大,同时,V 的变化程度也在逐渐增大,对于不同强度的煤体,P_3 都存在一个对应的临界值$[P_3]$,使得在其临界值附近满足:$V\to\infty$,且$[P_3]_{\mathrm{I}}>[P_3]_{\mathrm{II}}>[P_3]_{\mathrm{III}}$,即$[P_3]$会随着围岩强度的增强而减小。

根据以上计算结果,随着区域最大主应力场的增大或区域最小主应力场的减小,掘进工作面前方的蝶叶塑性区范围都会呈现出不断扩展的变化趋势,且变化幅度也在不断增大。对于特定岩性的煤体,P_1 或 P_3 都存在一个对应的临界值$[P_1]$或$[P_3]$,使得在其临界值附近满足:$V\to\infty$,蝶形塑性区的这种性质称为

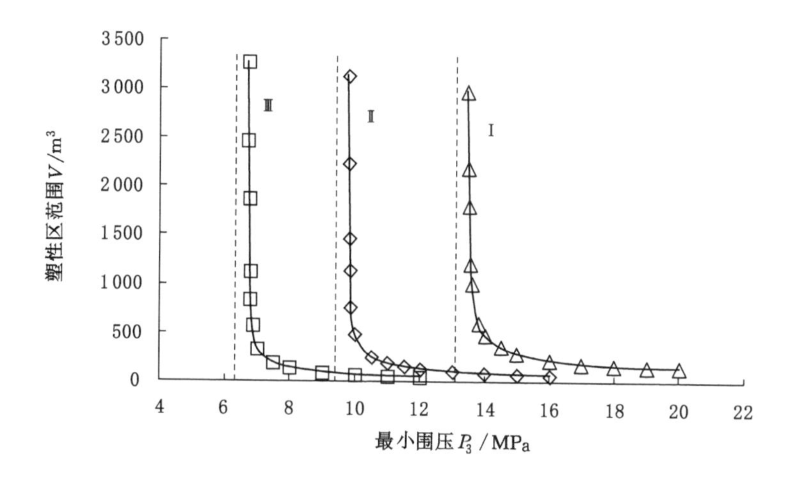

$P_1=36$ MPa、$P_2=20$ MPa、$\alpha=50°$

图 3-34　掘进工作面前方蝶叶塑性区的无限扩展性(V-P_3 关系曲线)

塑性区边界的无限扩展性。

(3) 方向旋转性

根据前文中主应力场方向对巷道围岩塑性区形态的影响可知,当区域主应力场方向发生旋转时,蝶叶塑性区也会随之发生偏转。同样,在层状岩体中,模型中煤层岩性为煤Ⅱ时的计算结果如图 3-35 和 3-36 所示,当区域最大主应力场与垂直方向夹角 $\alpha=0°$时,掘进工作面前方的塑性区范围较小为 270 m³,塑性区形态尚无蝶形特征;随着 α 的增大,掘进工作面前方的塑性区范围逐渐增大,同时,塑性区的蝶叶形态也越来越明显;当 $\alpha=45°$左右时,位于掘进头前方的塑性区范围达到最大,约为 1 476 m³,此时,塑性区的蝶叶形态相对最为完整;此后,随着 α 的继续增大,掘进头前方的塑性区范围开始逐渐减小,塑性区的蝶叶形态也逐渐消失。总之,随着区域最大主应力场与垂直方向夹角 α 的增大,蝶叶的形态特征基本经历了"无→完整→无"的变化过程,塑性区范围也呈现出了"小→大→小"的变化规律。当 $\alpha=45°$左右时,位于掘进头前方的蝶叶塑性区基本完全偏转至煤层中,此时,煤层中塑性区的蝶叶形态相对最为完整,而且塑性区范围也最大。也就是说,掘进巷道工作面前方煤岩体的蝶形塑性区同样具有方向旋转性,当蝶形塑性区与煤层方向一致,蝶叶塑性区形态最为完整、范围也最大。也就是说,掘进巷道工作面前方煤岩体的蝶形塑性区同样具有方向性。

(4) 形态变异性

当含煤地层受地质构造破坏严重时,煤层的原生结构均有不同程度的破坏。同一矿区,同一井田,煤体结构普遍具有变化频率高、分布不均匀、分区性明显等

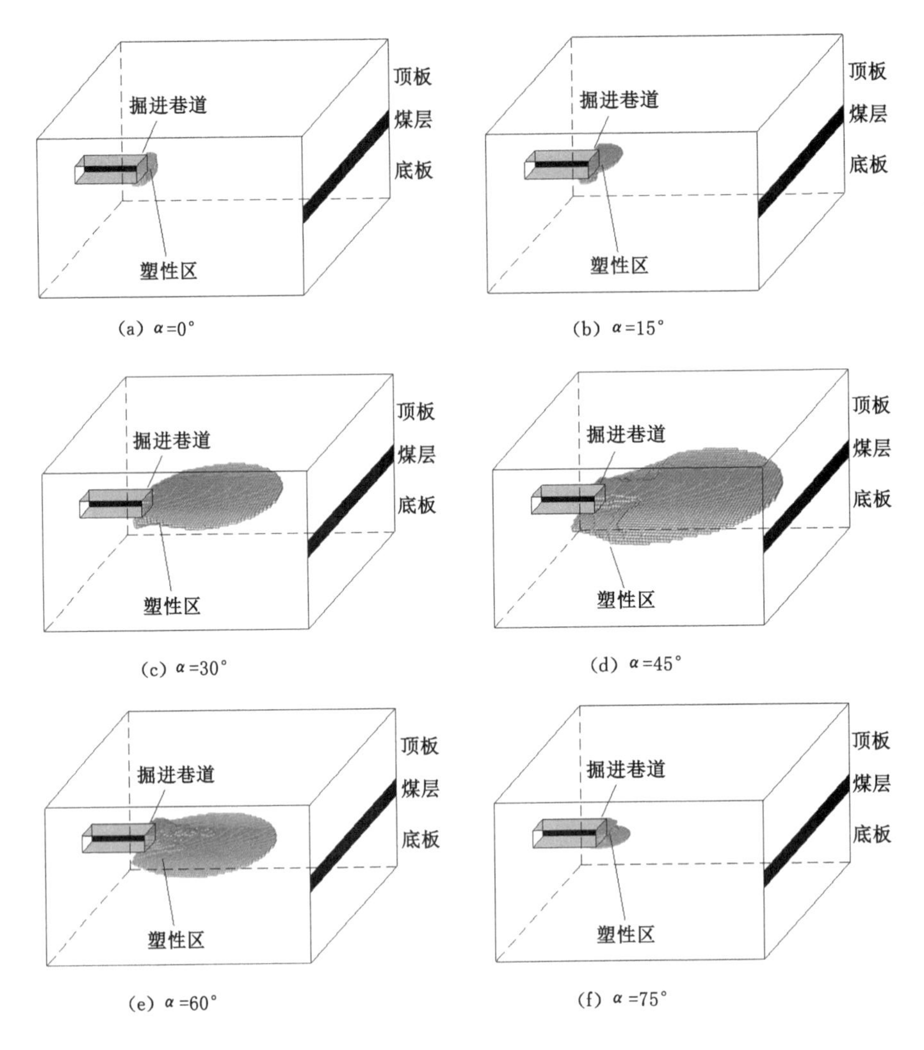

($P_1=36.5$ MPa、$P_2=20$ MPa、$P_3=10$ MPa)

图 3-35　掘进工作面前方蝶叶塑性区形态

特点,也就是说同一煤层煤体的强度分布具有一定的不均匀性。同样,在层状岩体中,将区域最大主应力场直接偏转至与垂直方向的夹角为 $\alpha=50°$,当煤层强度分别为均质的煤Ⅱ和煤Ⅲ(具体强度参数见表 3-13)时,掘进工作面前方的塑性区分布均匀,其范围分别为 1 439 m^3 和 70 m^3,当煤层强度分布不均时,计算结果如图 3-37 所示,可以看出,由于煤层中煤体强度的差异,蝶叶塑性区在煤层中的形态产生了变异,即,塑性区在强度相对较高煤体中的分布范围较小,而在

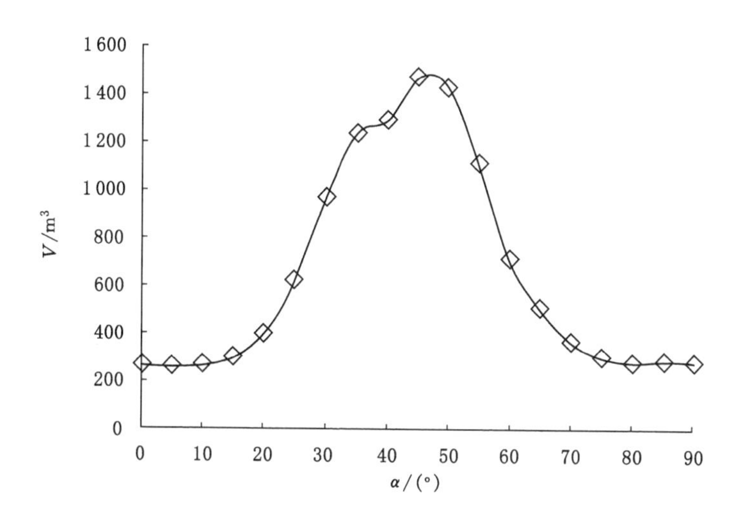

$P_1=36.5$ MPa、$P_2=20$ MPa、$P_3=10$ MPa

图 3-36　掘进工作面前方蝶叶塑性区的方向旋转性（V-α 关系曲线）

强度相对较低煤体中的分布范围较大。图 3-37(a)所示为当掘进区域的煤体强度为煤Ⅲ，而工作面前方 8 m 以外的煤体强度为相对较低的煤Ⅱ时的计算结果，可以看出，蝶叶塑性区可以跃透强度相对较高的煤Ⅲ而在煤Ⅱ中继续扩展，此时，蝶叶塑性区总的范围为 1 020 m^3，其中在煤Ⅲ中的范围为 71 m^3，在煤Ⅱ中的范围为 949 m^3；图 3-37(b)所示为当掘进区域的煤体强度为煤Ⅱ，而工作面前方 8 m 以外的煤体强度为相对较高的煤Ⅲ时的计算结果，可以看出，前方强度相对较高的煤Ⅲ使蝶叶塑性区的分布受到了限制，阻断了蝶叶塑性区的正常扩展，此时，蝶叶塑性区只分布在煤Ⅱ中，其范围为 482 m^3；图 3-37(c)所示为当巷道一侧为强度相对较低的煤Ⅱ，而另一侧为强度相对较高的煤Ⅲ时的计算结果，可以看出，蝶叶塑性区在不同强度煤体中的分布范围差异较大，此时，蝶叶塑性区总的范围为 646 m^3，其中在煤Ⅲ中的范围为 67 m^3，在煤Ⅱ中的范围为 579 m^3；由此可见，当煤层中的煤体强度分布不均匀时，蝶叶塑性区的分布具有形态变异性。

综上所述，掘进巷道工作面前方的蝶叶塑性区与蝶形冲击地压发生时的蝶形塑性区的基本特性类似，即，掘进巷道工作面前方的蝶叶塑性区同样具有高度敏感性、无限扩展性和方向旋转性，当掘进工作面前方的煤岩体结构与强度出现变化时，蝶叶塑性区还具有形态变异性。

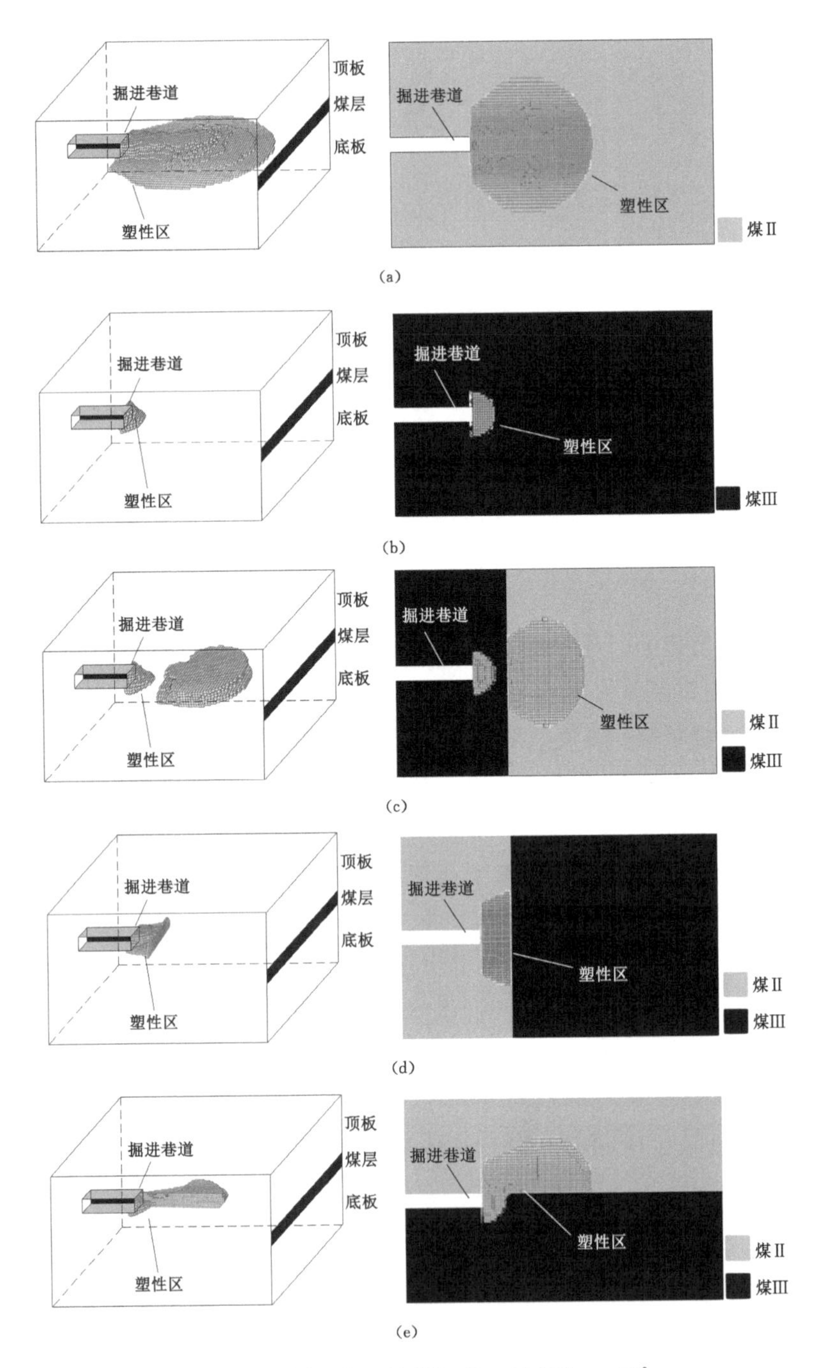

$P_1=36.5$ MPa、$P_2=20$ MPa、$P_3=10$ MPa、$\alpha=50°$

图 3-37　掘进工作面前方蝶叶塑性区的形态变异性

3.4 本章小结

本章采用理论计算与数值模拟相结合的方法，研究了不同区域应力状态下圆形孔洞和掘进巷道各自的偏应力场和塑性区的形态特征及演化规律。主要获得如下结论：

(1) 研究了区域应力状态对圆形孔洞及掘进巷道周边偏应力场分布的控制作用。区域应力场的大小控制圆孔及掘进巷道围岩偏应力场分布的范围，区域最大、最小主应力的比值控制偏应力场的形态。在等压应力场中，围岩某点的偏应力值随着最大主应力的增大呈线性增长；非等压情况下，无论是 P_1 加载还是 P_3 卸载，随着主应力比值的增加，偏应力场等值线分布形态的不均匀程度显著增加，在最大、最小主应力夹角的角平分线方向产生明显集中。与平面圆孔的偏应力场演化规律基本一致，随着区域主应力场比值的增大，掘进巷道的偏应力场在掘进头顶、底角方向上的集中程度急剧升高，影响范围急剧扩展。在一定条件下，区域应力状态的改变会引起掘进巷道前方偏应力场的分布形态产生急剧突变。

(2) 当掘进巷道位于三向均压的均匀应力场中时，巷道围岩塑性区整体分布均匀，在巷道断面内塑性区近似呈圆形分布，在掘进头位置的塑性区呈半球形分布。在非均匀应力场中，在巷道断面内围岩的塑性区形态还会呈现出椭圆形和蝶形，但值得注意的是，在掘进头的顶、底角部位也会出现蝶叶塑性区，根据应力场的不同，掘进头位置的塑性区形态整体会呈现出半椭球形或蝶叶式半环形分布。

(3) 主应力场的大小、方向和岩体强度对掘进巷道围岩塑性区的形态和范围都具有显著影响。当主应力场方向一定时，平行于巷道断面的主应力场大小对塑性区形态的影响最大，而沿巷道轴向的主应力场大小对塑性区形态的影响相对较小；在一定应力和围岩条件下，当巷道围岩存在蝶形塑性区时，蝶形塑性区的蝶叶会随着主应力场方向的变化而发生偏转，甚至消失，但无论主应力场方向如何变化，蝶叶塑性区始终分布在主应力场方向与巷道交汇处的角平分线附近区域。

(4) 掘进巷道工作面前方的蝶叶塑性区与蝶形冲击地压发生时的蝶形塑性区的基本特性一致，即，掘进巷道工作面前方的蝶叶塑性区同样具有高度敏感性、无限扩展性和方向旋转性，当掘进工作面前方的煤岩体结构与强度出现变化时，蝶叶塑性区还具有形态变异性。高度敏感性说明了蝶叶塑性区会随着巷道区域应力场的改变出现剧烈变化，而非蝶形塑性区则不会出现剧烈变化；无限扩展性说明了蝶叶塑性区存在一个临界应力状态，使得在其附近塑性区范围能够达到无限扩展；方向旋转性说明了蝶叶塑性区的形态和范围会随着区域主应力场方向的旋转而发生变化；形态变异性说明了煤岩体的强度分布对蝶叶塑性区形态异化的影响。

(5) 掘进巷道蝶形煤与瓦斯突出启动的必要条件包括：强度条件、应力条件、角度条件和触发事件等，可以简单总结为四点："最大围压够大、最小围压够小、煤蝶方向一致、触发事件凑巧"，当四个必要条件同时满足时，又构成了煤与瓦斯突出启动的充分条件，也就是说，同时满足上述四个必要条件，在有一定瓦斯参与下必然出现煤与瓦斯突出，否则就不会有突出发生。

(6) 获得了影响煤与瓦斯突出启动的关键敏感因素，包括扰动应力和地质弱化两类触发事件。对于扰动应力触发事件而言，有时微小的扰动应力就能使掘进工作面前方的塑性区范围产生瞬时急剧扩展，并在瞬间形成一个聚集着巨大能量的开放"瓦斯包"；同样，对于地质弱化触发事件而言，有时掘进工作面前方煤岩体强度发生微小的减弱，就能使软弱区的煤岩体产生一个封闭式的塑性破坏区，由于封闭塑性区范围内煤岩体破坏产生的裂隙增多，吸附瓦斯逐渐大量解吸而形成一个聚集着巨大能量的封闭"瓦斯包"，随着工作面的继续推进或外部的微小扰动使封闭"瓦斯包"被打破而与工作面贯通时，其内储存的能量便会被快速释放，而形成煤与瓦斯突出。而在实际生产中，地质弱化触发事件可能会更多。

4　区域应力状态对煤与瓦斯突出启动的控制作用

4.1　区域应力状态对煤与瓦斯突出启动的作用机制

4.1.1　掘进巷道煤与瓦斯突出分析模型的构建

4.1.1.1　模型构建的基本思路

煤与瓦斯突出过程是一个发生于矿井中煤岩体突然破坏失效、大量瓦斯急速溢出的过程，它包括含瓦斯煤岩体的变形与破坏、能量转换与释放等过程。煤与瓦斯突出过程分析模型构建的总体思路是以巷道蝶形冲击地压发生机理为重要理论依据，结合煤与瓦斯突出的激发与发生过程，在三维笛卡尔坐标系下，以典型的煤层掘进巷道为原型，通过分析煤与瓦斯突出发生前一时刻、煤与瓦斯突出发生时的地应力场和煤岩体塑性区分布特征，构建前态塑性区和蝶叶状塑性破坏突出体力学模型；通过总结现场实际生产中引起巷道围岩应力场突然发生变化（或煤岩体结构和强度发生变化）、同时使煤岩体塑性破坏范围产生瞬时急剧扩展的各类事件，提出触发事件概念模型；最后，结合煤与瓦斯突出发生过程中的动力效应特征，构建突出动力现象概念模型。

4.1.1.2　模型的基本内涵

（1）前态塑性区力学模型

在现场生产实践过程中，地应力场是指煤岩体应力在空间各点的分布，其中，未受扰动的天然应力场为原岩应力场，主要由岩体自重应力场和构造应力场组成。在绝大部分地区原岩应力场是以水平应力为主的三向不等压应力场，其三个主应力的大小和方向随空间位置的不同而变化。采矿工程活动形成的采动应力场打破了原岩应力场的平衡，又使其主应力的大小和方向发生了较大改变。因此，在巷道掘进过程中，不同位置处的围岩应力场可能大不相同，掘进面前方对应的煤岩体塑性破坏范围也会存在较大差异。在笛卡尔坐标系下，将掘进巷道一定范围内的围岩视为空间的一点，则该点的应力状态可以用应力张量

$\boldsymbol{P}_{ij}(x,y,z)$来表示，即：

$$\boldsymbol{P}_{ij}(x,y,z)=\begin{bmatrix} P_{11} & P_{12} & P_{13} \\ P_{21} & P_{22} & P_{23} \\ P_{31} & P_{32} & P_{33} \end{bmatrix} \tag{4-1}$$

式中 $i,j=(1,2,3)$，当 i,j 任取 1,2,3 时，则得到相应的应力分量。$\boldsymbol{P}_{ij}(x,y,z)$的大小取决于该点的空间位置。

为了便于区分，将煤与瓦斯突出发生前一时刻的区域应力场定义为前态应力场，与之对应的塑性区为前态塑性区，前态应力场可以简化用主应力 $\vec{P}_1$、$\vec{P}_2$、$\vec{P}_3$ 表示，用 $\vec{P}$ 来表述，前态塑性区用 $\vec{P}$ 作用下掘进面前方煤岩体塑性破坏范围来表示，用 V 来表述，其力学模型如图 4-1 所示。

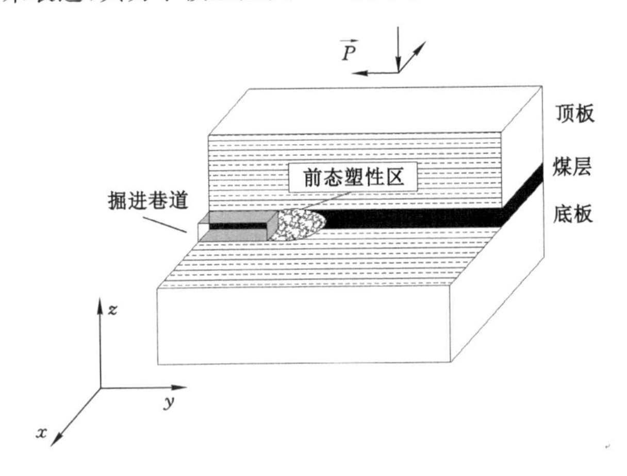

图 4-1 前态塑性区力学模型

(2) 触发事件概念模型

采掘工程活动及地质事件都会对掘进作业区域的地应力场形成不同程度的扰动，使地应力水平增加或减小，甚至发生方向的改变，用 $\Delta\boldsymbol{P}_{ij}(x,y,z)$表示空间一点扰动应力的大小，即：

$$\Delta\boldsymbol{P}_{ij}(x,y,z)=\begin{bmatrix} \Delta P_{11} & \Delta P_{12} & \Delta P_{13} \\ \Delta P_{21} & \Delta P_{22} & \Delta P_{23} \\ \Delta P_{31} & \Delta P_{32} & \Delta P_{33} \end{bmatrix} \tag{4-2}$$

这些扰动应力通常是不曾确切知道的，也是不可避免的，它可能是只引起围岩应力场发生微小变化的轻微扰动，如：机采机掘、风镐作业等，也可能是使应力场的大小和方向发生较大变化的强烈扰动，如：断层活化、地震等。在前态应力场作用下，将引发煤与瓦斯突出的扰动应力视为扰动应力触发事件，扰动应力触发事件产生触发应力 $\Delta\vec{P}$，触发应力的动载作用使巷道区域应力场突然发生某种改变，围岩应力各个分量的重新组合使得突出启动前处于弹性状态的煤岩体在“极短时间”内增加了一定范围的破坏区，由此也引发了巷道围岩内的弹性能和瓦斯能的突然释放，即煤与瓦斯突出。

一定条件下引发煤与瓦斯突出的临界应力状态可表示为：

$$[P_{ij}(x,y,z)]_L = P_{ij}(x,y,z) + \Delta\vec{P} \tag{4-3}$$

临界应力的大小主要取决于煤岩体的强度，对于强度不大的软煤，实际工程中的应力易达到其临界值$[P_{ij}(x,y,z)]_L$，容易发生突出；而对于强度较大的硬煤，实际工程中的应力则很少达到这个值，所以，煤与瓦斯突出主要发生在强度较低的软煤中。现场生产过程中，当掘进巷道前方出现煤层变厚或煤体强度变小等地质事件时，发生煤与瓦斯突出的临界应力状态$[P_{ij}(x,y,z)]_L$ 会发生变化，可能为前态应力场或更低的应力状态，也就是说在这种情况下，前态应力场的作用就可能引发煤与瓦斯突出。由此不难理解，在实际生产过程中，地质条件变化也是一种诱发煤与瓦斯突出的扰动事件，将地质条件发生变化（煤层变厚、煤岩体强度弱化等）的扰动事件称为地质弱化事件，而引发煤与瓦斯突出的地质弱化事件称为地质弱化触发事件。

(3) 蝶叶状塑性破坏突出体力学模型

蝶叶状塑性破坏突出体是指煤与瓦斯突出发生时刻掘进工作面前方煤岩体的塑性破坏范围，与之对应的应力场为瞬态应力场。显然，瞬态应力场是前态应力场与触发应力矢量叠加的结果，蝶叶状塑性破坏突出体是巷道掘进工作面前方煤岩体对瞬态应力场的力学响应，即，蝶叶状塑性破坏突出体是在瞬态应力场作用下前态塑性区瞬时急剧扩展而形成的。瞬态应力场可以表述为$\overrightarrow{P^t}$，它等于前态应力场 $\vec{P}$ 与触发事件应力（$\Delta\vec{P}/\Delta t$）的矢量之和，这里面包含了时间因素。因为蝶叶状塑性破坏突出体是巷道掘进面前方煤岩体对瞬态应力场的力学响应，所以蝶叶状塑性破坏突出体的扩展也包含瞬间的概念。因此，蝶叶状塑性破坏突出体能够较好地描述工作面前方塑性区扩展的瞬时性和突发性，其力学模型如图 4-2 所示。

此外，当掘进巷道工作面前方出现煤层变厚或煤体强度变小等地质弱化事件时，在前态应力场的作用下掘进工作面前方的煤岩体就可能出现蝶叶状塑性破坏突出体，即，此时的前态应力场也为瞬态应力场，只不过蝶叶状塑性破坏突出体的出现是由于地质事件引起的，它可能提前出现在工作面前方的软弱煤体中，随着工作面的不断推进而逐渐扩展，并最终与工作面连通，也可能随着工作面的推进瞬间出现。

(4) 突出动力现象概念模型

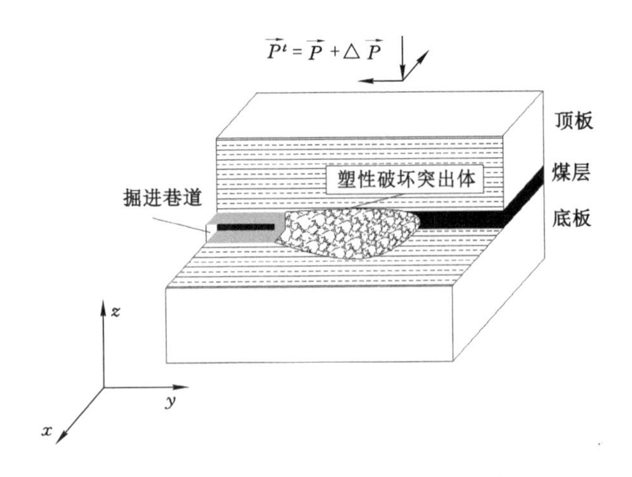

图 4-2　蝶叶状塑性破坏突出体力学模型

煤与瓦斯突出的动力特征是在极短的时间内，由煤体向采掘空间突然抛出大量的煤炭，并涌出大量的瓦斯。从煤与瓦斯突出的现场物理现象分析，有时突出发生前无明显前兆，突出过程短暂，难以事先准确确定发生的时间、地点以及强度；喷出的瓦斯-煤有时具有冲击波的性质，能逆风流前进充满数十至数千米长的巷道，具有较强的动力效应，如破坏支架、推倒矿车、损坏或移动设备设施等；从后果来看煤与瓦斯突出往往造成人员伤亡和巨大的生产损失。这是蝶叶状塑性破坏突出体的"内部能"、周边围岩的"系统能"和触发效应产生的"瞬态能"等各种能量的部分突然释放的结果，需要突出动力现象模型加以解释。

① 蝶叶状塑性破坏突出体的"内部能"

蝶叶状塑性破坏突出体的内部能是指蝶叶状塑性破坏突出体范围内煤岩体存储的弹性能和瓦斯能。无论煤岩体处于弹性状态还是塑性状态，煤与瓦斯突出发生时蝶叶状塑性破坏突出体范围内的煤岩体中都存在着一定的能量，弹性能的大小取决于瞬态区域应力场作用下蝶叶状塑性破坏突出体内煤岩体的变形参数(弹性模量 E、泊松比 ν)和应力分布情况，瓦斯能的大小取决于蝶叶状塑性破坏突出体内煤岩体赋存的瓦斯参量。当煤与瓦斯突出发生时，由于蝶叶状塑性破坏突出体范围内的部分破碎煤岩体和几乎全部瓦斯向巷道作业空间喷出，并形成突出孔洞，因此，可近似认为蝶叶状塑性破坏突出体内煤岩体储存的弹性能和瓦斯能基本全部释放出来。

下面主要对蝶叶状塑性破坏突出体"内部能"的释放过程进行分析。采用微元法的思想，将前态应力场作用下掘进工作面前方的煤岩体分割成微小单元体来考虑，如图 4-3 所示。立方体代表煤岩骨架，在周边围岩应力的作用下单个煤岩骨架所具有的弹性潜能为 $e_{1i}(i=1,\cdots,n)$，球体代表瓦斯能，单个煤岩骨架内所含有的瓦斯能为 $e_{2i}(i=1,\cdots,n)$，煤岩骨架将瓦斯能“囚禁”在其自身所形成的“牢笼”内，即，在前态应力场作用下单个微元体所具有的前态能量为 $e_{1i}+e_{2i}$ $(i=1,\cdots,n)$。在触发事件的作用下，由于前态应力场瞬间转化为瞬态应力场，微元体所具有能量也会在瞬间发生变化，形成的瞬态能量为 $e_{1i}^{t}+e_{2i}^{t}(i=1,\cdots,n)$。当作用在微元体上的力达到煤岩体强度条件时，煤岩骨架破坏，积蓄于煤岩骨架内的弹性潜能 $e_{1i}^{t}(i=1,\cdots,n)$ 和“囚禁”于其内的瓦斯内能 $e_{2i}^{t}(i=1,\cdots,n)$ 均被快速释放出来，“内部能”的释放过程分析模型如图 4-4 所示。煤岩破坏范围越大，破碎单元体的数目就越多，同时，其所释放的弹性潜能（$\sum_{i=1}^{n} e_{1i}^{t}=e_{11}^{t}+e_{12}^{t}+\cdots+e_{1n}^{t}$）和瓦斯内能（$\sum_{i=1}^{n} e_{2i}^{t}=e_{21}^{t}+e_{22}^{t}+\cdots+e_{2n}^{t}$）也越多。

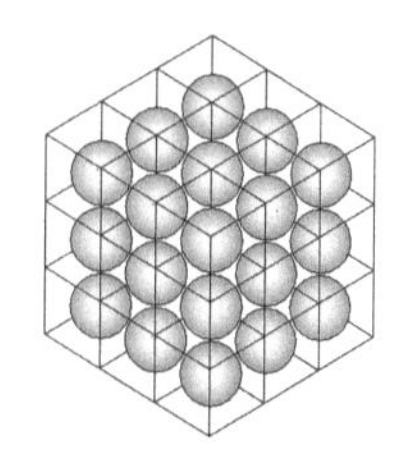

图 4-3　分离单元体模型

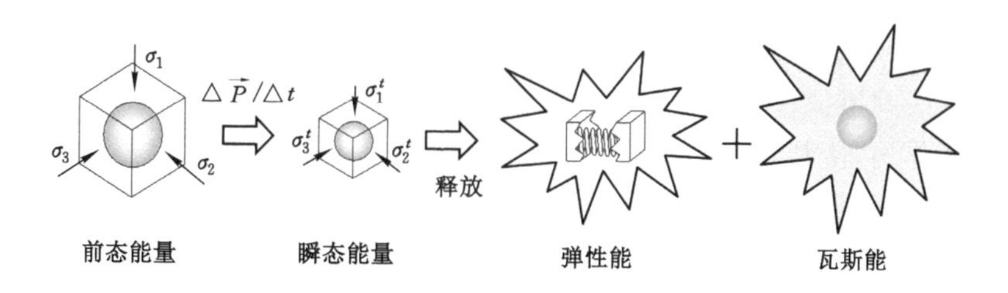

图 4-4　“内部能”的释放过程分析模型

A. 弹性能

巷道掘进过程中，在前态应力场作用下工作面前方煤岩体会产生一定范围的塑性破坏，即为前态塑性区，其范围用 V 来表示，将瞬态应力场作用下的蝶叶状塑性破坏突出体的范围用 V_0 来表示，则在蝶叶状塑性破坏突出体形成过程中，新增塑性区的范围，即弹性能释放区的体积为 $\Delta V=V-V_0$，其所释放的弹性能 E_1 可表示为：

$$E_1 = \int_{\Delta V} U \mathrm{d}V \tag{4-4}$$

其中，$U=\frac{1}{2E}[(\sigma_1^2+\sigma_2^2+\sigma_3^2)-2\nu(\sigma_1\sigma_2+\sigma_2\sigma_3+\sigma_1\sigma_3)]$

式中：ΔV 为弹性能释放区体积(m^3)；U 为单位体积释放的弹性应变能($\mathrm{MJ/m^3}$)；E 为煤体的弹性模量(MPa)；ν 为煤体的泊松比；σ_1，σ_2，σ_3 为煤体 3 个方向的有效主应力(MPa)。

B. 瓦斯能

根据热力学理论，并结合文献[19]中瓦斯含量与煤层瓦斯压力的关系，可得单位质量煤体的瓦斯压力从 p_1 下降到 p_2 时，所释放的瓦斯内能 E_2 可表示为：

$$E_2 = \frac{\alpha\gamma M\omega T}{2v_{\mathrm{m}}(n-1)}\int_{p_{\mathrm{n}}}^{p_{\mathrm{m}}}\left[1-\left(\frac{p_{\mathrm{n}}}{p_{\mathrm{m}}}\right)^{\frac{n-1}{n}}\right]\frac{1}{\sqrt{p}}\mathrm{d}p \tag{4-5}$$

式中：α 为瓦斯含量系数[$\mathrm{m^3/(t\cdot MPa^{0.5})}$]；$\gamma$ 为突出过程中有效参与突出的瓦斯量与煤体瓦斯含量之比；M 为瓦斯气体分子质量(kg/kmol)；ω 为瓦斯气体常数，$\mathrm{J/(kg\cdot K)}$；T 为瓦斯膨胀前的温度(293 K)；v_{m} 为标况下瓦斯的摩尔体积($\mathrm{m^3/kmol}$)；n 为瓦斯气体多变指数，对于多变过程 $n=1\sim1.31$；p 为瓦斯压力(MPa)；p_{m}，p_{n} 分别为瓦斯气体膨胀前、后的压力(MPa)。

② 周边围岩的“系统能”

周边围岩的系统能是指蝶叶状塑性破坏突出体外部较大范围或整个岩层系统中存储的能量。其大小取决于瞬态应力场下巷道附近各个岩层的变形参数(弹性模量 E、泊松比 ν)及其应力分布情况。触发应力作用下，蝶叶状塑性破坏突出体在瞬间形成过程中，由于破坏的煤岩体突然部分或全部失去对其周边围岩的支撑作用，使其周边围岩的应力状态发生较大改变，并向突出体内部空间产生变形，从而在瞬间释放出部分能量，如图 4-5 所示。

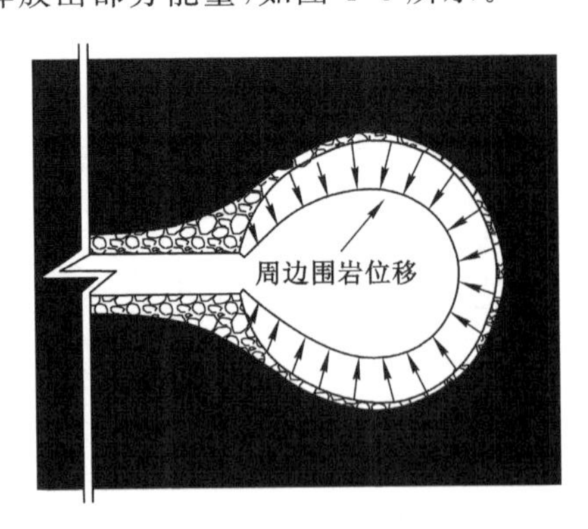

图 4-5　周边围岩的“系统能”示意图

③ 触发效应产生的"瞬态能"

触发效应产生的瞬态能是由于地震、断层活化、顶板来压、移动支承压力、采掘活动等触发事件的瞬间加、卸载效应引起的，有时无论受到外界触发事件的应力效应多么微小，事件瞬间形成的能量在区域围岩系统内急速传播，并激发突出体的内部能和周边围岩的系统能突然释放，形成煤与瓦斯突出。触发效应产生的"瞬态能"示意图如图 4-6 所示。

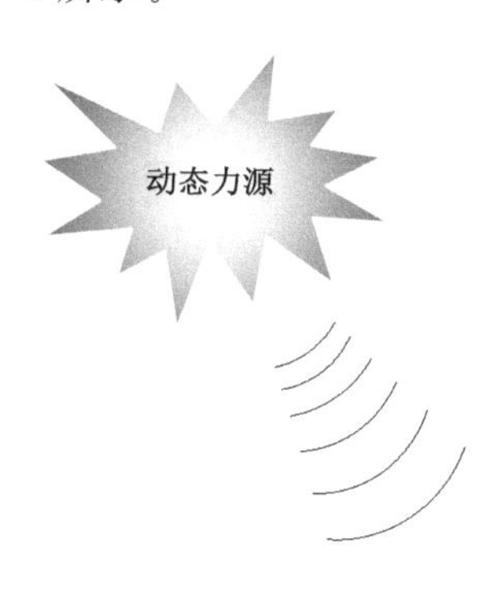

图 4-6　触发效应产生的"瞬态能"示意图

触发事件作用下，当突出体内瞬间破坏的煤岩体所释放的弹性能和瓦斯能、周边围岩的系统能和触发效应产生的瞬态能等足够使突出体内的破碎煤岩克服其颈部的反向阻力时，便会形成煤与瓦斯突出，突出发生的强度主要由煤岩破坏范围及其释放能量的大小决定。由于应力环境、围岩赋存、边界条件的复杂性，周边围岩的"系统能"和触发效应产生的"瞬态能"的大小与煤与瓦斯突出发生时到底有多少被释放目前还很难估算，本书不再深入探讨。为便于下文分析，忽略周边围岩的系统能和触发效应产生的瞬态能，将煤与瓦斯突出时的能量源视为蝶叶状塑性破坏突出体的内部能。由式(4-4)和式(4-5)可以看出，突出能量源释放能量的大小除受地应力、煤岩变形参数(弹性模量 E、泊松比 ν)及瓦斯参数影响外，能量释放区(新塑性区)的大小对其也有直接重要影响，在一定条件下，能量释放区的范围越大，突出能量源释放的弹性潜能和瓦斯内能就越多，发生煤与瓦斯突出的风险也就越高。因而，在煤矿生产过程中，掘进工作面前方煤岩体突然出现的新塑性区(能量释放区)大小将在某种程度上决定煤与瓦斯突出的危险性。

4.1.2　掘进巷道煤与瓦斯突出启动的力学机理

根据巷道蝶形冲击地压发生机理，可以提出掘进巷道前方煤与瓦斯突出机理的猜想：在满足一定必备条件时，由于触发事件（诸如地震、断层活化、顶板来压、移动支承压力、采掘活动以及掘进巷道前方煤层强度减弱等应力或地质条件变化）对围岩系统所产生加、卸载效应的应力或者地质条件变化（例如煤层厚度与煤层强度变化等）扰动[图 4-7(b)]，使得区域应力场在很短甚至是瞬间发生不同程度的改变，引起巷道掘进工作面前方一定范围的煤岩体塑性区[图 4-7(a)]出现瞬时急剧扩展，形成新的蝶叶形塑性破坏区[图 4-7(c)]，同时迅速释放其内囚禁的瓦斯能和破坏区内、外煤岩体中的大量弹性能，进而使破碎煤岩与瓦斯瞬间冲破孔洞颈部的反向阻力而向巷道作业空间喷出，发生煤与瓦斯突出[图 4-7(d)]。瓦斯突出的先决条件是掘进工作面前方煤岩体突然出现一定范围的新塑性区，只有这样煤体中的瓦斯才能得到突然释放。

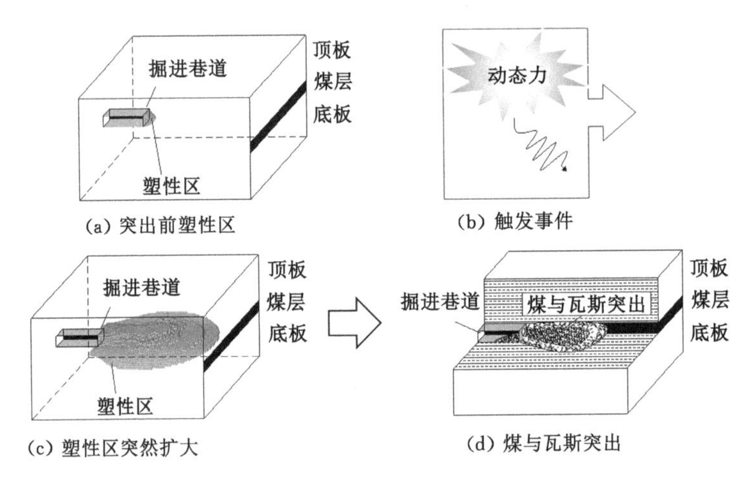

图 4-7　掘进巷道煤与瓦斯突出发生机理模型

本猜想大部分沿袭了巷道蝶形冲击地压的理念，即认为掘进巷道附近突然出现一定范围的塑性区增量是发生煤与瓦斯突出的根源；塑性区增量的大小决定了煤与瓦斯突出发生的危险性和事故的严重程度；触发事件对于煤与瓦斯突出的发生往往是不可或缺的因素，具有一定的偶然性；瓦斯压力与围岩应力相比较往往相差几倍甚至十几倍，在分析巷道围岩塑性破坏时可以忽略，但是瓦斯的赋存情况对于煤与瓦斯突出事故的严重程度具有至关重要的影响。由于塑性区形成与发展是触发事件、巷道区域应力场各个主应力的大小及方向、突出煤岩体力学性质多种因素共同作用的结果，所以它们之间正确的数学力学逻辑关系将可以定量描述煤与瓦斯突出的启动机理，而在评估煤与瓦斯突出事故的严重程度时必须考虑瓦斯的赋存状态。

本猜想提出了“巷道前方煤体瞬时形成蝶叶形塑性破坏区”，它可以较好地描述触发事件引发煤与瓦斯突出启动的力学机制，解释煤与瓦斯突出发生的一些前兆特征。例如：煤岩体的突然大范围破坏必然伴有声响，因而突出发生前在煤壁前方会有煤炮声、劈裂声、闷雷声等现象；同时，由于煤岩体塑性破坏后会产生碎胀效应，因而当工作面前方煤岩体出现较大范围的塑性破坏区时，煤壁会出现外鼓、掉渣、片帮等现象；当巷道前方煤岩体突然形成的塑性破坏区所释放的能量尚不足以引发煤与瓦斯突出时，破坏区内的瓦斯便会快速向巷道空间涌出，因而工作面附近会出现瓦斯涌出异常、瓦斯浓度增大、瓦斯涌出量忽大忽小等前兆现象。同时，“弹性能和瓦斯能”的迅速释放较好地解释了煤与瓦斯突出发生时伴有声响、煤岩抛出、瓦斯逆流等物理现象。

4.2 突出启动的力学机理与已有理论的关系

从认识论的角度来看，一个好的机理一般都来源于假说，且应具有普遍性、一般性和实用性。同样，对于掘进巷道蝶形煤与瓦斯突出机理而言，首先不应与以往的基本理论相矛盾，能解释以前的各种假说所解释的现象，而且能够解释一些以前的假说所不能解释的现象，同时，通过理论引出关于事实的推论不仅能在试验中被证实，而且能够被应用于实践，只有这样理论才能够逐步趋于成熟。

4.2.1 与瓦斯主导作用假说间的关系

瓦斯主导作用假说中瓦斯包假说占有重要的地位，认为煤层内部存储的高压瓦斯是发生突出的主要原因，它阐述了“瓦斯包”的存在方式及其在突出发生过程中的作用，强调在煤与瓦斯突出之前，煤体内存在天然或者次生的高压瓦斯包容体，当工作面接近这种高压瓦斯包容体时，高压瓦斯迅速破坏工作面与高压瓦斯之间的煤体，从而引起煤和瓦斯突出[12]。

本猜想认为瓦斯包是客观存在的，在扰动应力触发事件的扰动下，当掘进工作面前方煤岩体塑性区产生瞬时急剧扩展而形成蝶叶塑性区时，遭到突然破坏的煤岩体会快速释放其内赋存(吸附/游离)的大量瓦斯，并在短时间内聚集于破坏区而形成开放“瓦斯包”。瓦斯包内的能量积聚到足够的程度后，其内部的瓦斯裹挟破碎煤岩体突破掘进工作面煤壁的限制，快速涌向工作面作业空间，发生煤与瓦斯突出。而当掘进工作面前方煤岩体强度发生减弱时，即在地质弱化触发事件的作用下，可能使软弱区的煤岩体产生一个封闭式的塑性破坏区，由于封闭塑性区范围内煤岩体破坏产生的裂隙增多，吸附瓦斯逐渐大量解吸，而形成一个聚集着巨大能量的封闭“瓦斯包”，当工作面的继续推进或外部的微小扰动使封闭“瓦斯包”被打破而与工作面贯通时，其内储存的能量便会被快速释放，而形成煤与瓦斯突出。

由于对“瓦斯包”的形成原因存在认识上的不足和缺乏有效的探测手段，迄今为止“瓦斯包”在煤层内从未被发现过。

4.2.2 与地应力主导作用假说的关系

地应力主导作用假说认为煤与瓦斯突出主要是高地应力作用的结果，即在高地应力作用下，煤体发生破坏和破碎时，会伴随瓦斯的剧烈涌出而形成突出[28]。

本猜想认为，瓦斯突出的先决条件是掘进工作面前方煤岩体突然又新出现一定范围、遭到破坏的塑性区，而这一塑性区恰恰就是高地应力作用的结果。与已有理论的差别在于认为不能单纯从地应力场的高低来评价某一区域发生煤与瓦斯突出的危险性，而是强调需要从区域地应力场的应力状态、煤岩体强度参数、触发事件应力与能量的扰动等综合作用结果来确定高地应力作用下煤体发生的突然破坏和破碎。尤其是定义了地震、断层活化、顶板来压、爆破震动等扰动应力触发事件和石门揭煤、煤层变厚区、地质构造带等条件骤然变化的地质弱化触发事件，认为它们也是地应力作用下煤体发生突然破坏和破碎的关键因素。

4.2.3 与综合作用假说中能量理论的关系

能量假说是综合作用假说发展的基础学说，认为突出是由煤的变形潜能和瓦斯内能引起的，地应力、瓦斯压力、煤的强度等是突出激发和发展的主要因素[6]，该假说对研究煤与瓦斯突出具有深远的影响。虽然该假说对煤岩体的破坏条件缺乏判断依据，对抽象的能量问题难以进行量化分析，且在突出危险性的预测方面还存在一定局限性，但是并不影响其作为煤与瓦斯突出的主流理论假说。

本书同样认为煤与瓦斯突出是地应力、瓦斯及煤岩体综合作用的结果。其中，地应力作用下煤岩体在弹性状态下的变形潜能（弹性能）和被禁锢在煤岩体内的瓦斯内能是煤与瓦斯突出形成的关键。当巷道前方煤岩体“瞬时形成蝶叶形塑性破坏区”时，伴随着大范围煤岩体的破坏，其内积蓄的大量弹性能迅速被释放，与此同时，囚禁其内的瓦斯能也被突然释放，巨大的能量迫使破碎煤岩与瓦斯瞬间冲破孔洞颈部的反向阻力而向巷道作业空间喷出，从而发生煤与瓦斯突出。“弹性能和瓦斯能”是煤与瓦斯突出发生的直接动力源，如果不存在“弹性能和瓦斯能”就不会发生煤与瓦斯突出；但从另一个角度来看，巷道前方煤岩体不“瞬时形成蝶叶形塑性破坏区”，就不会有“弹性能和瓦斯能”的剧烈释放，同样也不会发生这种突出现象。

4.2.4　与综合作用假说中“过程分析”理论的关系

这方面的研究成果认为煤与瓦斯突出分为准备、发动、发展及终止不同阶段，突出的发生过程受应力场变化、煤岩破裂、瓦斯聚集与能量释放等控制；其力学本质是在地应力主导下，采矿与开挖形成的扰动能量在岩体中聚集、演化和在一定诱因下突然释放的过程。

本猜想也认为煤与瓦斯突出存在一个从量变到质变的发生、发展过程。首先，是包含巷道的围岩体的应力状态与煤岩结构及强度接近煤与瓦斯突出发生的极限条件；然后，在触发事件应力与能量的扰动等综合作用下煤体发生的突然破坏和破碎，形成突出煤岩体或瓦斯包容体；最后，瓦斯包内的能量积聚到足够的程度后，其内部的瓦斯裹挟破碎煤岩体突破掘进工作面煤壁的限制，快速涌向工作面作业空间，发生煤与瓦斯突出。

综上所述，本猜想不但符合瓦斯主导作用假说、地应力主导作用假说、综合作用假说和“过程分析”理论的主导思想，更重要的是可以突破以往各种理论假说的定性描述，找到合理的数学力学模型将这些精华内容建立起严谨的逻辑关系，定量阐述煤与瓦斯突出的发生和演化过程。

4.3　掘进巷道煤与瓦斯突出启动的必要条件和充分条件

在巷道蝶形冲击地压发生过程中，围岩瞬间出现较大范围的新塑性区是其围岩系统对区域应力场应力状态的一种力学响应，也是蝶形冲击地压的一大标志性特征。当掘进工作面前方含瓦斯煤岩体突然产生一定范围的新塑性区时，塑性区范围内的煤岩体会产生微裂纹、裂缝并扩展，致使宏观裂隙短时间内迅速增多，裂隙内大量吸附瓦斯快速解吸，并释放巨大的能量，当释放的能量足以冲破孔洞颈部的约束时，便会形成煤与瓦斯突出。在瓦斯参数一定的条件下，新增塑性区的范围越大，短时间内释放的能量就越多，发生煤与瓦斯突出的危险性也就越高。突然产生的新增塑性区是煤与瓦斯突出形成的关键前提因素，为煤与瓦斯突出的发生提供了启动条件。

由于塑性区的形成与发展是触发事件、巷道区域应力场各个主应力的大小及方向、突出煤岩体力学性质多种因素共同作用的结果。同样，可以将煤与瓦斯突出的启动理解为掘进工作面前方煤岩体对区域主应力场应力状态的力学响应，其力学响应的直接结果是，掘进工作面前方的煤岩体在极短的时间内产生一定范围的新塑性区。这种力学响应可能是由扰动应力事件使区域主应力场的应力状态发生变化引起的，也可能是由地质异化事件使区域煤岩体的力学性质发生变化引起的，还可能是两者共同作用的结果。

为了更便于理解和工程实际应用，将蝶形煤与瓦斯突出启动的基本条件总结为强度条件、应力条件、角度条件和触发事件等四个必要条件，具体描述如下：

(1) 最大围压够大($P_1>R_c$)。煤体与瓦斯突出启动的最基本条件是巷道煤体出现塑性区破坏，如果煤体保持完整不出现破坏，就不可能有煤与瓦斯突出发生。因此巷道最大围压(P_1)大于煤体的单向抗压极限(R_c)是煤与瓦斯突出启动的一个必要条件，可称之为强度条件。

(2) 最小围压够小($P_3<P_1/3$)。由图 3-30 可以看出，蝶形塑性区对应力环境的敏感性要远远高于圆筒形和椭圆筒形塑性区，只有当巷道前方围岩塑性区的形状是蝶形时才会有大范围的塑性区出现，才会发生煤与瓦斯突出。正因如此，虽然现场生产实践中具备 $P_1>R_c$ 的条件比比皆是，但是达到 $P_3<P_1/3$ 的情况相对较少，所以相对于每年掘进的煤巷总长度来说，出现煤与瓦斯突出的巷道长度也不是很多。所以，$P_3<P_1/3$ 也是煤与瓦斯突出启动的第二个必要条件，称之为应力条件。

(3) 蝶煤方向一致。当蝶形塑性区与煤层方向一致时，蝶叶塑性区形态最为完整，而不会被顶、底板强度较高的岩层阻断，才会发生较大的煤与瓦斯突出。因此，蝶形塑性区与煤层方向一致是煤与瓦斯突出启动的第三个必要条件，称之为角度条件。

(4) 触发事件凑巧。当掘进巷道满足以上 3 个必要条件后，巷道前方将出现大范围的塑性区，但是煤与瓦斯突出能否启动还要看塑性区的形成过程时间的长短。如果塑性区是在长时间内形成，则破坏了煤与瓦斯突出启动的突发条件，塑性区、围岩和瓦斯中的能量将慢慢释放，每次释放的能量不足以引发突出；只有在掘进过程中出现触发事件(巷道前方应力变化、煤层厚度变化、煤层强度变化等)恰好满足塑性区产生较大范围突然破坏的条件时，才会发生煤与瓦斯突出。触发事件可以看成是压死骆驼的最后一根稻草，也可以是一捆稻草，还可以是一车稻草。煤与瓦斯突出的发生强度既取决于稻草的多少，也取决于突出发生前巷道围岩应力状态是否在图 3-30 所示 *VPP* 曲线的拐点附近。对于扰动应力触发事件而言，有时微小的扰动应力就能使掘进工作面前方的塑性区产生瞬时急剧扩展，并在瞬间形成一个聚集着巨大能量的开放“瓦斯包”；对于地质弱化触发事件而言，有时掘进工作面前方煤岩体强度发生微小的减弱，就能使软弱区的煤岩体产生一个封闭式的塑性破坏区，由于封闭塑性区范围内煤岩体破坏产生的裂隙增多，吸附瓦斯大量解吸，而形成一个聚集着巨大能量的封闭“瓦斯包”，当随着工作面的继续推进或外部的微小扰动使封闭“瓦斯包”被打破而与工作面贯通时，其内储存的能量便会被快速释放，而形成煤与瓦斯突出。在实际生产过程中，由于煤岩体强度赋存的不均匀性，地质弱化触发事件可能会更多。只有上述所有的3个必要条件都满足，并且触发事件碰巧也满足要求，才会发生较大的煤与瓦斯突出。因此，触发事件是煤与瓦斯突出启动的第四个必要条件，表明煤与瓦斯突出具有偶然性，可称之为触发条件。

上述4个必要条件构成了煤与瓦斯突出启动的充分条件，也就是说，同时满足上述4个必要条件，在有一定瓦斯参与下必然出现煤与瓦斯突出，否则就不会有突出发生。

需要说明的是，瓦斯压力也是影响巷道围岩塑性破坏的一个因素，但是考虑到与地应力和采动应力相比较，瓦斯压力相对值较小，尤其是在某些瓦斯压力较低情况下也可能发生煤与瓦斯突出，所以本书在探讨塑性区大范围扩展时忽略了瓦斯压力的因素。

4.4 本章小结

本章构建了煤与瓦斯突出过程的分析模型，提出了掘进巷道蝶形煤与瓦斯突出启动的力学机理猜想，并论述了猜想与已有突出理论的关系，得到主要结论如下：

(1) 依据巷道蝶形冲击地压理论，构建了煤与瓦斯突出过程的分析模型。其中，前态塑性区力学模型主要用于解释煤与瓦斯突出发生前一时刻的地应力场和煤岩体塑性区分布特征；蝶叶状塑性破坏突出体力学模型主要用于解释煤与瓦斯突出发生时的瞬态地应力场和煤岩体塑性区分布特征；触发事件概念模型主要包涵现场实际生产中引起巷道围岩应力场突然发生变化、同时能使煤岩体塑性破坏范围瞬时急剧扩展的各类扰动应力事件或地质弱化事件；突出动力现象概念模型主要用于解释煤与瓦斯突出发生过程中的动力效应特征。

(2) 提出了掘进巷道蝶形煤与瓦斯突出启动的力学机理，阐明了掘进巷道蝶形煤与瓦斯突出的物理力学过程。即在满足一定的必备条件时，由于触发事件的作用，煤层巷道前方煤岩体瞬时形成蝶叶形塑性破坏区，同时释放其内的瓦斯能和破坏区内、外煤岩体中的大量弹性能，巨大的能量促使破碎煤岩与瓦斯冲破突出孔洞颈部的阻力，并以震动、声响、煤岩体碎块抛射以及大量瓦斯气体快速涌出的形式释放出来。其中，“巷道前方煤岩体瞬时形成蝶叶形塑性破坏区”是煤与瓦斯突出形成的关键前提因素。

(3) 论述了掘进巷道蝶形煤与瓦斯突出启动的力学机理猜想与现有煤与瓦斯突出理论之间的关系。掘进巷道蝶形煤与瓦斯突出启动的力学机理猜想与瓦斯主导作用假说、地应力主导作用假说和综合作用假说中的主要论断一致,并进一步解释了这些假说难以解释的突出现象,从这个意义上说该成果是这些理论和假说的综合反映,具有更为广泛的适用性。

5　硬-软变化地质结构对煤岩体塑性区分布的控制作用

5.1　掘进面过硬-软变化区域时塑性区空间形态特征

根据前文的突出事故案例统计和共性地质结构特征分析结果，本节列举几类硬-软变化区域的典型地质结构体模型，并根据各自的地质特征建立数值计算模型，分析掘进面过硬-软变化区域时的塑性区空间形态。

5.1.1　硬软变化区域地质结构模型

(1) 硬煤-软煤变化模型

由于受成煤过程和地质构造运动的影响，同一煤层煤体的强度分布往往具有变化频率高、分布不均匀、分区性明显等特点。软煤并不是单独存在的，而多与硬煤呈现组合形式的赋存。不同煤所具备的物理特性有较大的差异，所表现出的力学强度也差距较大，低强度的煤体在同等应力条件下将先发生破坏。硬煤-软煤变化模型指掘进工作面前方的煤体结构发生改变，即掘进工作面前方煤岩体从硬煤突变为软煤。

多数突出事故都有软煤的因素。例如 2014 年 10 月 5 日某煤矿发生一起重大煤与瓦斯突出事故，造成 10 人死亡，4 人受伤，直接经济损失达 1 935 万。事故发生于1404 回风平巷掘进 375 m 处，该处揭露小型背斜轴部之后由上山施工变为下山施工，煤层中滑面、镜面、揉皱发育，煤层破碎，层理消失，煤体疏松。突出煤岩量约 2 500 t，突出瓦斯量 22 万 m^3。

(2) 石门揭煤突出模型

在大部分突出矿区，石门和岩石巷道揭穿煤层时发生突出的频率较高、强度极大、破坏力强，是矿井防突治理的重点和难点。以湖南红卫煤矿为例，石门揭煤突出的次数占该矿全部突出次数的 20%不到，但累计突出煤量却占到 60%以上，是其他非石门突出平均突出强度的 6 倍以上。在揭煤前，石门或者岩石巷道掘进面前方的硬岩体将阻隔煤层中弹性能和瓦斯内能的释放，当掘进工作面由硬岩体突然进入煤层时，煤体的揭露会造成内部赋存的瓦斯会瞬时冲出，引发动力灾害的发生。

多数特大型突出都是发生在石门揭煤时，如图 5-1 所示。例如河南某煤矿发生的“10·20”特大型煤与瓦斯突出引发的特别重大瓦斯爆炸事故，造成 148 人死亡，32 人受伤，直接经济损失 3 935.7 万元。此次突出发生在埋深超过 600 m 的 21 轨道下山岩石掘进工作面，突出煤（岩）量为 1 894 t，突出瓦斯量约为 25 万 m^3。

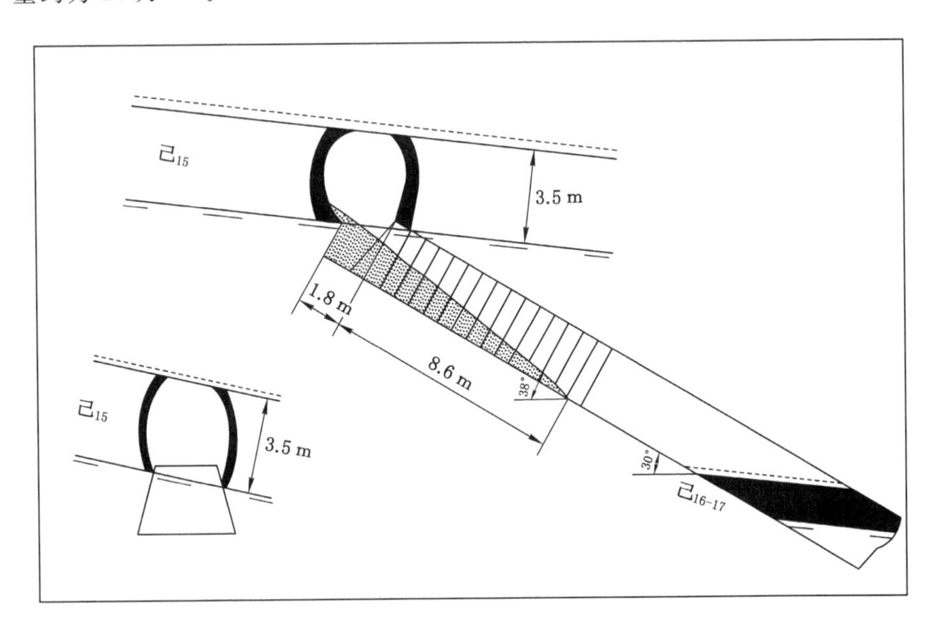

图 5-1　石门揭煤突出孔洞示意图

石门揭煤突出类型齐全，倾出、压出、突出均有发生。以平煤八矿已三轨道回风斜巷为例，在距已三扩大轨道下山 31.5 m 处揭煤过程中发生了煤与瓦斯突出事故，该区域从煤层底板揭煤，倾出前左帮见煤 0.2 m、右帮见煤 0.7 m。突出点附近形成了不规则形状的空洞，其轴线垂直于水平面，喷出煤量和岩石量达 22 t，喷出距离为 8.6 m，形成了坡度为 38°的堆积体，突出前瓦斯压力为 0.91 MPa，涌出瓦斯量为 180 m^3。

（3）硬软分层变化突出模型

地下煤层中存在不均匀分布的软分层煤，通常是在不同规模构造运动的挤压、剪切和扭转作用下发生变形迁移而形成的。煤层自身是一个软岩层，通常具有许多分层。在突出危险区域，煤层常呈现出明显的软硬分层特性。软分层突然变厚使得掘进面前方围岩体的硬煤突变为软煤。通常软分层的强度越低，越容易引发突出灾害；软分层的厚度变化越剧烈，突出的风险也越大。如图 5-2 所示。

以平煤八矿戊 9-10 煤层突出事故为例，该事故发生在距机巷 1320 测点以东 29 m 的机巷中。事故抛出煤量为 28 t，形成了矩形孔洞，外逸的煤体与顶板之间形成了 30 mm 宽的裂缝，煤体变得酥软易碎，并释放出 2 787 m^3 的瓦斯。

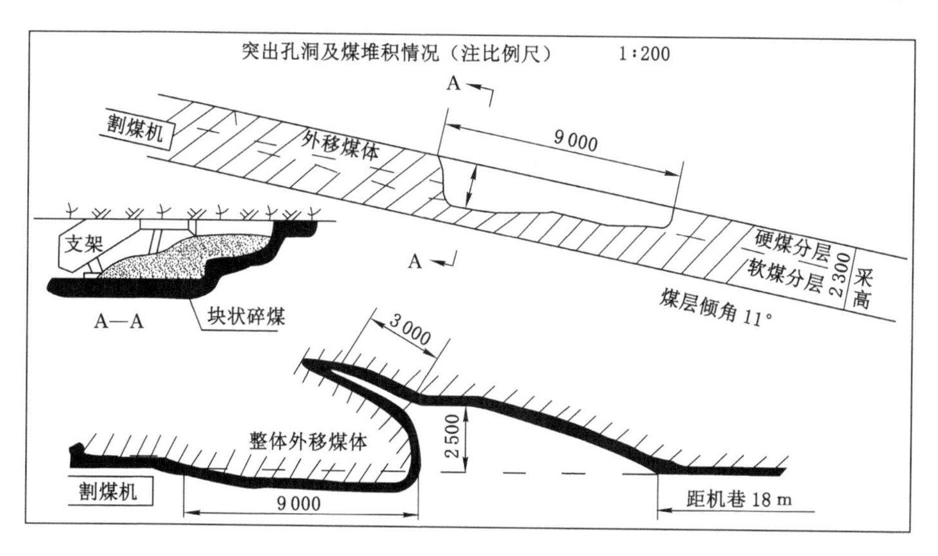

图 5-2 硬软分层变化区域煤与瓦斯突出示意图

(4) 煤层厚度变化突出模型

地下煤层中的产状和厚度变化剧烈，差别十分巨大，从几厘米到几百米均有存在。其成因包括泥炭沼泽基底不平、沉积环境、褶皱构造、断裂构造、岩浆侵入、岩床、岩墙和喀斯特陷落柱等综合作用，再加上侵入、分岔、尖灭、冲刷等耦合影响，均会使得煤层突然变厚或者突然变薄，呈现出非等厚分布特性，甚至表现为鸡窝状、串珠状、藕节状、透镜状、扁豆状或马尾状分布。当掘进工作面由较薄层煤体推进至厚层煤体时，掘进巷道顶、底板由硬煤岩体突变为软煤体，发生明显的岩性突变。如图 5-3 所示。

以某煤矿“12·16”重大煤与瓦斯突出事故为例，该矿井事故发生在 21202 运输巷掘进工作面。事故发生前，巷道掘进方向煤层由 1.63 m 增厚至 5.6 m。突出孔洞位于 21202 运输巷掘进迎头并向右帮扩展，突出煤炭堆积长度 100 m，堆积厚度 0.5～2.4 m，堆积角度为 10°，突出煤量约 414 t，涌出瓦斯量约 42 300 m^3。

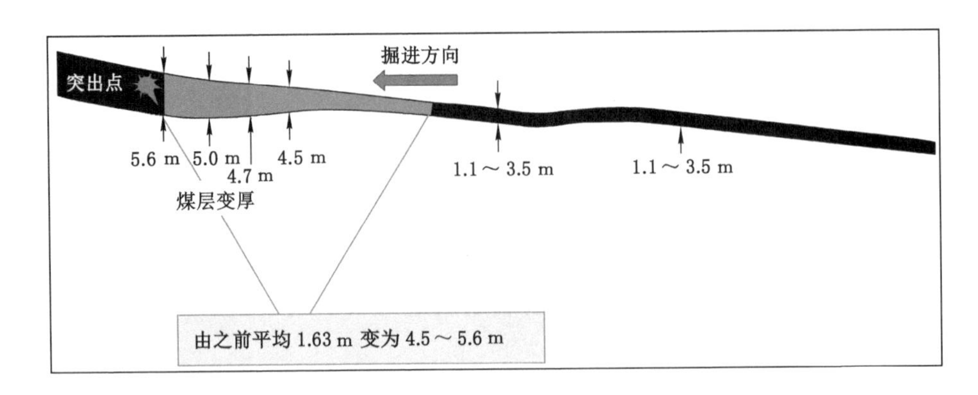

图 5-3　煤层厚度变化区域煤与瓦斯突出示意图

5.1.2　硬软变化区域数值计算模型

掘进巷道为三维空间模型，现有数学力学方法难以对其空间塑性区形态分布进行理论计算。为了研究掘进面过硬-软变化区域时的巷道前方塑性区空间形态特征及塑性区演化规律，本节选择硬煤-软煤变化、石门揭煤、硬软分层变化、煤层变厚四类典型的硬软变化地质结构体作为研究对象，针对各自的地质特点，运用 $FLAC^{3D}$ 数值模拟软件分别建立掘进面过不同地质结构体时的数值计算模型。赋参所用岩石物理力学参数见表 5-1，各模型特征详情及效果图见表 5-2。

表 5-1　巷道顶、底板岩层岩石物理力学参数

层标	内摩擦角/(°)	内聚力/MPa	密度/(kg/m³)	剪切模量/GPa	体积模量/GPa
顶板	38	6	2 600	8.0	8.2
煤Ⅰ(硬)	35	3	1 300	5.2	5.7
煤Ⅱ(软)	30	2	1 100	4.9	6.1
底板	40	6.5	2 700	8.0	8.5

(1) 建模赋参：为减少干扰因素，更好地反映各模型形态特征差异，四个数值模型的基本参数设置统一。其中，设计尺寸均为 80 m×50 m×50 m($X\times Y\times Z$)，巷道断面均为 5 m×4 m。四个数值模型在赋参时均采用统一的岩石力学参数。

(2) 模型加载：根据本书 3.3 节研究区域应力状态对掘进巷道围岩塑性区分布的影响可知，在非均匀的区域应力场作用下，其大小和方向对掘进头前方塑

表 5-2　数值计算模型简介

名称	设计尺寸	三维效果图	X-Z 剖面图(局部放大)	层位及层厚	区域应力场	判定准则
模型Ⅰ 硬煤-软煤变化	$X=80$ m	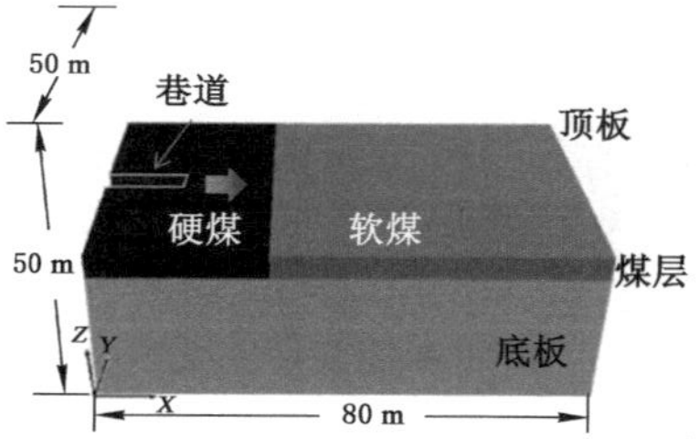	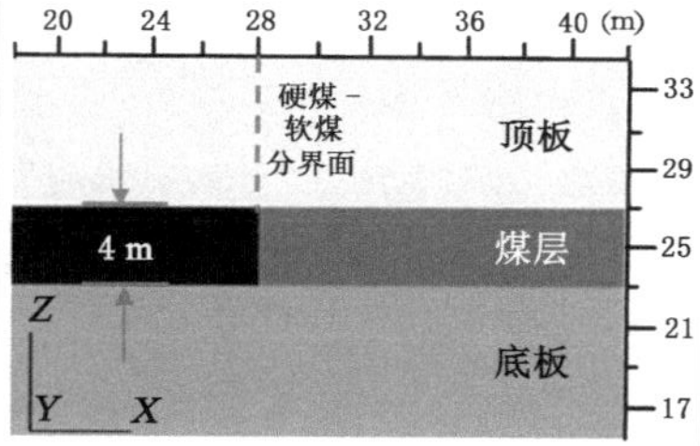	顶板＝23 m	$P_1=36.5$ MPa	莫尔-库仑
	$Y=50$ m			煤Ⅰ(硬)＝4 m	$P_2=20$ MPa	
	$Z=50$ m			煤Ⅱ(软)＝4 m	$P_3=10$ MPa	边界条件
	巷道断面			底板＝23 m	$\alpha=50°$	固定三个方向位移约束
	宽＝5 m			沿 Y 方向开挖	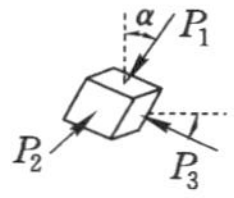	
	高＝4 m			开挖步距 1 m		
模型Ⅱ 石门揭煤	$X=80$ m	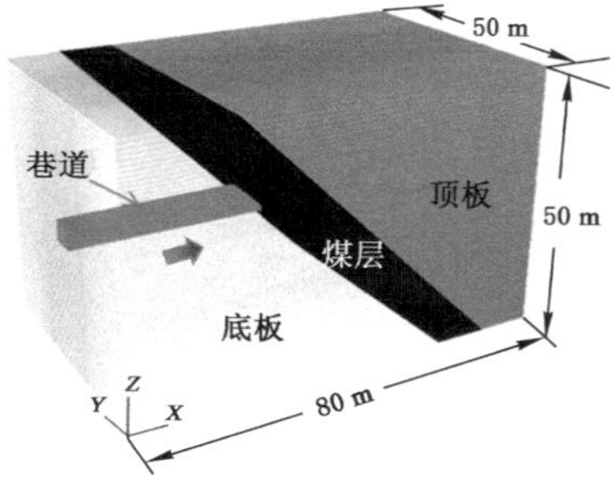	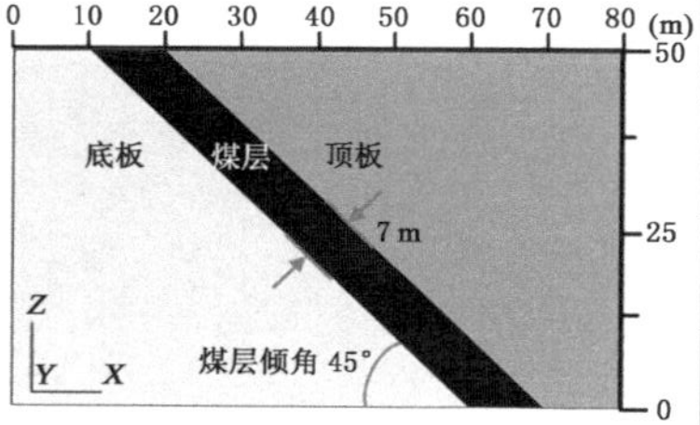	顶板＝23 m	$P_1=36.5$ MPa	莫尔-库仑
	$Y=50$ m			煤Ⅱ(软)＝7 m	$P_2=20$ MPa	
	$Z=50$ m			底板＝23 m	$P_3=10$ MPa	边界条件
	巷道断面			煤层倾角 45°	$\alpha=50°$	固定三个方向位移约束
	宽＝5 m			沿 Y 方向开挖	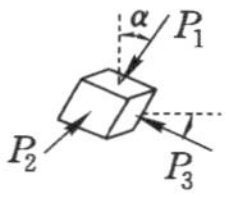	
	高＝4 m			开挖步距 1 m		

表 5-2(续)

名称	设计尺寸	三维效果图	X-Z 剖面图(局部放大)	层位及层厚	区域应力场	判定准则
模型Ⅲ 硬软分层变化	X=80 m			顶板=23 m	P_1=36.5 MPa	莫尔-库仑
	Y=50 m			煤Ⅰ(硬)=3.5 m→1 m	P_2=20 MPa	
	Z=50 m			煤Ⅱ(软)=0.5 m→3 m	P_3=10 MPa	边界条件
	巷道断面			底板=23 m	α=50°	固定三个方向位移约束
	宽=5 m			沿 Y 方向开挖		
	高=4 m			开挖步距 1 m		
模型Ⅳ 煤层厚度变化	X=80 m			煤厚由 3 m 到 10 m	P_1=36.5 MPa	莫尔-库仑
	Y=50 m			顶板=23 m→16 m	P_2=20 MPa	
	Z=50 m			煤Ⅱ(软)=3 m→10 m	P_3=10 MPa	边界条件
	巷道断面			底板=23 m	α=10°	固定三个方向位移约束
	宽=5 m			沿 Y 方向开挖		
	高=4 m			开挖步距 1 m		

性区形态控制作用明显，借鉴前文研究结果，对模型加载时设置初始区域应力场大小均为 $P_1=36.5$ MPa、$P_2=20$ MPa、$P_3=10$ MPa。令区域最大主应力 P_1 与垂直方向 Z 轴的夹角为 α，据前文研究结果知当 $\alpha=50°$ 时掘进巷道围岩塑性区沿水平煤层扩展，故将此结论应用于模型Ⅰ、Ⅱ、Ⅲ。由于不同模型存在地质结构特殊性，同一角度不能满足本节对塑性区扩展规律研究的需求。其中模型Ⅳ-煤层厚度变化导致煤层在分界面处的倾角增大，此时 $\alpha=10°$ 时掘进头前方塑性区沿煤层方向扩展。后续将对不同模型下塑性区形态的各类影响因素进行敏感性分析(包括不同的 α 角度)，此处不再做过多解释。

(3) 开挖计算：模型计算过程中掘进巷道沿 Y 轴开挖，开挖步距为 1 m，模型都采用莫尔-库仑准则，各模型中分别固定三个方向的位移约束。

5.1.3 掘进面过硬-软变化区域时塑性区形态特征

5.1.3.1 硬-软煤变化模型

图 5-4 中呈现出掘进面过硬煤-软煤变化区域时煤岩体塑性区的演化状况，其中图 5-4(a)为掘进面过硬煤-软煤变化区域时煤岩体塑性区演化的整体效果图，图 5-4(b)为掘进面过硬煤-软煤变化区域时 $Z=25$ m 剖面煤岩体塑性区演化图，图 5-4(c)为掘进面过硬煤-软煤变化区域时 $Y=25$ m 剖面煤岩体塑性区演化图。图中 D 表示掘进工作面的推进位置(相当于坐标)。

从图 5-4 中可以看出：当掘进工作面推进距离为 14 m 时，掘进工作面前方塑性区的宽度为 4 m，非连续段塑性区宽度为 0；此时，$Z=25$ m 剖面上掘进面前方硬煤中塑性区呈现“半圆形”分布，$Y=25$ m 剖面上掘进面前方硬煤中塑性区呈现“三角形”分布。当掘进工作面推进距离为 17 m 时，掘进工作面前方塑性区的宽度为 4.5 m，非连续段塑性区宽度为 5 m，产生的非连续距离为 6.5 m；$Z=25$ m 剖面上掘进面前方硬煤和软煤中塑性区均为“左开口抛物线”分布，软煤中塑性区“抛物线”的开口明显大于硬煤；$Y=25$ m 剖面上掘进面前方硬煤和软煤中塑性区均为“三角形”分布，且软煤中塑性区“三角形”在水平方向的高度与硬煤中塑性区“三角形”在水平方向的高度基本相等。当掘进工作面推进距离为 20 m 时，掘进工作面前方塑性区的宽度为 4.5 m，非连续段塑性区宽度为 12 m，产生的非连续距离为 3.5 m；$Z=25$ m 剖面上掘进面前方硬煤中塑性区仍为“左开口抛物线”分布，右侧软煤中塑性区开始呈现出“半圆形”分布；$Y=25$ m 剖面上掘进面前方硬煤和软煤中塑性区均为“三角形”分布，且软煤中塑性区“三角形”在水平方向的高度明显大于硬煤中塑性区“三角形”在水平方向的高度。当掘进工作面推进距离为 23 m 时，掘进工作面前方塑性区的宽度为 4.5 m，非连续段塑性区宽度为 19.5 m，产生的非连续距离为 0.5 m；$Z=25$ m 剖面上掘进

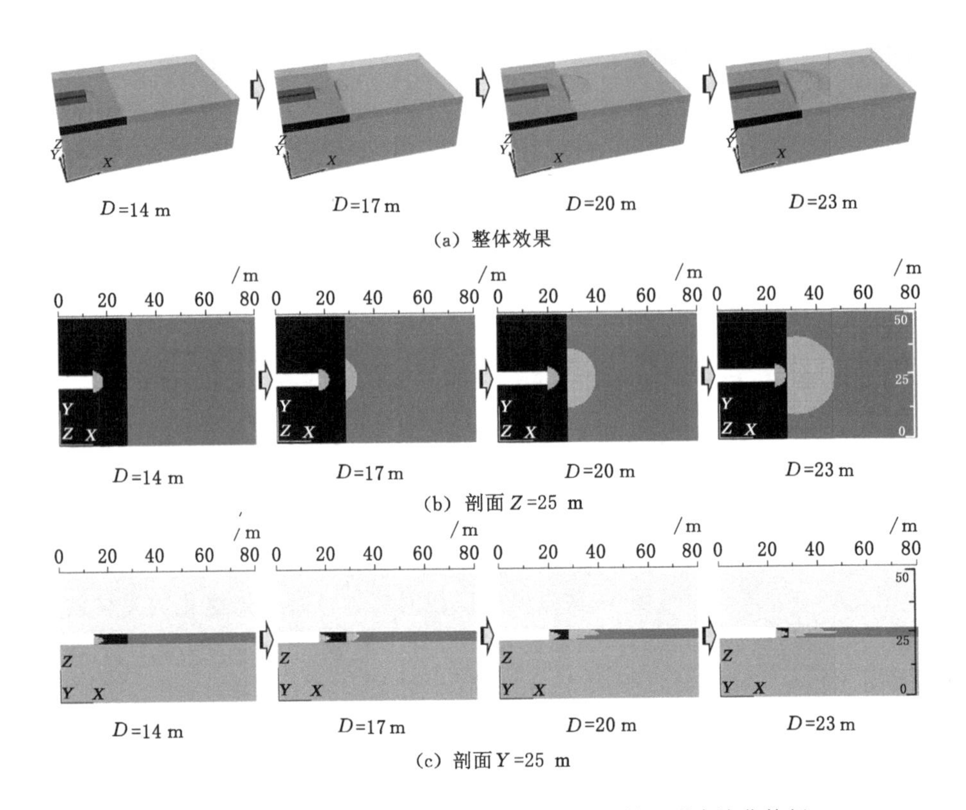

图 5-4 掘进面过硬煤-软煤变化区域时的塑性区形态演化特征

面前方硬煤中塑性区的形态变化不大，而右侧软煤中"半圆形"分布的塑性区的半径明显会增大；Y＝25 m 剖面上掘进面前方硬煤和软煤中塑性区的形态变化不大，但是软煤中"三角形"塑性区在水平方向上的高度明显增大。

掘进面过硬煤-软煤变化区域时，掘进面前方相继会出现"椭球体"形单塑性区—"双椭球体"形非连续双塑性区—"双椭球体"形连续单塑性区。基于当前的数值模拟模型，当掘进面推进距离小于 14 m 时，掘进面前方塑性区只会分布在硬煤中，不会出现非连续塑性区，且在硬岩中的塑性区形态呈现"椭球体"形分布。当掘进面推进距离大于 15 m 后，掘进面前方开始出现非连续塑性区，前方的塑性区分布形态整体为"双椭球体"；推进距离为 15～18 m 时，掘进面前方硬煤中塑性区的体积变化微小，而软煤中塑性区开始产生，其体积随着掘进距离的增大逐渐增大。当推进距离为 19～21 m 时，掘进面前方软煤中塑性区的体积随着工作面的增大继续增大，硬煤中塑性区的体积也开始不断增大。在此过程中，掘进工作面前方的塑性区形态仍然整体呈现"双椭球体"分布；当推进距离为

23 m 时，掘进面前方硬煤中的塑性区与软煤中的塑性区相互贯通，其分布形态整体呈现“相互连接的大小双椭球体”分布。

5.1.3.2　*石门揭煤模型*

图 5-5 所示为掘进面过石门揭煤时煤岩体塑性区的演化状况，其中图 5-5(a)为掘进面过石门揭煤时煤岩体塑性区演化的整体效果图，图 5-5(b)为掘进面过石门揭煤时 $Z=25$ m 剖面煤岩体塑性区演化图，图 5-5(c)为掘进面过石门揭煤时 $Y=25$ m 剖面煤岩体塑性区演化图。D 表示掘进面位置，也就是掘进工作面相对于模型边界的推进距离。

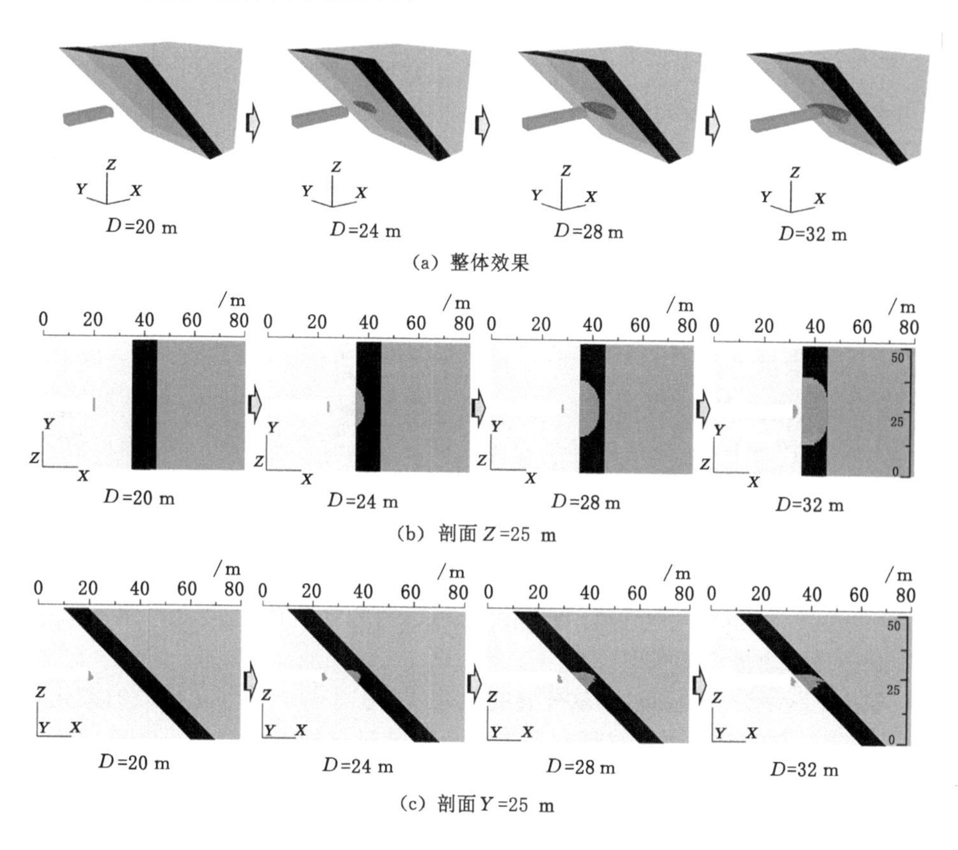

图 5-5　掘进面过石门揭煤时的塑性区形态演化特征

从图中可以看出：当掘进工作面的推进距离为 20 m 时，掘进工作面前方塑性区的宽度为 1.9 m；$Z=25$ m 剖面上掘进面前方岩体中塑性区呈现“矩形”分布，$Y=25$ m 剖面上掘进面前方岩体中塑性区呈现“三角形”分布。当掘进工作面推进距离为 24 m 时，掘进工作面前方塑性区的宽度为 1.8 m，非连续段塑性区宽度为 6.0 m，产生的非连续距离为 7.2 m；$Z=25$ m 剖面上掘进面前方岩体和煤层中塑性区分别呈现“矩形”分布和“左开口抛物线”分布，$Y=25$ m 剖面上掘进面前方岩体中塑性区呈现“类三角形”分布，掘进面前方煤层中塑性区表现为“类梯形”分布。当掘进工作面推进距离为 28 m 时，掘进工作面前方塑性区的宽度为 1.8 m，非连续段塑性区宽度为 10.0 m，产生的非连续距离为 3.2 m；$Z=25$ m 剖面上掘进面前方岩体和煤层中塑性区分别呈现“矩形”分布和“左开口抛物线”分布，$Y=25$ m 剖面上掘进面前方岩体和煤层中塑性区均呈现“类三角形”分布。当掘进工作面推进距离为 32 m 时，掘进工作面前方塑性区的宽度为 1.725 m，非连续段塑性区宽度为 12.5 m，产生的非连续距离为 −0.725 m；$Z=25$ m 剖面上掘进面前方岩体和煤层中塑性区均为“左开口抛物线”分布，且后者塑性区抛物线的开口明显大于前者；$Y=25$ m 剖面上掘进面前方岩体和煤层中塑性区的形态变化不大，且二者的间距逐渐减小。

石门揭煤时随着掘进面的推进，掘进面前方相继会出现“半椭球”形单塑性区—“双半椭球”形非连续双塑性区—“双半椭球”形连续单塑性区。基于当前的数值模拟模型，当推进距离为 20 m 时，掘进面前方塑性区只会分布在岩体中，其体积为 12.1 m^3，整体形态呈现“半椭球”形分布；掘进面前方的煤层中没有塑性区分布。当掘进距离为 21～31 m 时，掘进面前方的塑性区不仅在岩体中分布，还在其岩体前方的煤层中有所分布，且表现出“双半椭球”形态；具体地，掘进面前方煤层中“半椭球”塑性区体积明显大于掘进面前方岩体中的“半椭球”塑性区体积。需要指出的是，在此过程中，掘进工作面前方的岩体中塑性区体积呈现波动变化，而煤层中塑性区体积由 11.45 m^3 增加到 664 m^3。当推进距离为 32 m时，掘进面前方岩体中的塑性区与煤层中的塑性区相互贯通，前者的“小半椭球”顶部与后者的“大半椭球”底部相互连接。

5.1.3.3 硬软分层变化模型

图 5-6 所示为掘进面过硬软分层变化区域过程中煤岩体中塑性区的演化特征，其中图 5-6(a)为掘进面过硬软分层变化区域时煤岩体塑性区演化的整体效果图，图 5-6(b)为掘进面过硬软分层变化区域时 $Z=23.5$ m、$Z=25$ m 和 $Z=26.5$ m 剖面煤岩体塑性区演化图，图 5-6(c)为掘进面过硬软分层变化区域时 $Y=25$ m 剖面煤岩体塑性区演化图。图中 D 表示掘进面位置，也就是掘进工作面相对于模型边界的推进距离。

从图 5-6 中可以看出：当掘进工作面的推进距离为 10 m 时，掘进工作面前方塑性区的宽度为 3.5 m；当掘进工作面推进距离为 12 m 时，掘进工作面前方塑性区的宽度为 4.0 m，非连续段塑性区宽度为 3.0 m，产生的非连续距离为 5.0 m；当掘进工作面推进距离为 14 m 时，掘进工作面前方塑性区的宽

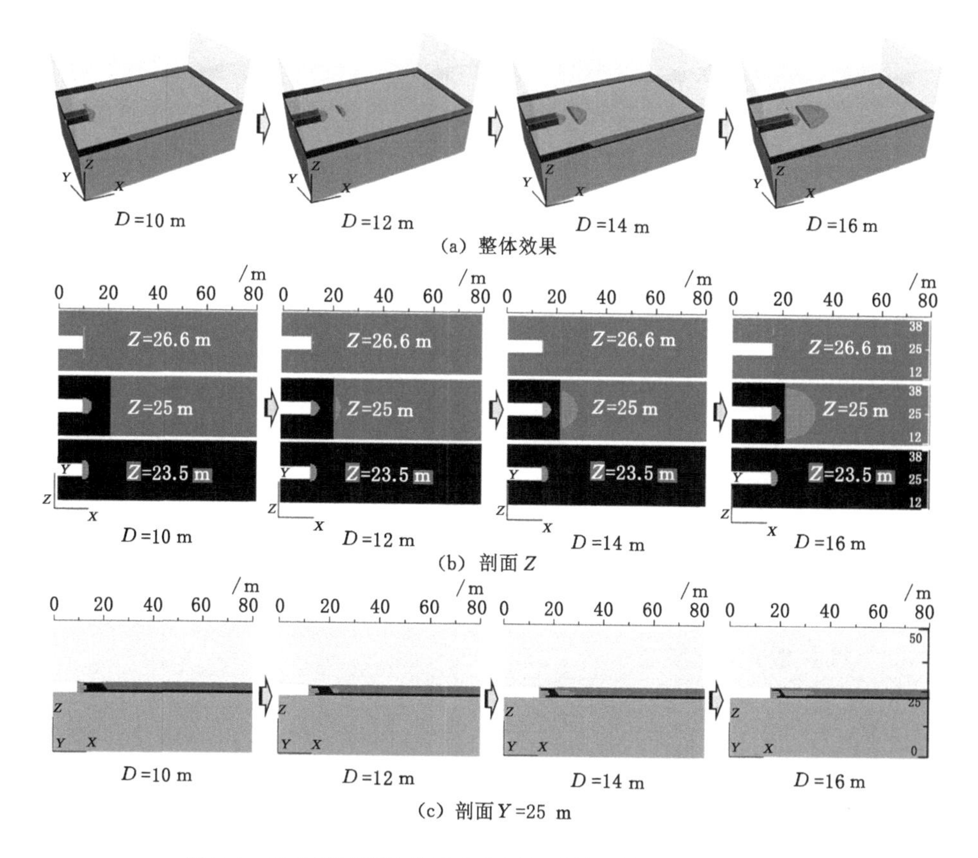

图 5-6　掘进面过硬软分层变化区域时的塑性区形态演化特征

度为 4.0 m,非连续段塑性区宽度为 8.0 m,产生的非连续距离为 2.5 m;当掘进工作面推进距离为 16 m 时,掘进工作面前方塑性区的宽度为 4.0 m,非连续段塑性区宽度为 13.0 m,产生的非连续距离为 0.5 m。

掘进工作面推进过程中,$Z=26.6$ m 剖面上正前方岩体中塑性区整体呈现"细矩形"分布,$Z=23.5$ m 剖面上正前方岩体中塑性区整体呈现"左开口抛物线"分布,$Z=25$ m 剖面上正前方煤岩体中塑性区整体形态也呈现"左开口抛物线"分布,且其前方非连续的软分层变厚区也出现了"左开口抛物线"分布的塑性区,且前者塑性区抛物线的开口明显小于前者。

掘进工作面推进位置为 10 m 时,$Y=25$ m 剖面上掘进面前方煤体中塑性区整体呈现"右凸形"分布。当推进距离为 12 m、14 m 和 16 m 时,$Y=25$ m 剖面上掘进面前煤体中塑性区仍整体呈现"右凸形"分布,且其前方非连续的软分层变厚区中也出现了"类矩形"分布的塑性区;随着推进距离的增大,掘进头前方变厚区“类矩形”分布的塑性区长度逐渐增大。

掘进面过硬软分层变化区域时，掘进面前方相继会出现“半椭球”形单塑性区—“双半椭球”形非连续双塑性区—“双半椭球”形连续单塑性区。基于当前的数值模拟模型，当推进距离小于 10 m 时，掘进面前方塑性区只会分布在煤层中，整体呈现“半椭球”形分布；掘进面前方变厚的软分层中没有任何塑性区。当掘进位置在 10～15 m 时，塑性区不仅分布于掘进面正前方的煤岩体中，还分布于掘进面前方不连续软分层中，其整体形态呈现为“双半椭球”。具体地，掘进工作面前方不连续的软分层变厚区的“半椭球”塑性区体积显著大于掘进工作面正前方煤岩体中“半椭球”塑性区的体积。需要指出：在此过程中，掘进工作面正前方的煤岩体中塑性区体积呈现先增大后减小的变化曲线，且在掘进距离为 13 m 时达到最大值，其数值为 55 m^3。然后，掘进面前方不连续的软分层变厚区中塑性区的体积却呈现出递增的变化趋势，使得右侧“半椭球”塑性区的分布范围也逐渐扩大。当推进距离为 15 m 时，掘进面前方煤岩体中的塑性区与非连续区域中的塑性区相互贯通，即前者的“小半椭球”顶部与后者的“大半椭球”底部相互连接。

5.1.3.4 煤层厚度变化模型

图 5-7 所示为掘进面过煤层厚度变化区域过程中煤岩体中塑性区的演化特征，其中图 5-7(a)为掘进面过煤层厚度变化区域时煤岩体塑性区演化的整体效果图，图 5-7(b)为掘进面过煤层厚度变化区域时 $Z=30$ m 和 $Z=24.5$ m 剖面煤岩体塑性区演化图，图 5-7(c)为掘进面过煤层厚度变化区域时 $Y=25$ m 剖面煤岩体塑性区演化图。图 5-7 中 D 表示掘进工作面的推进位置。

从图中可以看出：当掘进工作面的推进距离为 9 m 时，掘进工作面前方塑性区的宽度为4.0 m；当掘进工作面推进距离为 11 m 时，掘进工作面前方塑性区的宽度为4.0 m，非连续段塑性区宽度为 2.5 m，产生的非连续距离为 9.0 m；当掘进工作面推进距离为 13 m 时，掘进工作面前方塑性区的宽度为 4.0 m，非连续段塑性区宽度为 5.2 m，产生的非连续距离为 5.8 m；当掘进工作面推进距离为 15 m 时，掘进工作面前方塑性区的宽度为 4.0 m，非连续段塑性区宽度为 7.5 m，产生的非连续距离为 3.0 m。

掘进工作面推进过程中，$Z=30$ m 剖面上正前方岩体中无任何塑性区分布，而其前方不连续的厚层煤体却出现了塑性区，且整体呈现扁状“左开口抛物线”分布。$Z=23.5$ m 剖面上正前方煤体中塑性区始终呈现“左开口抛物线”分布。且其开口随着掘进距离的增大逐渐减小。

掘进工作面推进过程中，$Y=25$ m 剖面上掘进面前方薄层煤体中塑性区始终呈现“倒梯形”分布。在此过程中，$Y=25$ m 剖面上掘进面前方厚层煤体

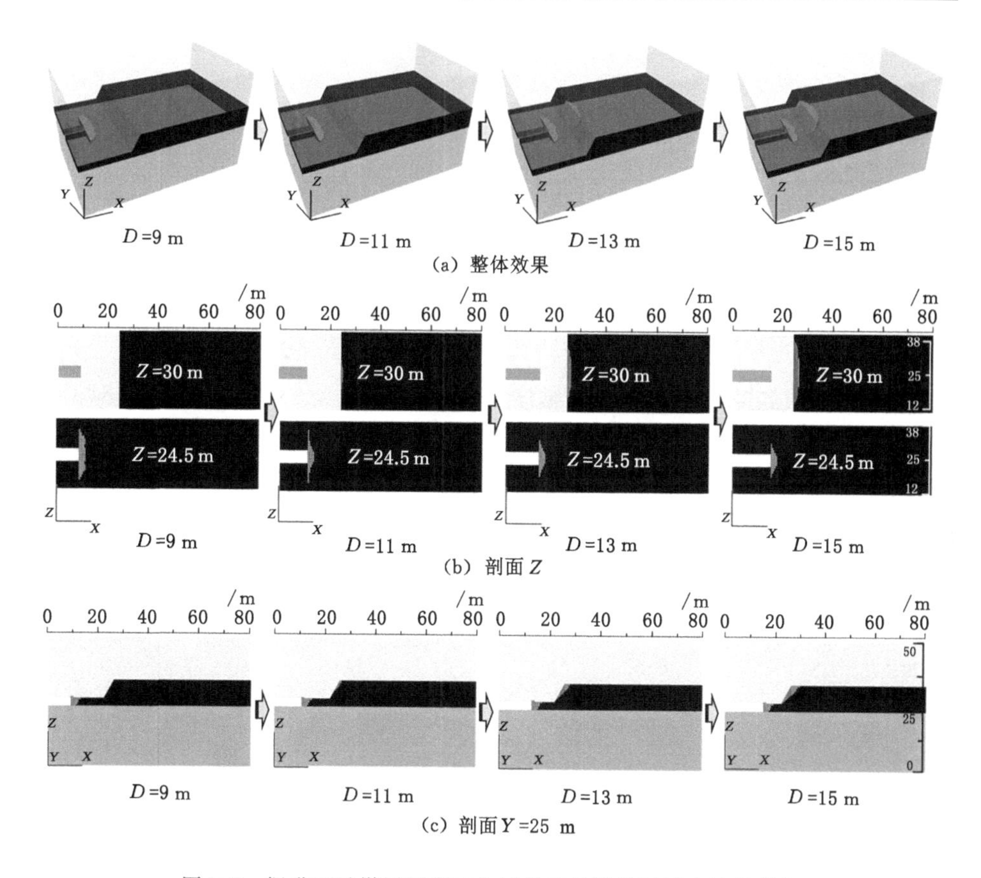

图 5-7　掘进面过煤层厚度变化区域时的塑性区形态演化特征

中塑性区整体呈现“三角形”分布，且其分布面积随着推进距离的增加而逐渐增大。

掘进面过煤层厚度变化区域时，掘进面前方相继会出现“半椭球”形单塑性区—“双半椭球”形非连续双塑性区—“双半椭球”形连续单塑性区。基于当前的数值模拟模型，当推进距离为 9 m 时，掘进面前方塑性区只会分布在薄层煤体中，其体积为 113.7 m^3，整体呈现“半椭球”形分布；掘进面前方的厚层煤体中没有任何塑性区。当掘进距离为 10～15 m 时，塑性区不仅分布于掘进面正前方的薄层煤体中，还分布于掘进面前方不连续厚层煤体中，其整体形态呈现出“双半椭球”。具体地，掘进工作面前方不连续的厚层煤体“半椭球”塑性区体积显著大于掘进工作面正前方薄层煤体中“半椭球”塑性区的体积。需要指出的是，在此过程中，掘进工作面正前方的薄层煤体中塑性区体积呈现先减小后增大的变化曲线，且在掘进距离为 15 m 时达到最小值，其数值为

91.8 m^3。然后，掘进面前方不连续的厚层煤体中塑性区的体积呈现出递增的变化趋势，使得右侧“半椭球”塑性区的分布范围也逐渐扩大，最终两处塑性区贯通。

5.2 掘进面过硬-软变化区域时非连续塑性区演化特征

上文对掘进面过硬软变化区域时的塑性区空间形态特征进行了分析，本节对掘进面前方塑性区的范围(体积)演化规律进行探讨。

5.2.1 硬煤-软煤变化区域时非连续塑性区演化特征

在计算结果中取模型Ⅰ在掘进面不同位置处前方塑性区的体积数据，图 5-8 所示为掘进面过硬煤-软煤变化区域过程中煤岩体中塑性区的演化规律。图中 V 表示掘进面前方总体积，V_1 表示掘进面前方硬煤塑性区体积，V_2 表示非连续段体积。硬软煤分界面位置在 $D=28$ m 处，从图中可以看出：在掘进工作面的推进过程中，过硬煤-软煤变化区域时非连续塑性区演化可以分为四个阶段：

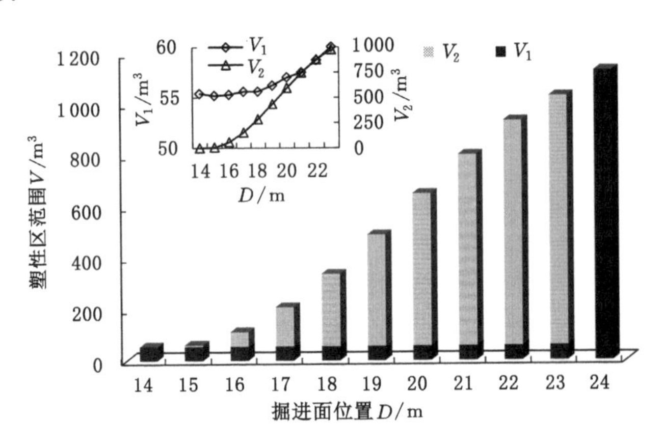

图 5-8 掘进面过硬煤-软煤变化区域时的塑性区范围演化规律

(1) 阶段Ⅰ：无非连续塑性区阶段。从模型边界开始推进，当掘进工作面推进距离为 14 m 时，距离硬软煤分界面还有 14 m，此时掘进面前方塑性区的总体积 V 为 55.4 m^3，前方硬煤塑性区体积 V_1 为 55.4 m^3，非连续段体积 V_2 为 0，此阶段中掘进头前方塑性区体积略有波动，但变化不大。

(2) 阶段Ⅱ：非连续塑性区缓慢增长阶段。掘进面继续向前推进，当掘进工作面推进距离为 15 m 时，掘进面前方塑性区的总体积 V 会由 55.4 m^3 增加到

61.5 m^3，增幅为 11.01%。掘进面前方硬煤塑性区体积 V_1 会由 55.4 m^3 减小到 55.2 m^3，非连续段体积 V_2 会由 0 增加到 6.3 m^3，占比增加到 10.24%。

(3) 阶段Ⅲ：非连续塑性区线性扩展阶段。当掘进工作面推进距离由 15 m 处推进至 17 m 处时，掘进面前方塑性区的总体积 V 会由 61.5 m^3 增加到 208.4 m^3，增幅分别为 82.76%和 85.40%。掘进面前方硬煤塑性区体积 V_1 会由 55.2 m^3 增加到 55.6 m^3，非连续段体积 V_2 会由 6.3 m^3 增加到 152.8 m^3，占比增加到 70.32%。当掘进工作面推进距离由 17 m 处推进至 23 m 处时，掘进面前方塑性区的总体积 V 会由 208.4 m^3 增加到 1 033.4 m^3，增幅分别为 62.14%、45.52%、32.60%、23.22%、16.44%和 10.47%。掘进面前方硬煤塑性区体积 V_1 会由 55.6 m^3 增加到 60.0 m^3，非连续段体积 V_2 会由 152.8 m^3 增加到973.0 m^3，占比增加到 94.13%。此时距离硬软煤分界面还有 5 m，两处塑性区距离相近，接近贯通。

(4) 阶段Ⅳ：非连续塑性区贯通阶段。当掘进工作面推进距离为 24 m 处时，此时距离硬软煤分界面还有 4 m，掘进面前方塑性区的总体积 V 为 1 132.80 m^3，掘进面前方硬煤塑性区体积 V_1 为1 132.80 m^3，两处塑性区贯通，非连续段体积 V_2 为 0。

需要指出：掘进面过硬煤-软煤变化区域时，随着掘进面的推进前方塑性区会经历单一塑性区—出现非连续塑性区—非连续塑性区急剧扩展—非连续塑性区贯通等演化阶段，在整个演化过程中，掘进头前方硬煤塑性区体积 V_1 几乎不变(最小 55.4 m^3，最大 61.5 m^3，只变化了 6.1 m^3)，而非连续塑性区体积 V_2 呈现出急速增长趋势，且掘进头前方硬煤塑性区体积 V_1 远小于非连续段体积 V_2。因此，掘进面过硬煤-软煤变化区域时，主要是非连续塑性区体积 V_2 出现急剧增长。

5.2.2　掘进面过石门揭煤时塑性区演化特征

在计算结果中取模型Ⅱ在掘进面不同位置处的前方塑性区的体积数据，图 5-9 所示为石门揭煤过程中煤岩体中塑性区的演化特征。图中 V 表示掘进面前方总体积，V_1 表示掘进面前方岩体中塑性区体积，V_2 表示非连续段体积。煤岩分界面位置在 D=33 m 处。从图中可以看出，在掘进工作面的推进过程中，石门揭煤时非连续塑性区演化可以分为四个阶段。

(1) 阶段Ⅰ：无非连续塑性区阶段。从掘进伊始推进至掘进面位置 20 m 处，此时距离煤岩分界面还有 13 m，掘进面前方塑性区的总体积 V 为 12.1 m^3，前方硬煤塑性区体积 V_1 为 12.1 m^3，非连续段体积 V_2 为 0。此阶段中掘进头前方塑性区体积略有波动，但变化不大。

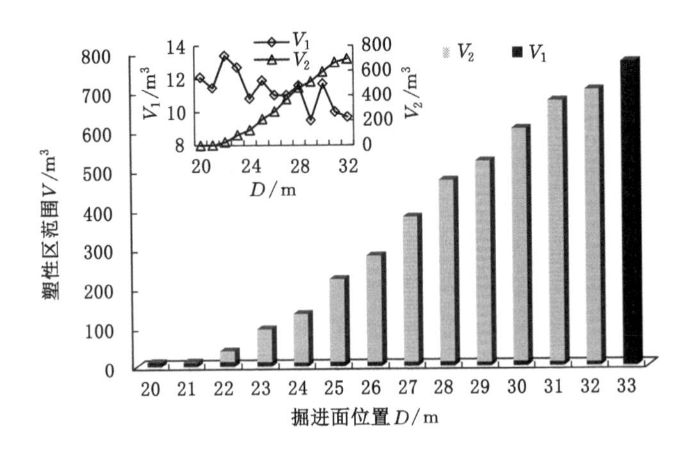

图 5-9　掘进面过石门揭煤时的塑性区范围演化规律

(2) 阶段Ⅱ:非连续塑性区缓慢增长阶段。随着掘进面继续向前推进,当掘进工作面推进距离为 21 m 处时,掘进面前方塑性区的总体积 V 会由 12.1 m^3 增加到 13.2 m^3,增幅为 9.09%。掘进面前方岩体塑性区体积 V_1 会由 12.1 m^3 减小到 11.45 m^3,非连续段体积 V_2 会由 0 增加到 1.75 m^3,占比增加到 13.26%。

(3) 阶段Ⅲ:非连续塑性区线性扩展阶段。当掘进工作面推进距离由 21 m 处推进至 22 m 处时,掘进面前方塑性区的总体积 V 会由 13.2 m^3 增加到 40.4 m^3,增幅为 206.06%。掘进面前方硬岩塑性区体积 V_1 会由 11.45 m^3 增加到 13.4 m^3,非连续段体积 V_2 会由 1.75 m^3 增加到 27.0 m^3,占比增加到 66.83%。当掘进工作面推进距离从 22 m 处推进 32 m 处时,掘进面前方塑性区的总体积 V 会由 40.4 m^3 增加到 702.7 m^3,增幅分别为 136.88%、39.81%、65.84%、26.63%、35.30%、24.38%、10.21%、15.75%、11.72%和 4.26%。掘进面前方硬岩塑性区体积 V_1 基本稳定,由 13.4 m^3 减小到 9.7 m^3,非连续段体积 V_2 由 27.0 m^3 增加到 693.0 m^3。此时距离揭煤只剩 1 m,两处塑性区几乎接近贯通。

(4) 阶段Ⅳ:非连续塑性区贯通阶段。当掘进工作面推进距离为 33 m 处时,此时掘进面到达煤岩分界面,掘进面前方塑性区的总体积 V 等于 V_1 为 773.8 m^3,非连续段体积 V_2 为 0。此时煤层揭露,塑性区贯通。

需要指出的是,掘进面过石门揭煤时,随着掘进面的推进,前方塑性区会经历单一塑性区—出现非连续塑性区—非连续塑性区急剧扩展—非连续塑性区贯通等演化阶段,在整个演化过程中,掘进头前方硬岩塑性区体积 V_1 几乎不变(在小的范围内波动变化),非连续塑性区体积 V_2 呈现出急速增长趋势,且掘进头前方硬煤塑性区体积 V_1 远小于非连续段体积 V_2。因此,石门揭煤时,掘进头前方主要是非连续塑性区体积 V_2,出现急剧增长。

5.2.3 掘进面过硬软分层变化区域时塑性区演化特征

在计算结果中取模型Ⅲ在掘进面不同位置处的前方塑性区的体积数据,图 5-10 所示为掘进面过硬软分层变化区域时煤岩体中塑性区的演化特征。图中 V 表示掘进面前方总体积,V_1 表示掘进面前方硬煤塑性区体积,V_2 表示非连续段体积。硬软分层变化位置在 $D=20$ m 处,从图中可以看出:在掘进工作面的推进过程中,过硬软分层变化区域时非连续塑性区演化可以分为四个阶段。

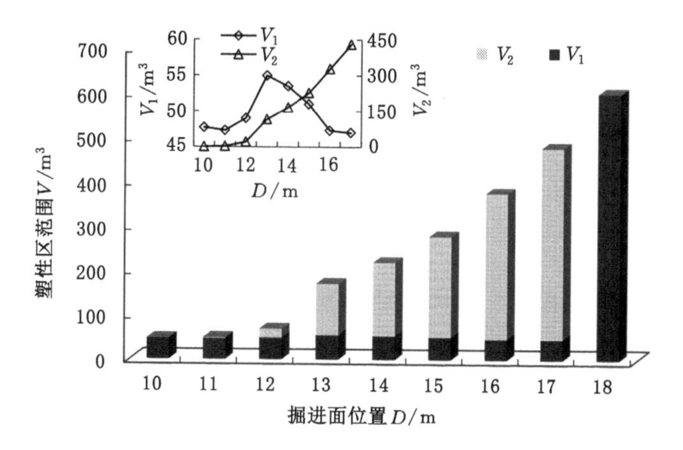

图 5-10 掘进面过硬软分层变化区域时的塑性区范围演化规律

(1) 阶段Ⅰ:无非连续塑性区阶段。从掘进伊始推进至掘进面距离为 10 m 处,此时距离硬软分层变化位置还有 10 m,掘进面前方塑性区的总体积 V 为 47.7 m^3,前方硬煤塑性区体积 V_1 为 47.7 m^3,非连续段体积 V_2 为 0。此阶段中掘进头前方塑性区体积略有波动,但变化不大。

(2) 阶段Ⅱ:非连续塑性区缓慢增长阶段。当掘进工作面推进距离为 11 m 处,掘进面前方塑性区的总体积 V 会由 47.7 m^3 增加到 49.3 m^3,增幅为3.35%。掘进面前方硬煤塑性区体积 V_1 会由 47.7 m^3 减小到 47.3 m^3,非连续段体积 V_2 会由 0 增加到 2 m^3,占比增加到 4.06%。

(3) 阶段Ⅲ:非连续塑性区线性扩展阶段。当掘进工作面推进距离从 11 m 处推进 13 m 处时,掘进面前方塑性区的总体积 V 会由 49.3 m^3 增加到 170.7 m^3,增幅分别为 40.37%和 146.68%。掘进面前方硬煤塑性区体积 V_1 会由47.3 m^3增加到 55.0 m^3,非连续段体积 V_2 会由 2 m^3 增加到 115.7 m^3,占比增加到67.78%。当掘进工作面推进距离由13 m处推进至17 m处时，掘进面前方塑性区的总体积V会由170.7 m^3增加到478 m^3，增幅分别为28.30%、27.21%、34.85%和27.23%。掘进面前方硬煤塑性区体积V_1会由55.0 m^3减小到47.0 m^3，非连续段体积V_2会由115.7 m^3增加到431.0 m^3，占比增加到90.17%。此时距离硬软分层变化分界面还有3 m，两处塑性区距离相近，接近贯通。

(4) 阶段Ⅳ：非连续塑性区贯通阶段。当掘进工作面推进距离到18 m处时，距离硬软分层变化分界面还有2 m，掘进面前方塑性区的总体积V等于V_1为601.7 m^3。两处塑性区贯通，非连续段体积V_2为0。

需要指出：掘进面过硬软分层变化区域时，随着掘进面的推进前方塑性区会经历单一塑性区—出现非连续塑性区—非连续塑性区急剧扩展—非连续塑性区贯通等演化阶段，在整个演化过程中，掘进头前方硬煤塑性区体积V_1几乎不变（在小范围内先增大后减小），非连续塑性区体积V_2呈现出急速增长趋势，且掘进头前方硬煤塑性区体积V_1远小于非连续段体积V_2。因此，掘进面过硬软分层变化区域时，主要是非连续塑性区体积V_2出现急剧增长。

5.2.4 掘进面过煤层厚度变化区域时塑性区演化特征

在计算结果中取模型Ⅳ在掘进面不同位置处的前方塑性区的体积数据，图5-11所示为掘进面过煤层厚度变化区域时煤岩体中塑性区的演化特征。图中V表示掘进面前方总体积，V_1表示掘进面前方硬煤塑性区体积，V_2表示非连续段体积。煤层厚度变化位置在$D=22$ m处，从图中可以看出，在掘进工作面的推进过程中，过煤层厚度变化区域时非连续塑性区演化可以分为四个阶段：

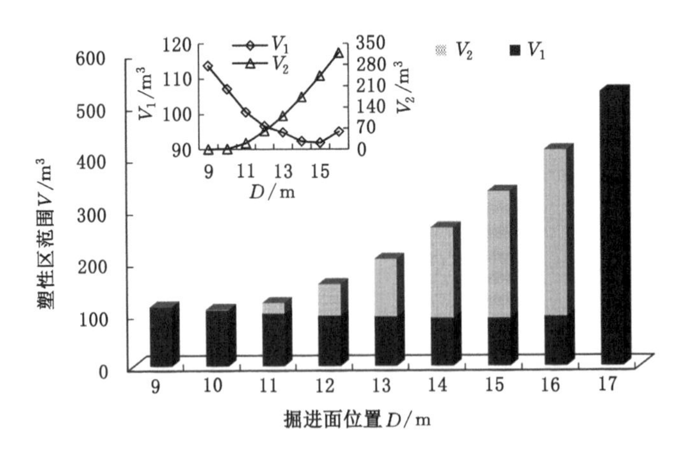

图5-11 掘进面过煤层厚度变化区域时的塑性区范围演化规律

(1) 阶段Ⅰ:无非连续塑性区阶段。从掘进伊始推进至掘进面位置为 9 m 处,此时距离煤层变厚位置还有 13 m,掘进面前方塑性区的总体积 V 为 113.7 m^3,掘进头位置处塑性区体积 V_1 为 113.7 m^3,非连续段体积 V_2 为 0。此阶段中掘进头前方塑性区体积略有波动,但变化不大。

(2) 阶段Ⅱ:非连续塑性区缓慢增长阶段。当掘进面推进距离到 11 m 处时,掘进面前方塑性区的总体积 V 会由 113.7 m^3 增加到 118.4 m^3,增幅分别为 4.12%和 2.20%。掘进头位置处塑性区体积 V_1 会由 113.7 m^3 减小到 107.15 m^3,非连续段体积 V_2 会由 0 增加到 1.25 m^3,占比增加到 1.15%。

(3) 阶段Ⅲ:非连续塑性区线性扩展阶段。当掘进工作面推进距离从 11 m 处推进至 13 m 处时,掘进面前方塑性区的总体积 V 会由 118.4 m^3 增加到 205.7 m^3,增幅分别为 29.59%和 31.19%。掘进头位置处塑性区体积 V_1 由 107.15 m^3 减小到 94.8 m^3,非连续段体积 V_2 会由 1.25 m^3 增加到 110.8 m^3,占比增加到 53.91%。当掘进工作面推进距离为从 13 m 处推进至 16 m 处时,掘进面前方塑性区的总体积 V 会由 205.7 m^3 增加到 413.9 m^3,增幅分别为 28.93%、26.24%和 23.63%。掘进头位置处塑性区体积 V_1 会由 94.8 m^3 增加到 95.0 m^3,非连续段体积 V_2 会由 110.8 m^3 增加到 318.9 m^3,占比增加到77.05%。此时距离煤层厚度变化位置还有 6 m,两处塑性区距离相近,接近贯通。

(4) 阶段Ⅳ:非连续塑性区贯通阶段。当掘进工作面推进距离到 17 m 处时,距离煤层厚度变化位置还有 5 m,掘进面前方塑性区的总体积 V 等于 V_1 为 526.3 m^3,两处塑性区贯通,非连续段体积 V_2 为 0。

需要指出:掘进面过煤层厚度变化区域时,随着掘进面的推进前方塑性区会经历单一塑性区—出现非连续塑性区—非连续塑性区急剧扩展—非连续塑性区贯通等演化阶段,在整个演化过程中,掘进头位置塑性区体积 V_1 几乎不变(在小范围内先增大后减小),非连续塑性区体积 V_2 呈现出急速增长趋势,且掘进头位置塑性区体积 V_1 远小于非连续段体积 V_2。因此,掘进面过煤层厚度变化区域时,主要是非连续塑性区体积 V_2 出现急剧增长。

5.3 掘进面过硬-软变化区域时的孕灾过程分析

以上研究发现,掘进面过硬-软变化区域时,随着掘进面的推进,前方塑性区会经历单一塑性区—出现非连续塑性区—非连续塑性区急剧扩展—非连续塑性区贯通 4 个演化阶段,在整个演化过程中,掘进头位置处塑性区体积 V_1 变化幅度很小,非连续塑性区体积 V_2 呈现出急速增长趋势,且当掘进面推进至距离硬软分界面某一位置处时,大范围非连续塑性区会被掘进头前方塑性区连通。

在非连续塑性区形成演化过程中，其范围内煤岩体破坏产生的裂隙增多，吸附瓦斯会大量解吸，可将其看作一个封闭式的“瓦斯包”。非连续塑性区范围会随着掘进面的持续推进不断扩展，“瓦斯包”的体积也就不断增大，当封闭式的非连续塑性区与掘进面前方塑性区贯通时，“瓦斯包”也会随之被突然打破而与工作面形成贯通，其内储存的能量会被快速释放，如果“瓦斯包”内的能量足够大，破坏的煤岩体便会在瓦斯的裹挟下产生动力失稳。因此，掘进面过硬-软变化区域时非连续塑性区的形成与演化决定了掘进面前方“瓦斯包”的孕育程度，即非连续塑性区的范围决定了“瓦斯包”的容积。

掘进面过硬煤-软煤变化区域过程中，非连续塑性区在掘进面推进至 15 m 处出现，在掘进面推进至 24 m 处贯通，在推进步距为 9 m 的情况下，非连续塑性区由 0 增长至 973.0 m^3，在此过程中掘进面前方将形成巨大“瓦斯包”；掘进面石门揭煤过程中，非连续塑性区在掘进面推进至 21 m 处出现，在掘进面推进至 33 m 处贯通，在推进步距为 12 m 的情况下，非连续塑性区由 0 增长至 693.0 m^3，在此过程中掘进面前方将形成巨大“瓦斯包”；掘进面过硬软分层变化区域过程，非连续塑性区在掘进面推进至 11 m 处出现，在掘进面推进至 18 m 处贯通，在推进步距为 7 m 的情况下，非连续塑性区由 0 增长至 431.0 m^3，在此过程中掘进面前方将形成较大“瓦斯包”；掘进面过煤层厚度变化区域过程，非连续塑性区在掘进面推进至 10 m 处出现，在掘进面推进至 17 m 处贯通，在推进步距为 7 m 的情况下，非连续塑性区由 0 增长至 318.9 m^3，在此过程中掘进面前方将形成较大“瓦斯包”。

通过横向对比四个模型的计算结果发现，在区域应力状态、围岩强度基本相同的情况下，掘进面过不同硬-软变化地质结构模型时，非连续塑性区的形成与演化的阶段不同，最终孕育“瓦斯包”的大小也不相同。掘进面过硬煤-软煤变化区域和石门揭煤过程中，相比其他两个模型，从产生非连续塑性区到最终贯通过程中掘进面推进的步距更长，故非连续塑性区的演化的阶段也更长，“瓦斯包”孕育的过程更加隐蔽，非连续塑性区扩展的体积更大，“瓦斯包”可积蓄的能量就更多，因而发生突出的风险性更大。

5.4 硬-软变化区域非连续塑性区形成的力学机制

5.4.1 硬-软变化区域岩体的简化孔洞力学模型

突出危险区域掘进巷道围岩处在三向不等压应力环境中，由于三向不等压条件的复杂性，目前的数学和力学手段尚无法对三维空间模型的采动应力分布进行理论计算。因此,为获得三维应力条件下采动应力的理论解析,对模型做出简化,假设条件如下:① 计算单位为无自重单元体,不计由于巷道开挖而产生的重力变化;② 为了分析方便,按平面问题,开挖圆形孔洞作为计算模型,分析不同区域应力状态下孔洞开挖后的采动应力分布特征。依据弹塑性力学中平面应变的孔洞问题,参照突出危险区域掘进巷道围岩应力场的一般特征,运用弹性力学理论,可以得出双向非等压条件下,巷道围岩任意一点的应力状态为公式(5-1)。

$$\begin{cases}\sigma_r = \dfrac{P}{2}\left[(1+\lambda)\left(1-\dfrac{a^2}{r^2}\right)+(\lambda-1)\left(1-4\dfrac{a^2}{r^2}+3\dfrac{a^4}{r^4}\right)\cos 2(\theta-\alpha)\right] \\ \sigma_\theta = \dfrac{P}{2}\left[(1+\lambda)\left(1+\dfrac{a^2}{r^2}\right)-(\lambda-1)\left(1+3\dfrac{a^4}{r^4}\right)\cos 2(\theta-\alpha)\right] \\ \tau_{r\theta} = \dfrac{P}{2}\left[(1-\lambda)\left(1+2\dfrac{a^2}{r^2}-3\dfrac{a^4}{r^4}\right)\sin 2(\theta-\alpha)\right]\end{cases} \tag{5-1}$$

式中:σ_θ、σ_r、$\tau_{r\theta}$分别为围岩中任意点的径向应力、环向应力和剪应力,MPa;r、θ 为任一点的极坐标;a 为巷道半径,m;P 为区域最大主应力,MPa;α 为区域最大主应力与竖直方向的夹角(顺时针为正值);λ 为区域最小与最大主应力的比值。

平面应变的孔洞理论分析模型其介质满足均质、连续、各向同性的基本假设,同时,孔洞周边围岩的应力分布也满足弹性力学中孔洞周围应力分布的精确解,见式(5-1)。为了简化硬-软变化区域岩体中孔洞围岩应力分布与塑性区边界的求解,建立的力学模型如图 5-12 所示,特依据上述基本假设进行如下两个假设:第一,假设弹性状态下的围岩应力分布解析式与式(5-1)相同;第二,孔洞围岩塑性区的形成只与围岩弹性应力状态和强度参数有关,也就是说,孔洞围岩任意一点 $A(r,\theta)$是否破坏仅仅取决于该点的弹性应力状态和强度参数,而与塑性区的形成过程无关。需要进一步注明的是,模型中的软岩体是指其强度参数低于周边岩体的一种岩体,软仅指其相对强度低,并非绝对意义上的软岩,并且在孔洞开挖前,即原岩应力状态下软岩体并未发生强度破坏。

5.4.2 硬-软变化区域岩体中孔洞围岩塑性区边界形态

依据图 5-12 所示的力学模型,指定围岩内任意一点 $A(r,\theta)$是处于弹性状态还是处于塑性状态,可以应用莫尔-库仑准则进行判断,如公式(5-2)和图 5-13所示。点 $A(r,\theta)$的应力状态采用莫尔应力圆来表示,当莫尔应力圆与强度包络线之间不存在交点时(见莫尔应力圆 1),则 A 点的围岩处于弹性状态;若莫尔应力圆与强度包络线之间相切和相割(见莫尔应力圆 2 和 3),则 A 点的

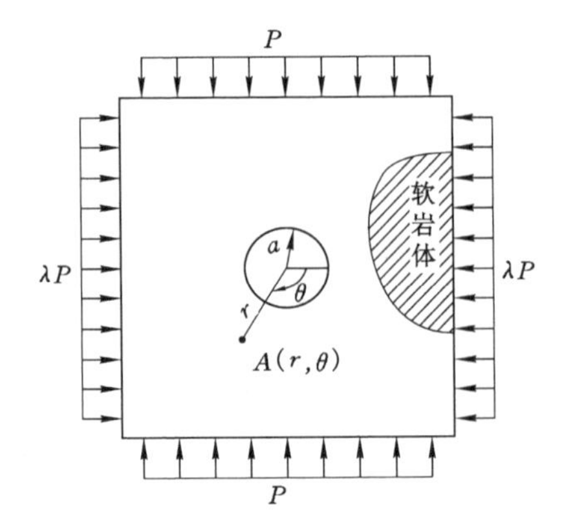

图 5-12 硬-软变化区域岩体的简化孔洞力学模型

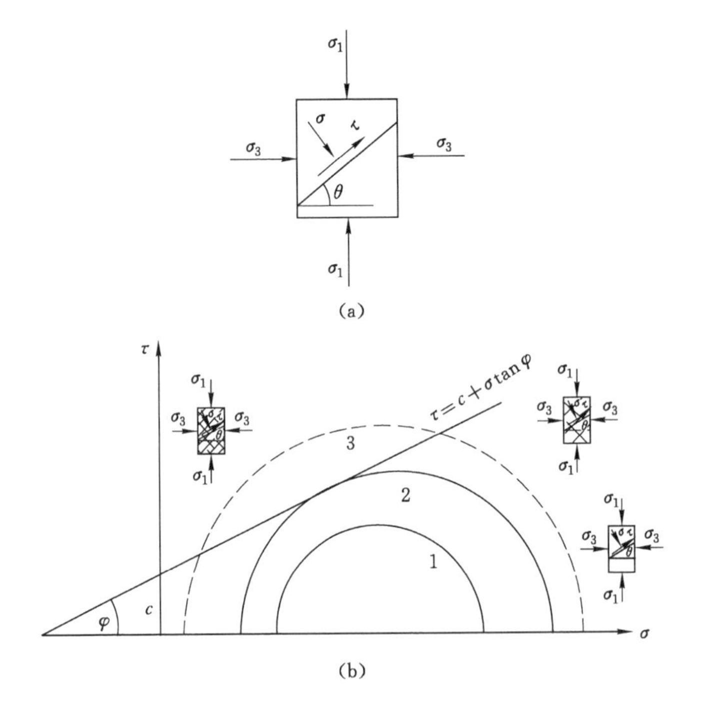

图 5-13 围岩应力状态与强度曲线

围岩处于塑性破坏状态。

$$\tau - C_{r\theta} + \sigma \tan \varphi_{r\theta} \geqslant 0 \tag{5-2}$$

式中：τ 为切应力，MPa；σ 为正应力，MPa；$C_{r\theta}$ 为巷道周边极坐标(r,θ)处含瓦斯煤岩体的内聚力，MPa；$\varphi_{r\theta}$ 为巷道周边极坐标(r,θ)处含瓦斯煤岩体的内摩擦角，(°)。

如果将孔洞围岩中摩尔应力圆与强度包络线相切的点连接起来，则可获得孔洞围岩塑性区边界曲线。

由于式(5-1)表示巷道开挖后围岩任意一点的应力状态，式(5-2)为莫尔-库仑准则的强度包络线，基于已有文献的塑性区边界近似计算方法[62]，将该两式联立求解，可推导出硬-软变化区域岩体中孔洞围岩塑性区边界曲线的隐性方程：

$$\begin{aligned}&9(1-\lambda)^2(\frac{a}{R})^8-[12(1-\lambda)^2+6(1-\lambda^2)\cos 2(\theta-\alpha)](\frac{a}{R})^6+\\&\{2(1-\lambda)^2[\cos^2 2(\theta-\alpha)(5-2\sin^2\varphi_{r\theta})-\sin^2 2(\theta-\alpha)]+\\&(1+\lambda)^2+4(1-\lambda^2)\cos 2(\theta-\alpha)\}(\frac{a}{R})^4-\\&[4(1-\lambda)^2\cos 4(\theta-\alpha)+2(1-\lambda^2)\cos 2(\theta-\alpha)(1-2\sin^2\varphi_{r\theta})-\\&\frac{4}{P}(1-\lambda)\cos 2(\theta-\alpha)\sin 2\varphi_{r\theta}C_{r\theta}](\frac{a}{R})^2(1-\lambda)^2-\\&\sin 2\varphi_{r\theta}\left(1+\lambda+\frac{2C_{r\theta}}{P}\frac{\cos\varphi_{r\theta}}{\sin\varphi_{r\theta}}\right)^2=0\end{aligned}\tag{5-3}$$

式中：$C_{r\theta}$、$\varphi_{r\theta}$分别为极坐标下巷道围岩(r,θ)处含瓦斯煤岩体的内聚力和内摩擦角，R 为巷道围岩的径向塑性区边界。

在孔洞最大主应力 P、最大主应力 P 与竖直方向的夹角α(顺时针为正值)、最小与最大主应力的比值λ、孔洞半径 a、孔洞围岩不同位置(r,θ)处的内聚力$C_{r\theta}$和内摩擦角 $\varphi_{r\theta}$都给定的情况下，即可确定硬-软变化区域孔洞围岩的塑性区边界位置。由于表达式(5-3)存在与实际情况有一定差别的基本假设，所以其计算结果只能是孔洞围岩塑性区分布的近似解，但可以利用该计算方法对孔洞围岩塑性区分布的一般规律进行探索。

由硬-软变化区域岩体中孔洞围岩塑性区边界方程式(5-3)，通过编制可视化软件可以绘制围岩塑性区理论计算形态图。为了验证理论计算的可靠性，本书分别对比分析了均质硬岩体和硬-软变化区域岩体下理论计算与数值模拟($FLAC^{3D}$)的计算结果。理论计算与数值模拟采用相同的围岩参数，均质硬岩体模型的岩石力学参数为$C_{硬}=3$ MPa，$\varphi_{硬}=25°$；硬-软变化区域岩体模型中硬岩参数为$C_{硬}=3$ MPa，$\varphi_{硬}=25°$；软岩参数为$C_{软}=2$ MPa，$\varphi_{软}=20°$。d 表示硬岩和软岩分界线与孔洞中心线的距离，在本硬-软变化区域岩体模型中 d 取6 m。控制模型区域最大主应力一定为 20 MPa，计算不同主应力比值条件下($\lambda=1$、

0.8、0.4)孔洞围岩塑性区形态,计算结果如图 5-14 所示。

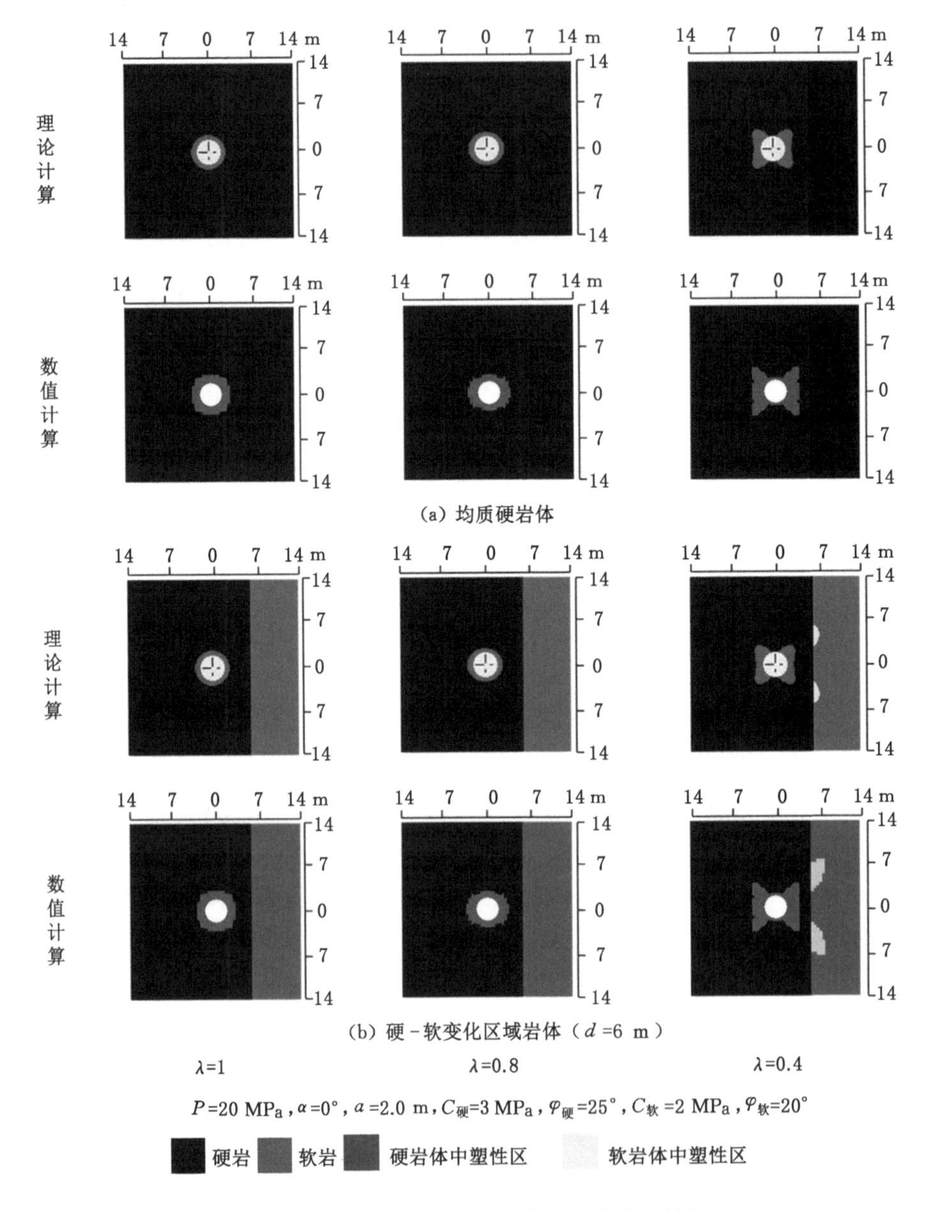

图 5-14　孔洞围岩塑性区理论计算与数值模拟结果对比

由图可得两种模型下理论计算结果与数值模拟计算结果基本吻合。在均质围岩中,当模型处于等压条件下时,孔洞围岩塑性区形态呈圆形,如图 5-14(a)

$\lambda=1$ 所示；随着区域主应力比值增大，当 $\lambda=0.8$ 时围岩塑性区呈椭圆形，此时，塑性区边界的长轴在最小主应力方向，短轴在最大主应力方向，如图 5-14(a)的计算结果所示；随着双向压力比值的继续增大，当 $\lambda=0.4$ 时塑性区边界开始向最大、最小主应力角平分线方向转移，并逐渐呈现出蝶形分布的特征，如图 5-14(a)的计算结果所示，塑性区最小破坏深度在竖直方向，最大破坏深度分别位于孔洞顶部两肩角以及底部两底角的位置处。

在硬-软变化区域岩体中，双向等压条件下，孔洞围岩塑性区形态为圆形，如图 5-14(b)$\lambda=1$ 时的计算结果所示，硬-软变化区域岩体围岩塑性区与均质硬岩体围岩塑性区形态近似；双向压力比值差别不大时，孔洞围岩塑性区形态近似为椭圆形如图 5-14(b)$\lambda=0.8$ 时的计算结果所示，硬-软变化区域岩体围岩塑性区与均质硬岩体围岩塑性区形态近似；随着双向压力比值的减小，最大塑性区边界开始向孔洞的两肩角及底角位置转移，并逐渐呈现出蝶形分布的特征，如图 5-14(b)$\lambda=0.4$ 时的计算结果所示，蝶形塑性区边界最小破坏深度在竖直方向，最大破坏深度分布位于靠近软岩侧孔洞顶部肩角及底部底角的位置处，蝶叶塑性区可以跃透过强度较高的硬岩体而在软岩体中继续扩展，因此产生非连续塑性区。

5.4.3 硬-软变化区域非连续塑性区边界的数学表达

根据硬-软变化区域岩体中孔洞围岩塑性区边界曲线的隐性方程式(5-3)，R 为孔洞围岩的径向塑性区边界，由各参量之间的关系可将其简化为用表达式(5-4)来表示，令 $D(R)$ 为孔洞围岩径向塑性区边界 R 所包含的区域，即孔洞围岩塑性区分布区域；令 $R_{硬}$ 为孔洞围岩硬岩体中的径向塑性区边界，可简化为用表达式(5-5)来表示，则 $D(R_{硬})$ 为硬岩体中塑性区边界 $R_{硬}$ 所包含的区域，即孔洞围岩硬岩体中塑性区分布区域；令 $R_{软}$ 为孔洞围岩软岩体中的径向塑性区边界，可简化为用表达式(5-6)来表示，则 $D(R_{软})$ 为软岩体中塑性区边界 $R_{软}$ 所包含的区域，即孔洞围岩软岩体中塑性区分布区域，如图 5-15 所示。

$$R=f(P、\lambda、\alpha、C_{r\theta}、\varphi_{r\theta}、a) \tag{5-4}$$

$$R_{硬}=f(P、\lambda、\alpha、C_{硬r\theta}、\varphi_{硬r\theta}、a) \tag{5-5}$$

式中：$R_{硬}$ 为孔洞围岩硬岩体中的径向塑性区边界，$C_{硬r\theta}$ 为孔洞围岩硬岩体中(r,θ)处的内聚力，$\varphi_{硬r\theta}$ 为孔洞围岩硬岩体中(r,θ)处的内摩擦角。

$$R_{软}=f(P、\lambda、\alpha、C_{软r\theta}、\varphi_{软r\theta}、a) \tag{5-6}$$

式中：$R_{软}$ 为孔洞围岩软岩体中的径向塑性区边界，$C_{软r\theta}$ 为孔洞围岩软岩体中(r,θ)处的内聚力，$\varphi_{软r\theta}$ 为孔洞围岩软岩体中(r,θ)处的内摩擦角。

在硬-软变化区域岩体中，可以将孔洞围岩的径向塑性区边界 R 看作是一

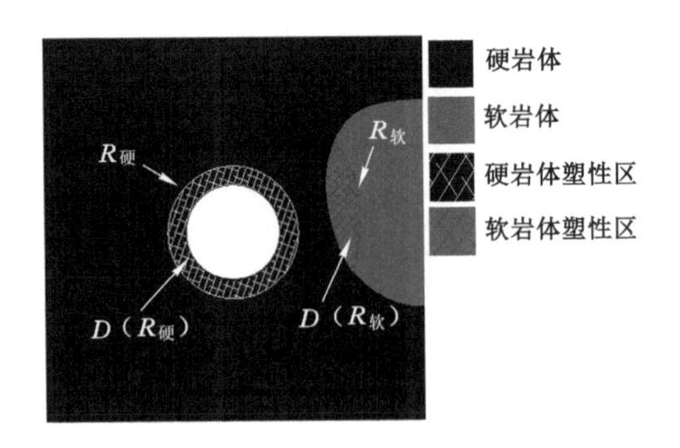

图 5-15　硬-软变化区域非连续塑性区示意图

集合族,其包含硬岩体中塑性区边界 $R_{硬}$ 和软岩体中塑性区边界 $R_{软}$,可以表示为 $R=R_{硬}\cup R_{软}$。同理,若将孔洞围岩塑性区分布区域 $D(R)$ 看作做是一集合族,则 $D(R)$ 包含孔洞围岩硬岩体中塑性区分布区域 $D(R_{硬})$ 和软岩体中塑性区分布区域 $D(R_{软})$,可以表示为 $D(R)=D(R_{硬})\cup D(R_{软})$。

如果孔洞围岩的硬岩体和软岩体中均存在塑性区,也就是说在硬岩体中满足 $R_{硬}\neq\varnothing$ 且 $D(R_{硬})\neq\varnothing$,在软岩体中也满足 $R_{软}\neq\varnothing$ 且 $D(R_{软})\neq\varnothing$,以此为前提条件,分两种情景进行讨论:

情景 1:$R_{软}$ 为非连续塑性区边界,$D(R_{软})$ 为非连续塑性区分布区域。

若硬岩体中塑性区边界 $R_{硬}$ 和软岩体中塑性区边界 $R_{软}$ 是互不相交的集合族,即 $R_{硬}\cap R_{软}=\varnothing$,则说明硬岩体中塑性区分布区域 $D(R_{硬})$ 与软岩体中塑性区分布区域 $D(R_{软})$ 不相连通,也就是说硬岩体中的塑性区分布区域 $D(R_{硬})$ 与软岩体中的塑性区分布区域 $D(R_{软})$ 之间存在一定的距离,在该距离范围内的岩体未发生破坏,此时,$D(R_{软})$ 为一个独立的封闭区域, $D(R_{软})$ 即为非连续塑性区分布区域 $D(R_{非})$,$R_{软}$ 即为非连续塑性区边界 $R_{非}$,可用表达式(5-7)来表示:

$$\{R_{非}=R_{软},D(R_{非})=D(R_{软})\mid R_{硬}\neq\varnothing,R_{软}\neq\varnothing,R_{硬}\cap R_{软}=\varnothing\}\tag{5-7}$$

式中:$R_{非}$ 为非连续塑性区边界,$D(R_{非})$ 为非连续塑性区分布区域。

情景 2:$R_{硬}$ 与 $R_{软}$ 存在交集,$D(R_{硬})$ 与 $D(R_{软})$ 相连通。

若硬岩体中塑性区边界 $R_{硬}$ 和软岩体中塑性区边界 $R_{软}$ 是存在交集的集合族,即 $R_{硬}\cap R_{软}\neq\varnothing$,则说明硬岩体中塑性区分布区域 $D(R_{硬})$ 与软岩体中塑性区分布区域 $D(R_{软})$ 相连通,也就是说硬岩体中的塑性区分布区域 $D(R_{硬})$ 与软岩体中的塑性区分布区域 $D(R_{软})$ 之间至少存在一点,在该位置处硬岩体中的塑性区与软岩体中的塑性区边界相重合,此时,$D(R_{软})$ 与 $D(R_{硬})$ 为两个连通的区域，可用表达式(5-8)来表示：

$$\{D(R_{硬}) 与 D(R_{软}) 连通 \mid R_{硬} \neq \varnothing, R_{软} \neq \varnothing, R_{硬} \cap R_{软} \neq \varnothing\} \tag{5-8}$$

5.5　硬-软变化区域非连续塑性区形成的影响因素

利用推导出的非均匀应力场条件下硬-软变化区域岩体中孔洞围岩塑性区边界曲线的隐性方程，分析硬-软变化区域岩体中孔洞围岩的区域应力状态、软岩体强度及分布区域和孔洞尺寸等对围岩非连续塑性区的影响。

5.5.1　区域应力状态对非连续塑性区的影响

塑性区的形成是应力与围岩相互作用的结果，区域应力状态是影响非连续塑性区的关键因素，本书在探索区域应力状态对非连续塑性区的影响时主要考虑了主应力比值、最大主应力、主应力方向三个应力要素对非连续塑性区的影响规律。采用控制变量法，通过理论计算获得非连续塑性区的形态随应力要素的变化规律，理论计算结果如图5-16所示。

控制其他影响因素，仅考虑双向压力比值大小，当λ差别不大时，围岩塑性区近似呈椭圆形且范围较小，如图5-16(a)中λ为0.7与0.6时计算结果所示，此时围岩塑性区最大破坏深度分别为2.7 m和2.8 m；随着λ的减小，围岩塑性区形态逐渐向蝶形转变，最小破坏深度位于竖直方向，最大破坏深度逐渐增大且向孔洞两肩角及两底角位置转移，如图5-16(a)中$\lambda=0.5$时计算结果所示，围岩塑性区集中在孔洞左右两侧，竖直方向塑性区破坏深度较小，此时围岩塑性区最大破坏深度为2.9 m；当λ足够小时，如图5-16(a)中$\lambda=0.4$时计算结果，孔洞围岩塑性区形态呈蝶形分布，蝶叶塑性区发生跃透现象，在软岩体内形成非连续塑性区，最小破坏深度位于竖直方向，最大破坏深度位于孔洞中心向软岩侧肩角和底角延伸方向，此时围岩塑性区最大破坏深度为16.1 m，非连续塑性区在软岩体内大幅扩展。由此可知，当双向压力比值减小到一定程度时，围岩塑性区形态呈蝶形分布，蝶叶塑性区会发生跃透现象，在软岩体内形成非连续塑性区，非连续塑性区的范围会因双向压力比值的减小而增大。

仅考虑最大主应力时，如图5-16(b)中$P=13$ MPa时计算结果所示，当最大主应力P较小时，围岩塑性区形态近似呈蝶形，围岩塑性区只分布在硬岩体中，塑性区集中在孔洞左右两侧，竖直方向塑性区破坏深度较小，此时围岩塑性区最大破坏深度为2.7 m；随最大主应力增大，塑性区范围逐渐增大，如图5-16(b)中$P=16$ MPa时计算结果所示，塑性区近似呈蝶形分布，蝶叶塑性区出现跃透现象，在软岩体内形成非连续塑性区，软岩体内存在小范围的塑性区分布，

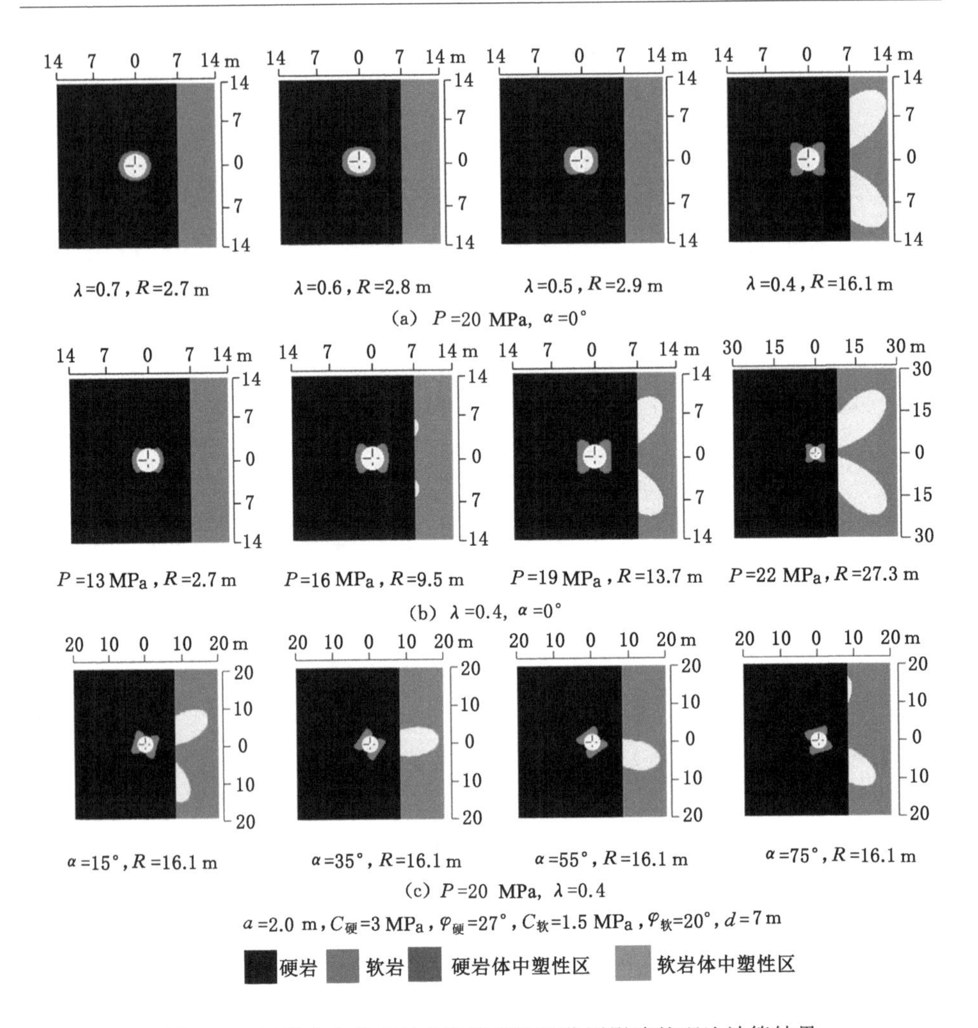

图 5-16　区域应力状态对非连续塑性区范围影响的理论计算结果

此时围岩塑性区最大破坏深度为 9.5 m；随着最大主应力增大，硬岩体中塑性区破坏深度增长较缓，软岩体中非连续塑性区破坏深度随最大主应力增大增长迅速，如图 5-16(b)中 $P=19$ MPa 时计算结果所示，此时围岩塑性区最大破坏深度为 13.7 m，当 $P=22$ MPa 时，围岩塑性区最大破坏深度增加至 27.3 m。最大主应力等差递增时，围岩塑性区最大破坏深度增长迅速，由此可知，当最大主应力增加到一定程度时，围岩塑性区形态呈蝶形分布，蝶叶塑性区会发生跃透现象，在软岩体内形成非连续塑性区，非连续塑性区的范围会因最大主应力的增加而急剧增大，非连续塑性区从出现开始扩展迅速。

仅考虑最大主应力方向时，围岩塑性区随最大主应力方向转动发生旋转，如图 5-16(c)中计算结果所示，当最大主应力方向 $\alpha=15^\circ$时，围压塑性区最小破坏深度从竖直方向沿顺时针方向偏离，非连续塑性区亦相应发生旋转，此时围岩塑性区最大破坏深度为 16.1 m；当最大主应力方向 α 为 35°、55°时，围岩塑性区在硬岩体中的形态发生旋转，尺寸不变，在软岩体内的非连续塑性区部分缺失，此时围岩塑性区最大破坏深度为 16.1 m；当最大主应力方向 $\alpha=75^\circ$时，因为非连续塑性区旋转缺失的塑性区再次在硬-软岩体分界线上部出现，此时塑性区最小破坏深度位于近水平方向，最大破坏深度位于软岩体内，此时围岩塑性区最大破坏深度为 16.1 m。由此可知，非连续塑性区会随着最大主应力方向的转动而发生旋转，在非连续塑性区随最大主应力方向转动而发生旋转时，塑性区最大破坏深度变化不大。

5.5.2 软岩体强度和分布对非连续塑性区的影响

(1) 软岩体强度对非连续塑性区的影响

基于边界隐性方程表达式，影响塑性区边界的围岩强度参量主要是内聚力和内摩擦角，本节仍采用控制变量法，控制模型应力状态一定($P=20$ MPa，$\alpha=50^\circ$，$\lambda=0.4$)，控制硬岩力学参数一定($C_{硬}=3$ MPa，$\varphi_{硬}=27^\circ$)，通过改变软岩内聚力和内摩擦角，来研究软岩体强度对非连续塑性区的影响，如图 5-17 和图 5-18所示。

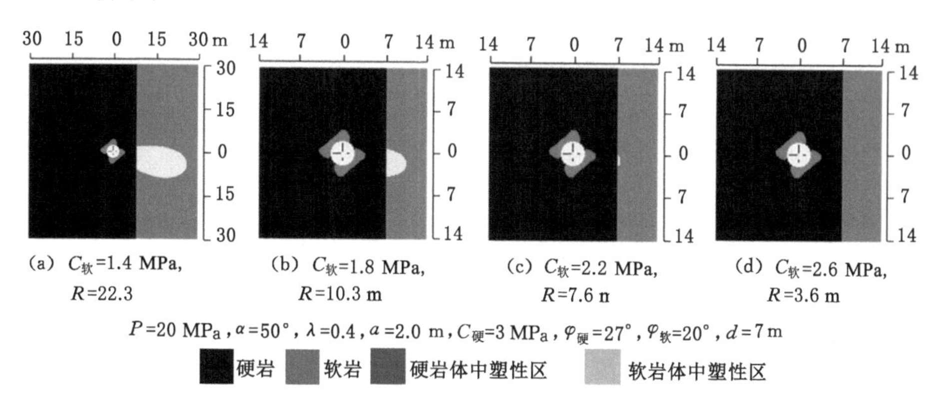

图 5-17 软岩体内聚力对非连续塑性区范围影响的理论计算结果

在软岩体强度方面，仅考虑软岩体内聚力时，为便于研究观察，图 5-17 所示为 $\lambda=0.4$、$\alpha=50^\circ$时的计算结果，围岩塑性区形态呈蝶形分布，当软岩体内聚力 $C_{软}=2.6$ MPa 时，围岩塑性区仅分布在硬岩体中，此时围岩塑性区最大破坏深

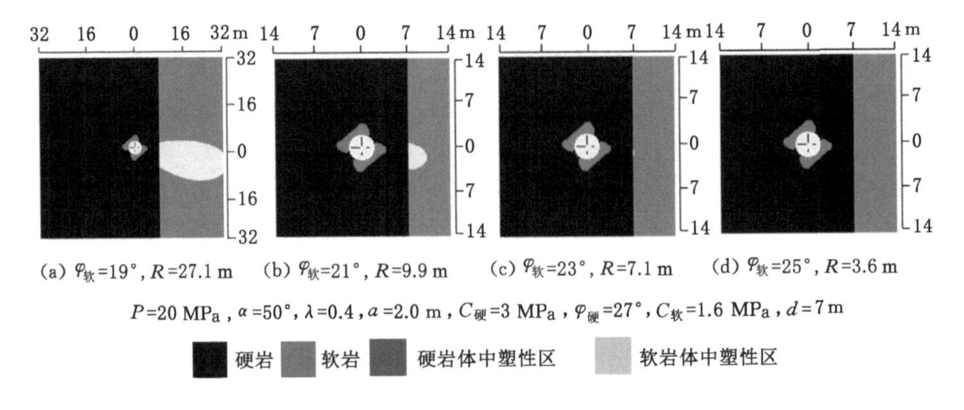

图 5-18　软岩体内摩擦角对非连续塑性区范围影响的理论计算结果

度为 3.6 m；当软岩体内聚力 $C_{软}=2.2$ MPa 时，蝶叶塑性区跃透过强度较高的硬岩体而在软岩体内扩展，在软岩体内形成非连续塑性区，围岩塑性区最大破坏深度位于近水平方向软岩体内，围岩塑性区最大尺寸半径为 7.6 m；当软岩体内聚力 $C_{软}=1.8$ MPa 时，围岩塑性区最大破坏深度为 10.3 m；当软岩体内聚力 $C_{软}=1.4$ MPa 时，此时围岩塑性区最大破坏深度为 22.3 m。当软岩体内聚力等差递减时，非连续塑性区破坏深度增长迅速，由此可知，围岩塑性区随软岩体内聚力的减小而增大，当软岩体内聚力较大时，围岩塑性区形态呈蝶形分布，围岩塑性区仅分布在硬岩体中，围岩塑性区范围较小；当软岩体内聚力减小时，在软岩体内形成非连续塑性区，且随着软岩体内聚力的减小，塑性区最大破坏深度急剧增大。

仅考虑软岩体内摩擦角时，为便于研究观察，图 5-18 所示为 $\lambda=0.4$、$\alpha=50°$ 时的计算结果，围岩塑性区形态呈蝶形分布，当软岩体内摩擦角 $\varphi_{软}=25°$ 时，围岩塑性区仅分布在硬岩体中，此时围岩塑性区最大破坏深度为 3.6 m；当软岩体内摩擦角 $\varphi_{软}=23°$ 时，蝶叶塑性区跃透过强度较高的硬岩体而在软岩体内扩展，在软岩体内形成非连续塑性区，围岩塑性区最大破坏深度位于近水平方向软岩体内，此时围岩塑性区最大破坏深度为 7.1 m；当软岩体内摩擦角 $\varphi=21°$ 时，围岩塑性区最大破坏深度为 9.9 m；当软岩体内摩擦角 $\varphi=19°$ 时，围岩塑性区最大破坏深度为 27.1 m。当软岩体内摩擦角等差递减时，非连续塑性区破坏深度增长迅速，由此可知，围岩塑性区随软岩体内摩擦角的减小而增大，当软岩体内摩擦角较大时，围岩塑性区形态呈蝶形分布，围岩塑性区仅分布在硬岩体中，塑性区范围较小；当软岩体内摩擦角减小时，在软岩体内形成非连续塑性区，且随着软岩体内摩擦角的减小，塑性区最大破坏深度急剧增大。综上可知，非连续塑性区范围随软岩体强度的减小而急剧增大。

(2) 软岩体分布区域对非连续塑性区的影响

控制应力状态($P=20$ MPa,$\alpha=50°$,$\lambda=0.4$)与围岩强度($C_{硬}=3$ MPa,$\varphi_{硬}=27°$,$C_{软}=1.5$ MPa,$\varphi_{软}=20°$)一定,通过改变硬岩和软岩分界线与孔洞中心线的距离 d 来研究软岩体分布区域对非连续塑性区的影响,计算结果如图 5-19所示。

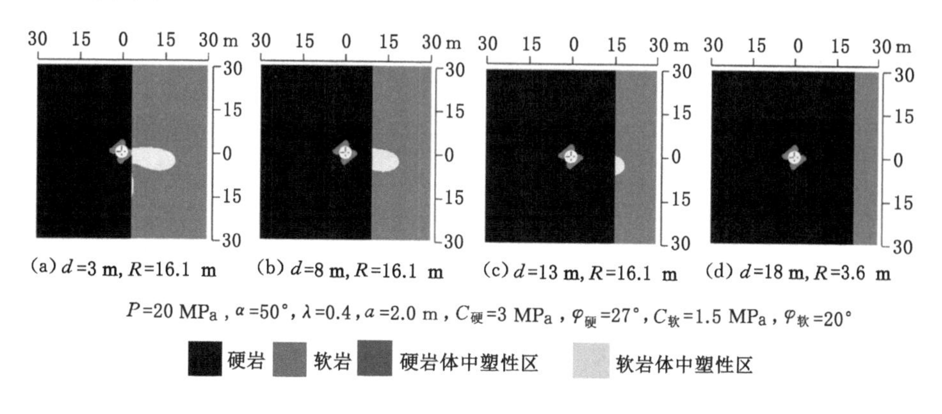

图 5-19 软岩体内分布区域对非连续塑性区范围影响的理论计算结果

在软岩体的分布方面,图 5-19 所示为 $\lambda=0.4$、$\alpha=50°$时的计算结果,围岩塑性区形态呈蝶形分布,当硬岩和软岩分界线距离孔洞中心线距离 $d=18$ m 时,围岩塑性区仅在硬岩体中分布,软岩体未受到破坏,此时围岩塑性区最大破坏深度为 3.6 m;当 $d=13$ m 时,蝶叶塑性区发生跃透现象,在软岩体中形成非连续塑性区,此时围岩塑性区最大破坏深度为 16.1 m;当 $d=8$ m 时,围岩塑性区最大破坏深度为 16.1 m;当 $d=3$ m 时,非连续塑性区与硬岩体中的塑性区连续分布,但在两种岩体中的塑性区分布范围差异较大,非连续塑性区在不同强度岩体中的分布范围不同,另在硬-软岩体分界线下部还有一小部分非连续塑性区继续扩展,此时围岩塑性区最大破坏深度为 16.1 m。综上可知,软岩体分布范围较小时,围岩塑性区仅分布在硬岩体中,软岩体的分布范围越大,软岩体内的非连续塑性区范围越大,但是软岩体的分布对软岩体内塑性区最大破坏深度的影响并不明显,当硬-软岩体分界线与孔洞中心线的距离超出位于软岩体内的塑性区最大破坏深度时,围岩塑性区仅分布在硬岩体中。

5.5.3 孔洞尺寸对非连续塑性区的影响

基于塑性区边界隐性方程,孔洞半径也是影响塑性区范围的重要影响因素。

控制围岩应力状态($P=20$ MPa,$\alpha=50°$,$\lambda=0.4$)和围岩强度($C_{硬}=3$ MPa,$\varphi_{硬}=25°$,$C_{软}=2$ MPa,$\varphi_{软}=20°$)一定,为了方便对比,控制硬-软分界线与孔洞边界一定为 5 m,所以在孔洞半径增大的同时 d 值也相应增大,计算结果如图 5-20 所示。

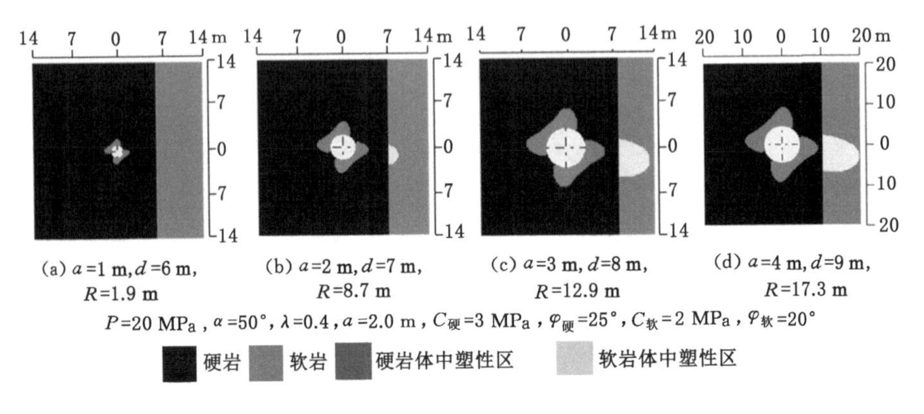

图 5-20　孔洞尺寸对非连续塑性区范围影响的理论计算结果

为消除软岩体分布对非连续塑性区的影响,始终保持硬-软岩体分界线距离孔洞外缘 5 m 进行计算,图 5-20 所示为 $\lambda=0.4$、$\alpha=50°$时的计算结果,围岩塑性区形态呈蝶形分布,当孔洞尺寸 $a=1$ 时,围岩塑性区形态呈蝶形分布,塑性区范围较小且仅分布在硬岩体中,软岩体未受到破坏,此时围岩塑性区最大破坏深度为 1.9 m;当孔洞尺寸 $a=2$ 时,围岩塑性区在硬岩体中的分布范围增大,蝶叶塑性区跃透过硬度较大的硬岩体而在软岩体中继续扩展,在软岩体内形成非连续塑性区,此时围岩塑性区最大破坏深度为 8.7 m;随着孔洞尺寸的增大,围岩塑性区分布范围逐步增大,当孔洞尺寸 $a=3$ 时,此时围岩塑性区最大破坏深度为 12.9 m;当孔洞尺寸 $a=4$ 时,硬岩体内的塑性区和软岩体中的非连续塑性区破坏深度进一步增大,即将形成连续的存在于两强度不同岩体中的塑性区,此时围岩塑性区最大破坏深度为 17.3 m。综上可知,非连续塑性区的破坏深度随孔洞尺寸的增大而增大。

5.6　掘进面过硬-软变化区域时非连续塑性区的敏感因素分析

前文通过理论计算分析表明,影响硬-软变化区域掘进面前方非连续塑性区形成的影响因素包括区域应力状态和软岩体强度等。本节基于第 3 章建立的硬煤-软煤变化、石门揭煤、硬软分层变化、煤层厚度变化 4 个典型的硬-软变化数值模型，通过改变最大主应力、最小主应力、主应力方向等应力敏感条件和软煤体内聚力、内摩擦角等强度敏感条件，计算在掘进面向前逐步推进过程中的非连续塑性区的体积变化，研究硬-软变化区域非连续塑性区的敏感性影响规律。

5.6.1 硬-软变化区域非连续塑性区的应力敏感性分析

5.6.1.1 区域最大主应力场的敏感性分析

（1）区域最大主应力对非连续塑性区范围的影响

分别在硬煤软煤变化、石门揭煤、硬软分层变化、煤层厚度变化四个模型中研究区域最大主应力对硬-软变化区域非连续塑性区范围的影响。各个模型中围岩力学参数同 5.1 节建模时数据一致，计算时控制区域主应力的方向不变，设定中间主应力 P_2＝20 MPa，设定区域最小主应力 P_3＝10 MPa，通过改变最大主应力 P_1 的取值，研究随着掘进面向前推进，区域最大主应力对非连续塑性区体积 V_2 范围影响程度的变化规律，数值模拟计算方案见表 5-3，计算结果如图 5-21 和图 5-22 所示。

表 5-3 最大主应力场大小不同时的数值模拟计算方案

受力表示	模型	常量	变量 P_1/MPa	掘进面开挖
	模型Ⅰ：硬煤软煤变化	P_2＝20 MPa P_3＝10 MPa α＝50°	30,31,32,33, 34,35,36,36.5	从 X＝0 推进至 X＝28 开挖步距 1 m
	模型Ⅱ：石门揭煤	P_2＝20 MPa P_3＝10 MPa α＝50°	30,31,32,33, 34,35,36,36.5	从 X＝0 推进至 X＝33 开挖步距 1 m
	模型Ⅲ：硬软分层变化	P_2＝20 MPa P_3＝10 MPa α＝50°	30,31,32,33, 34,35,36,36.5	从 X＝0 推进至 X＝20 开挖步距 1 m
	模型Ⅳ：煤层厚度变化	P_2＝20 MPa P_3＝10 MPa α＝10°	30,31,32,33, 34,35,36,36.5	从 X＝0 推进至 X＝22 开挖步距 1 m

由图可得，四个模型中随着掘进面的推进，区域最大主应力对非连续塑性区

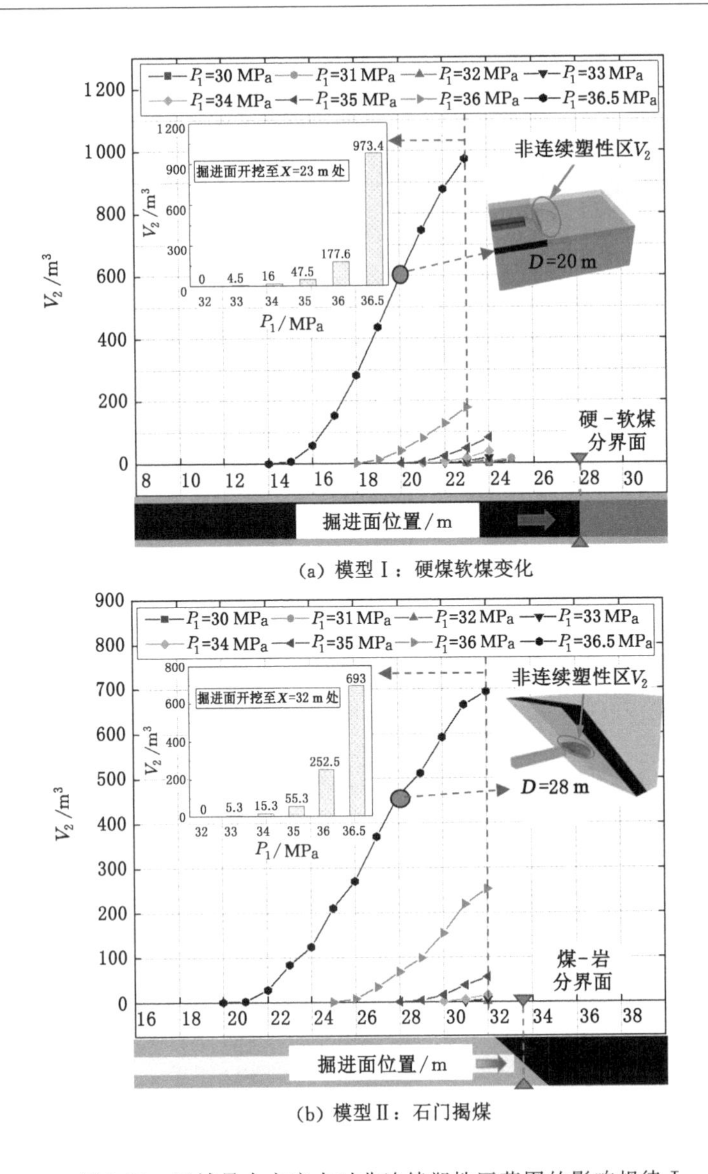

(a) 模型Ⅰ：硬煤软煤变化

(b) 模型Ⅱ：石门揭煤

图 5-21　区域最大主应力对非连续塑性区范围的影响规律Ⅰ

体积 V_2 范围的影响规律基本一致：区域最大主应力较小时（图中 $P_1<$ 34 MPa），即使掘进面临近或通过硬软分界面，非连续塑性区范围很小，甚至不会出现非连续塑性区；区域最大主应力增大到一定值后（图中 $P_1>$35 MPa），随着掘进面靠近分界面，非连续塑性区体积 V_2 范围不断增大，且区域最大主应力越大非连续塑性区体积 V_2 范围变化越敏感，如图所示，当区域最大主应力达到

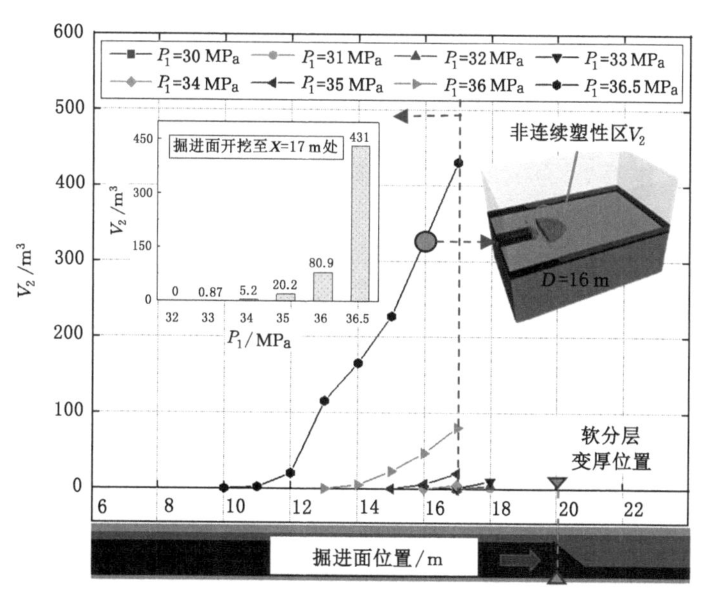

(a) 模型Ⅲ：硬软分层变化

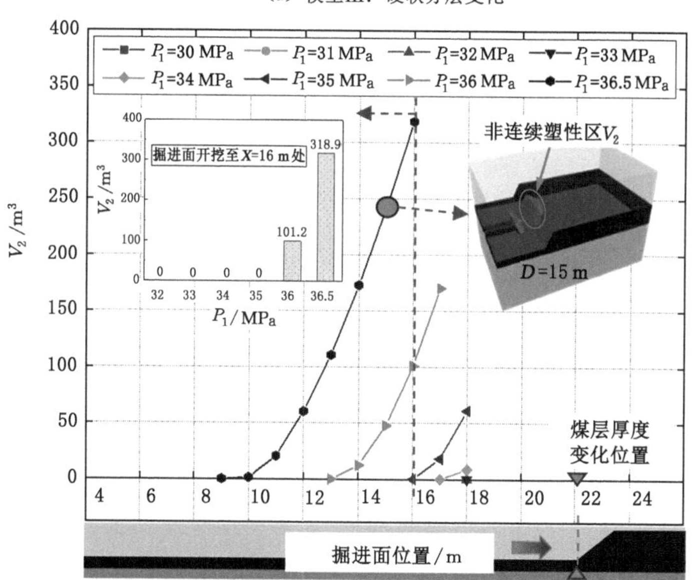

(b) 模型Ⅳ：煤层厚度变化

图 5-22　区域最大主应力对非连续塑性区范围的影响规律Ⅱ

36.5 MPa时，随着掘进面靠近分界面，非连续塑性区体积V_2呈指数形式增长。同时，在掘进面距离分界面相同位置时，不同的区域最大主应力，非连续塑性区体积V_2范围尺寸相差很大：以图5-21(a)为例，掘进面距离分界面5 m时，区域最大主应力小于34 MPa不会出现非连续塑性区，区域最大主应力为36 MPa时非连续塑性区体积V_2为177.6 m^3，区域最大主应力为36.5 MPa时非连续塑性区体积V_2达到973.4 m^3。

同理，图5-21(b)、图5-22(c)、图5-22(d)中另外三个模型非连续塑性区范围对区域最大主应力的变化表现出相同的规律。所以，当区域最大主应力数值较小时，非连续塑性区范围对区域最大主应力的变化敏感性较差；当最大主应力达到一定值之后，非连续塑性区范围对区域最大主应力的变化表现出很强的敏感性。

(2) 区域最大主应力对非连续塑性区演化过程的影响

为了探明区域最大主应力对非连续塑性区演化过程的影响，本书在四个典型的硬-软变化模型中统计研究了不同区域最大主应力下出现非连续塑性区时与非连续塑性区贯通时掘进面所在位置，研究结果如图5-23所示。图中纵坐标掘进面的位置及分界面的位置均以模型边界为参考0点，纵坐标数值越大代表掘进面距离分界面距离越近。图中，起始位置指开始出现非连续塑性区时的掘进面所在位置，贯通位置指掘进头前方塑性区与分界面后方非连续塑性区连通时掘进面所在位置。

由图可得，四个模型中区域最大主应力对非连续塑性区演化过程的影响表现出相同的规律：随着最大主应力的增大，出现非连续塑性区时掘进面距离分界面的距离越来越远，且变化较明显，即当区域最大主应力较大时掘进面距离分界面较远处就已经出现了非连续塑性区；随着最大主应力的增大，非连续塑性区贯通时掘进面距离分界面的距离有增大趋势但是变化不明显；随着最大主应力的增大，四个模型中起始位置曲线与贯通位置曲线形成类似“喇叭口”形状曲线。另外，当最大主应力较小时，出现非连续塑性区时与非连续塑性区贯通时掘进面所在位置较接近，均在接近分界面时出现，非连续塑性区出现即马上贯通，非连续塑性区没有演化增长过程，即最大主应力较小时将不会出现非连续塑性区。所以，区域最大主应力对非连续塑性区出现时掘进面所处位置有较大影响，最大主应力越大，距离分界面较远时出现了非连续塑性区，并随着掘进面靠近分界面，非连续塑性区范围逐渐增大。

(3) 工程意义

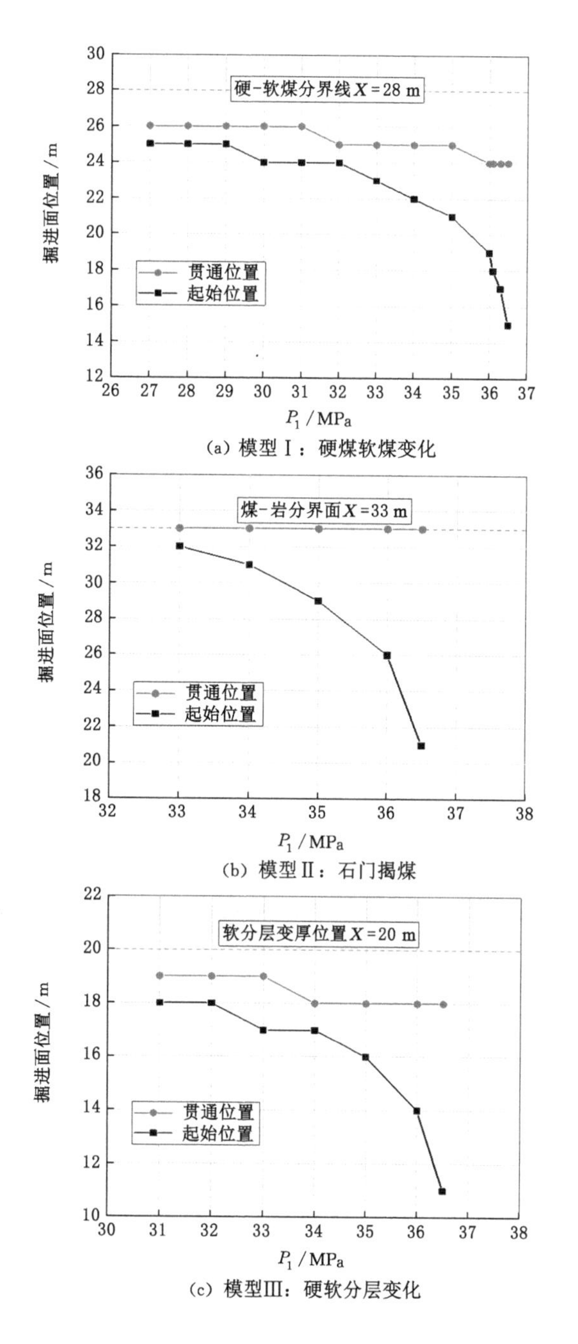

(a) 模型Ⅰ：硬煤软煤变化

(b) 模型Ⅱ：石门揭煤

(c) 模型Ⅲ：硬软分层变化

图 5-23　区域最大主应力对非连续塑性区演化过程的影响规律

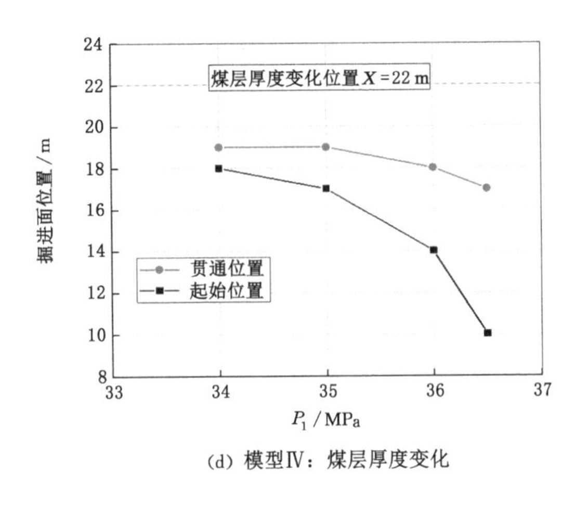

(d) 模型Ⅳ：煤层厚度变化

图 5-23(续)

非连续塑性区的形成及体积的变化对掘进面前方“瓦斯包”的形成密切相关，非连续塑性区的形成及演化对掘进面前方瓦斯突出有重要影响。最大主应力对非连续塑性区的形成及演化有重要作用：最大主应力较小时，在掘进面临近分界面时才出现非连续塑性区，且非连续塑性区范围较小，还没有演化增长即已贯通，不会形成“瓦斯包”，突出的风险较小；随着最大主应力的增大，掘进面距离分界面远的位置会出现非连续塑性区，且随着掘进面的推进，非连续塑性区会不断演化增长，在掘进面前方会形成“瓦斯包”，突出危险性增大；当最大主应力增大到一定极限值后，非连续塑性区会在掘进面距离分界面较远位置处形成，且随着掘进面的推进，非连续塑性区会急剧增大，瓦斯突出风险陡增。

5.6.1.2 区域最小主应力场的敏感性分析

(1) 区域最小主应力场对非连续塑性区范围的影响

基于上述分析方法，分别在硬煤软煤变化、石门揭煤、硬软分层变化、煤层厚度变化四个模型中研究区域最小主应力对硬-软变化区域非连续塑性区范围的影响。各个模型中围岩力学参数同 5.1 节建模时数据一致，计算时控制区域主应力的方向不变，设定区域最大主应力 $P_1=36.5$ MPa，设定中间主应力 $P_2=20$ MPa，通过改变最小主应力 P_3 的取值，研究随着掘进面向前推进，区域最小主应力对非连续塑性区体积 V_2 范围影响程度的变化规律，数值模拟计算方案见表 5-4，计算结果如图 5-23 和图 5-25 所示。

表 5-4　最小主应力场大小不同时的数值计算方案

受力表示	模型	常量	变量 P_3/MPa	掘进面开挖
	模型Ⅰ：硬煤软煤变化	$P_1=36.5$ MPa $P_2=20$ MPa $\alpha=50°$	12,11,10.8,10.6,10.4,10.2,10	从 $X=0$ 推进至 $X=28$ 开挖步距 1 m
α P_1 P_2 P_3 z y x	模型Ⅱ：石门揭煤	$P_1=36.5$ MPa $P_2=20$ MPa $\alpha=50°$	12,11,10.8,10.6,10.4,10.2,10	从 $X=0$ 推进至 $X=33$ 开挖步距 1 m
	模型Ⅲ：硬软分层变化	$P_1=36.5$ MPa $P_2=20$ MPa $\alpha=50°$	12,11,10.8,10.6,10.4,10.2,10	从 $X=0$ 推进至 $X=20$ 开挖步距 1 m
	模型Ⅳ：煤层厚度变化	$P_1=36.5$ MPa $P_2=20$ MPa $\alpha=10°$	12,11,10.8,10.6,10.4,10.2,10	从 $X=0$ 推进至 $X=22$ 开挖步距 1 m

由图可得，四个模型中随着掘进面的推进，区域最小主应力对非连续塑性区体积 V_2 范围的影响规律基本一致：随着区域最小主应力减小，掘进面推进过程非连续塑性区体积变化越来越敏感。

区域最小主应力较大时[图 5-24(a)中 $P_3>11$ MPa，图 5-24(b)中 $P_3>10.8$ MPa，图 5-25(a)中 $P_3>10.4$ MPa，图 5-25(b)中 $P_3>11$ MPa]，即使掘进面临近或通过硬软分界面，非连续塑性区范围很小，甚至不会出现非连续塑性区；区域最小主应力减小到一定值后，随着掘进面靠近分界面，非连续塑性区体积 V_2 范围不断增大，且区域最小主应力越小非连续塑性区体积 V_2 范围变化越敏感，如图所示，当区域最小主应力达到 10 MPa 时，随着掘进面靠近分界面，非连续塑性区体积 V_2 范围增长明显，呈指数形式增长。同时，在掘进面距离分界面相同位置时，不同的区域最小主应力，非连续塑性区体积 V_2 范围尺寸相差很大：以图 5-24(a)为例，掘进面距离分界面 5 m 时，区域最小主应力大于 11 MPa 时不会出现非连续塑性区，区域最小主应力为 10.2 MPa 时非连续塑性区体积 V_2 为 153.4 m^3，区域最小主应力为 10 MPa 时非连续塑性区体积 V_2 达到 973.4 m^3。

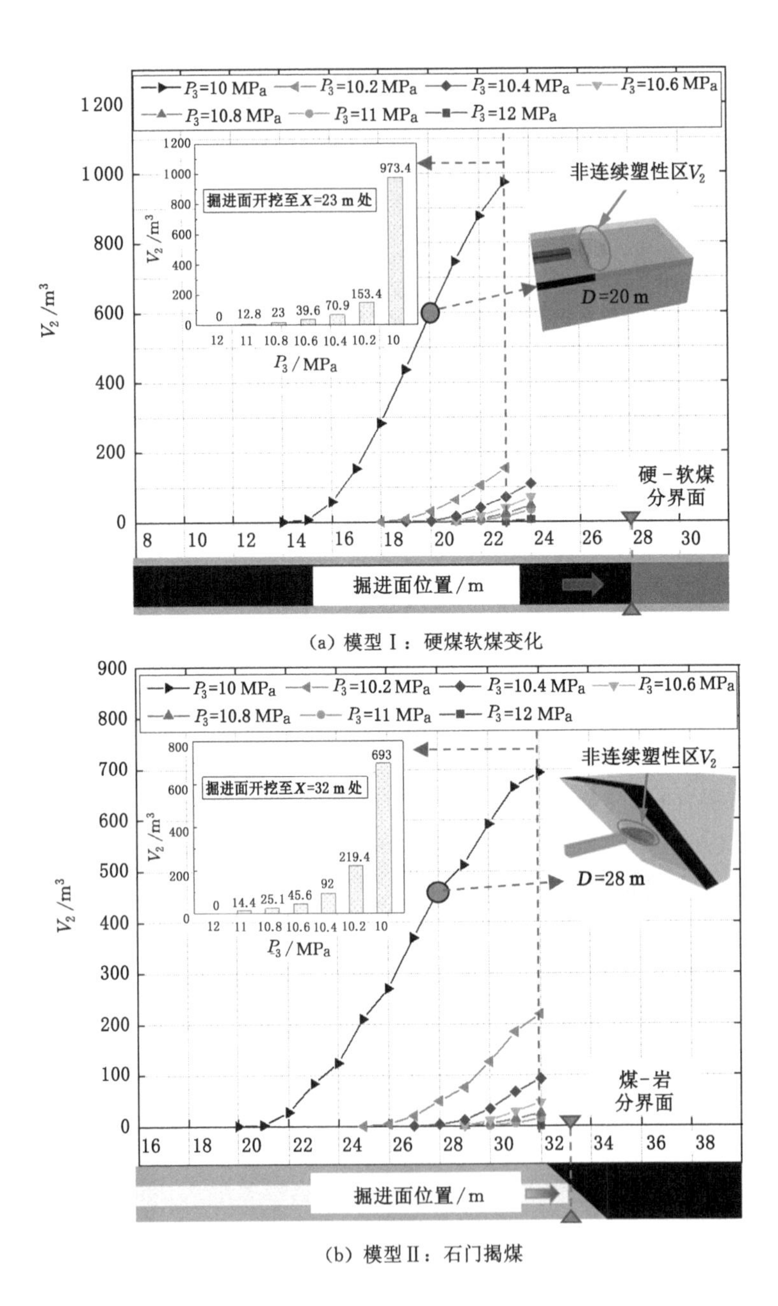

(a) 模型Ⅰ：硬煤软煤变化

(b) 模型Ⅱ：石门揭煤

图 5-24　区域最小主应力对非连续塑性区范围的影响Ⅰ

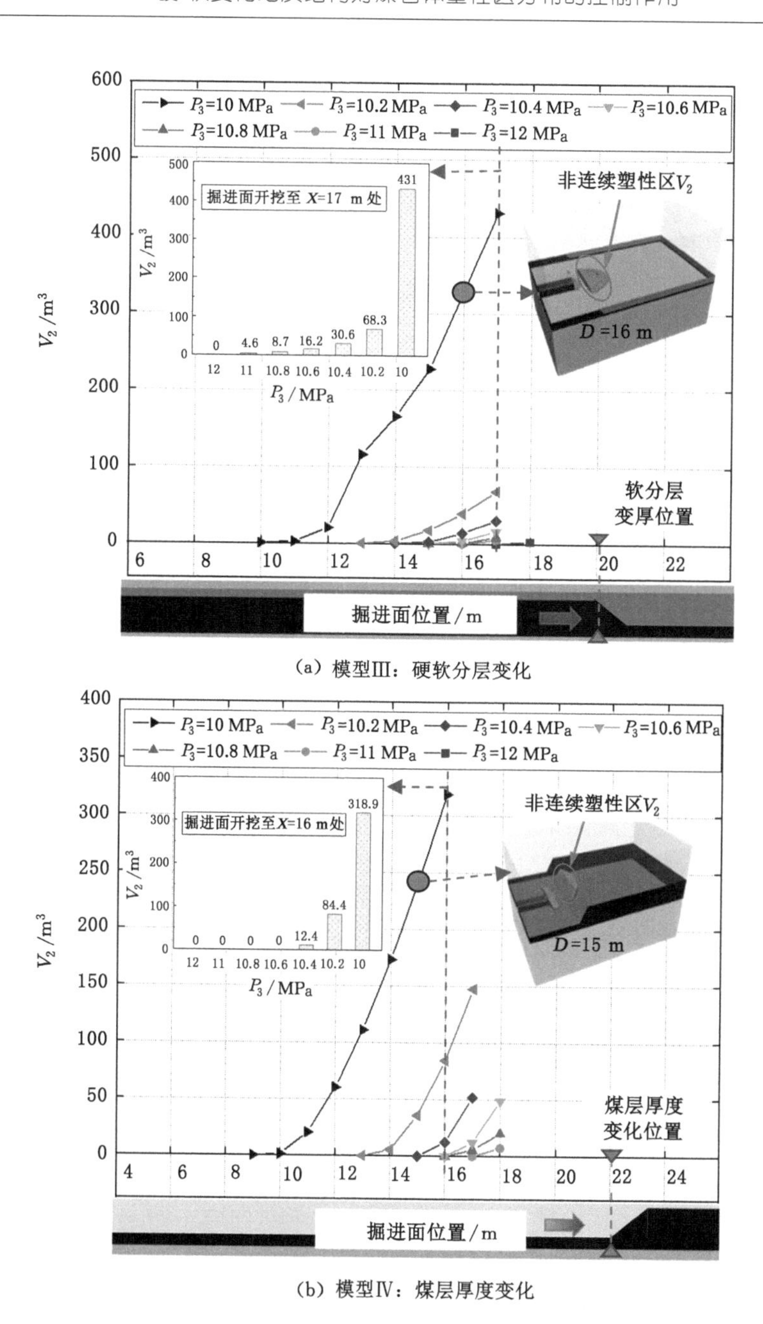

(a) 模型Ⅲ：硬软分层变化

(b) 模型Ⅳ：煤层厚度变化

图 5-25　区域最小主应力对非连续塑性区范围的影响Ⅱ

同理，图 5-24(b)、图 5-25(a)、图 5-25(b)中另外三个模型非连续塑性区范围对区域最小主应力的变化表现出相同的规律。当区域最小主应力数值较大时，非连续塑性区范围对区域最小主应力的变化敏感性较差；当最小主应力减小到一定值之后，非连续塑性区范围对区域最小主应力的变化表现出很强的敏感性。

与最大主应力对非连续塑性区的敏感性影响相比，最小主应力对非连续塑性区的影响更加敏感，图 5-24、图 5-25 中四个模型最小主应力的变化幅值为 0.2 MPa，非连续塑性区的发展变化很明显，随着掘进面的推进，微小的最小主应力变化会引起非连续塑性区范围的剧烈扩展。

(2) 区域最小主应力场对非连续塑性区演化过程的影响

为了探明区域最小主应力对非连续塑性区演化过程的影响，本书在四个模型中统计研究了不同区域最小主应力下出现非连续塑性区时与非连续塑性区贯通时掘进面所在位置，研究结果如图 5-26 所示。图中纵坐标掘进面的位置及分界面的位置均以模型边界为参考 0 点，纵坐标数值越大代表掘进面距离分界面距离越近。图中，起始位置指开始出现非连续塑性区时的掘进面所在位置，贯通位置指掘进头前方塑性区与分界面后方非连续塑性区连通时掘进面所在位置。

由图可得，四个模型中区域最小主应力对非连续塑性区演化过程的影响表现出相同的规律：随着最小主应力的减小，出现非连续塑性区时掘进面距离分界面的距离越来越远，且变化较明显，即当区域最小主应力较小时掘进面距离分界面较远处就已经出现了非连续塑性区；随着最小主应力的减小，非连续塑性区贯通时掘进面距离分界面的距离有增大趋势但是变化不明显；随着最小主应力的减小，四个模型中起始位置曲线与贯通位置曲线同样形成类似"喇叭口"形状曲线。另外，当最小主应力较大时[图 5-26(a)中 $P_3>12$ MPa，图 5-26(b)中 $P_3>11$ MPa，图 5-26(a)中 $P_3>11$ MPa，图 5-26(b)中 $P_3>10.4$ MPa]，出现非连续塑性区时与非连续塑性区贯通时掘进面所在位置较接近，均在接近分界面时出现，非连续塑性区出现即马上贯通，非连续塑性区没有演化增长过程，即最小主应力较大时将不会出现非连续塑性区。所以，区域最小主应力对非连续塑性区出现时掘进面所处位置有较大影响，最小主应力越小，距离分界面较远时即出现了非连续塑性区，并随着掘进面靠近分界面，非连续塑性区范围逐渐增大。

(3) 工程意义

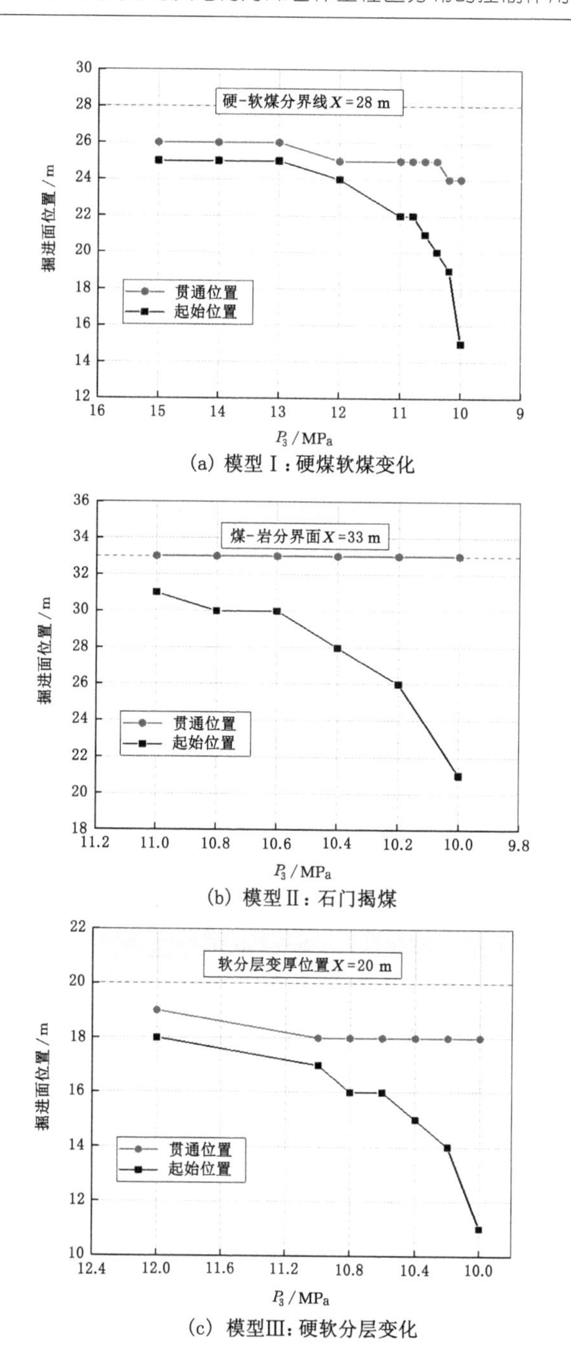

(a) 模型Ⅰ:硬煤软煤变化

(b) 模型Ⅱ:石门揭煤

(c) 模型Ⅲ:硬软分层变化

图 5-26 区域最小主应力场对非连续塑性区演化过程的影响规律

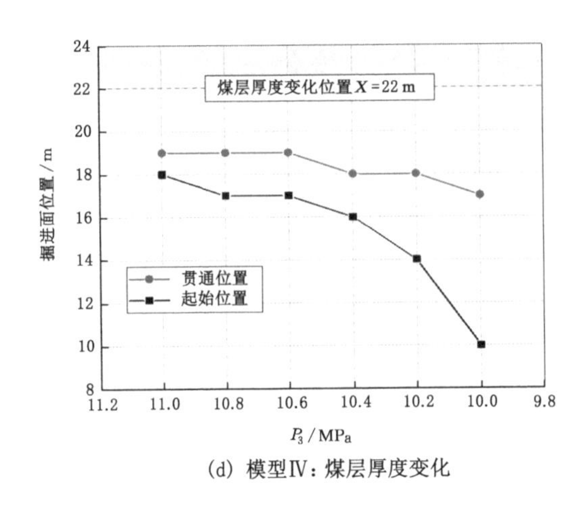

(d) 模型Ⅳ：煤层厚度变化

图 5-26(续)

最小主应力对非连续塑性区的形成及演化有重要作用，对掘进面前方“瓦斯包”的形成与演化有重要影响：最小主应力较大时，在掘进面临近分界面时才出现非连续塑性区，且非连续塑性区范围较小，还没有演化增长即已贯通，不会形成“瓦斯包”，突出的风险较小；随着最小主应力的减小，掘进面距离分界面越远的位置会出现非连续塑性区，且随着掘进面的推进，非连续塑性区会不断演化增长，在掘进面前方会形成“瓦斯包”，突出危险性增大；当最小主应力减小到一定极限值后，非连续塑性区会在掘进面距离分界面较远位置处形成，且随着掘进面的推进，非连续塑性区会急剧增大，瓦斯突出风险陡增。

5.6.1.3　区域主应力场方向的敏感性分析

(1) 区域主应力场方向对非连续塑性区范围的影响

塑性区的发展方向与主应力的方向密切相关，本节分别在硬煤软煤变化、石门揭煤、硬软分层变化、煤层厚度变化四个模型中通过变换主应力方向研究主应力方向对掘进面过硬-软变化区域工作面前方非连续塑性区范围的影响。各个模型中围岩力学参数同 5.1 节建模时数据一致，设定区域最大主应力 P_1 = 36.5 MPa，设定中间主应力 P_2 = 20 MPa，设定区域最小主应力 P_3 = 10 MPa，通过改变主应力方向 α 的取值，研究随着掘进面向前推进，区域最小主应力对非连续塑性区体积 V_2 范围影响程度的变化规律，数值模拟计算方案见表 5-5，计算结果如图 5-27 和图 5-28 所示。

表 5-5 区域主应力场方向不同时的数值计算方案

受力表示	模型	常量	变量 α/(°)	掘进面开挖
	模型Ⅰ：硬煤软煤变化	$P_1=36.5$ MPa $P_2=20$ MPa $P_3=10$ MPa	0,10,20,30,40,50,60,70,80,90	从 $X=0$ 推进至 $X=28$ 开挖步距 1 m
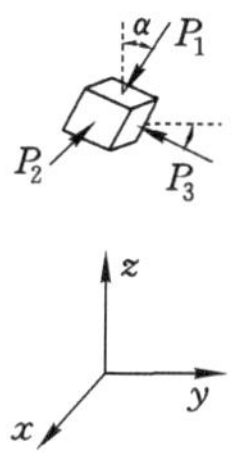	模型Ⅱ：石门揭煤	$P_1=36.5$ MPa $P_2=20$ MPa $P_3=10$ MPa	0,10,20,30,40,50,60,70,80,90	从 $X=0$ 推进至 $X=33$ 开挖步距 1 m
	模型Ⅲ：硬软分层变化	$P_1=36.5$ MPa $P_2=20$ MPa $P_3=10$ MPa	0,10,20,30,40,50,60,70,80,90	从 $X=0$ 推进至 $X=20$ 开挖步距 1 m
	模型Ⅳ：煤层厚度变化	$P_1=36.5$ MPa $P_2=20$ MPa $P_3=10$ MPa	0,10,20,30,40,50,60,70,80,90	从 $X=0$ 推进至 $X=22$ 开挖步距 1 m

由图可得，四个模型中在围岩及主应力大小一定条件下，不同的主应力方向，随着掘进面的推进，非连续塑性区体积 V_2 范围的变化规律完全不同。

图 5-27(a)硬软变化模型中，当主应力方向在 30°～50°之间变化时，随着掘进面的推进，非连续塑性区范围出现了急剧增长；当主应力方向在 0°～20°及 70°～90°范围内变化时，随着掘进面的推进，非连续塑性区范围较小且变化不明显。从同一掘进面位置来看，随着 α 的增大，掘进工作面前方的非连续塑性区范围的数据特征近似呈正态分布，非连续塑性区范围呈现出了"小→大→小"的变化规律，当 $\alpha=50°$左右时，此时的塑性区范围最大。另外，需要说明的是，在石门揭煤模型中会出现两处非连续塑性区，为研究两处不同位置非连续塑性区的发展规律，本书以掘进巷道为分界线将两处非连续塑性区分为上方和前方两部分，图 5-27(b)石门揭煤模型中的掘进面前方非连续段塑性区，由图 5-27(b)可得，当主应力方向在 0°～40°之间变化时，随着掘进面的推进，右方非连续塑性区范围出现了急剧增长；当主应力方向在 50°～90°范围内变化时，随着掘进面的推进，右方非连续塑性区范围较小且变化不明显。

图 5-28(a)硬软分层变化模型中，随着掘进面的推进，非连续塑性区范围扩展规律不同，其中主应力方向在 40°～50°之间时，随着掘进面的推进，非连续塑性区范围增长较大；其他角度时，随着掘进面的推进，非连续塑性区范围较小且

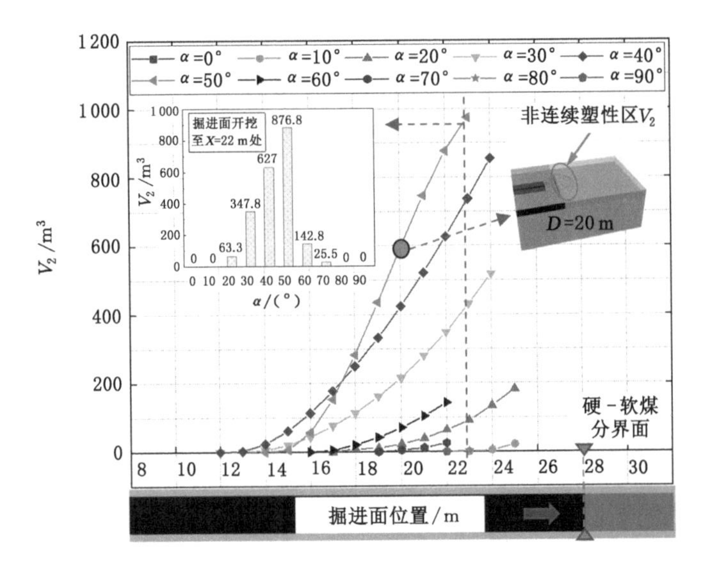

(a) 模型Ⅰ：硬煤软煤变化

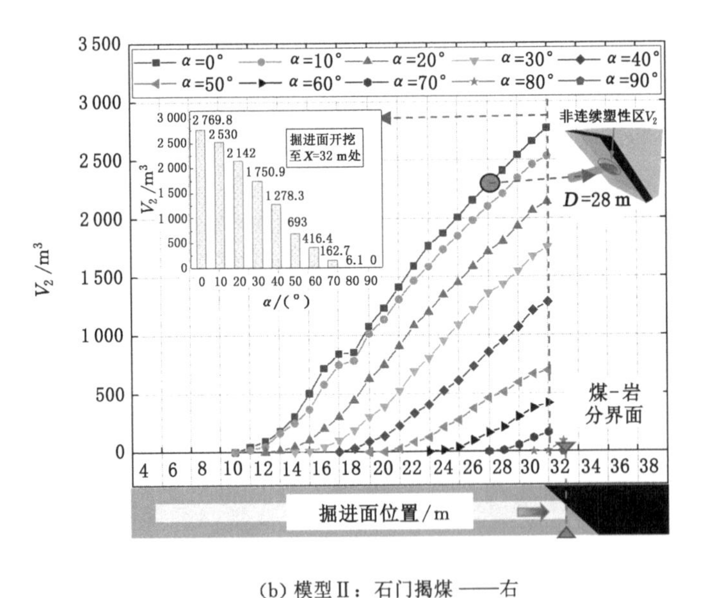

(b) 模型Ⅱ：石门揭煤——右

图 5-27 区域应力场方向对非连续塑性区范围的影响规律Ⅰ

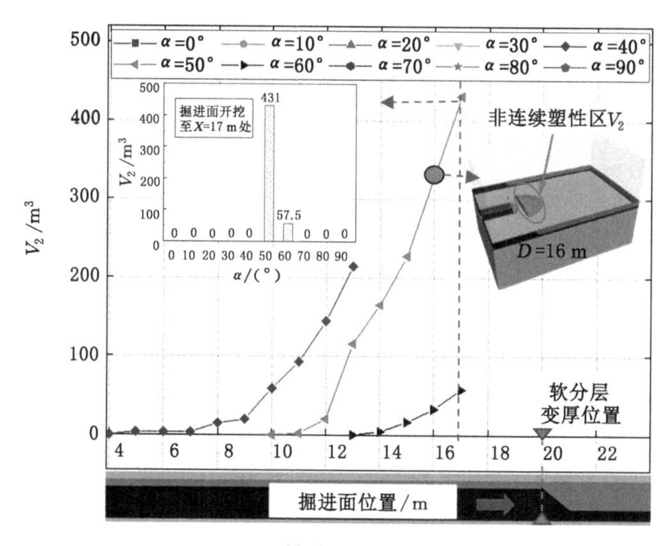

(a) 模型Ⅲ：硬软分层变化

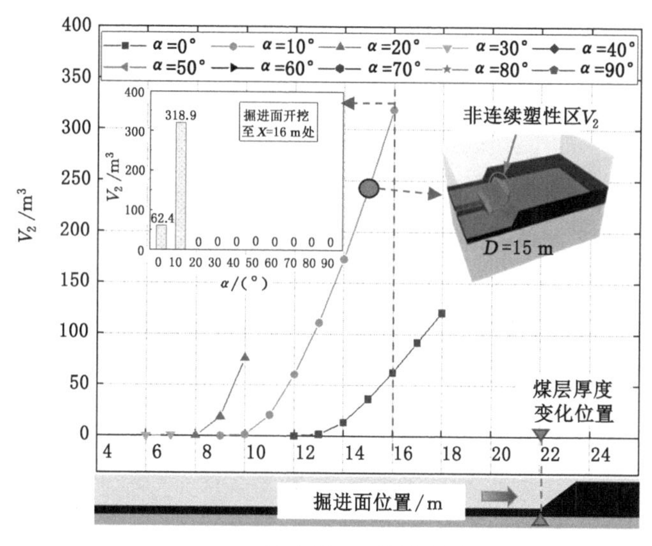

(b) 模型Ⅳ：煤层厚度变化

图 5-28　区域应力场方向对非连续塑性区范围的影响规律Ⅱ

几乎不会扩展增长。图 5-28(b)煤层厚度变化模型中，当主应力方向在 0°～20°之间变化时，随着掘进面的推进，非连续塑性区范围出现急剧增长；当主应力方向为其他角度范围时，随着掘进面的推进，非连续塑性区范围较小且变化不明显。所以，在围岩及主应力大小一定条件下，不同的主应力方向会导致非连续塑性区范围的差异化扩展。

(2) 区域主应力场方向对非连续塑性区演化过程的影响

为了探明主应力方向对非连续塑性区演化过程的影响，本书在四个模型中统计研究了不同主应力方向下出现非连续塑性区时与非连续塑性区贯通时掘进面所在位置，研究结果如图 5-29 所示。图中纵坐标掘进面的位置及分界面的位置均以模型边界为参考 0 点，纵坐标数值越大代表掘进面距离分界面距离越近。图中，起始位置指开始出现非连续塑性区时的掘进面所在位置，贯通位置指掘进头前方塑性区与分界面后方非连续塑性区连通时掘进面所在位置。

由图可得，四个模型中主应力方向变化时，随着掘进面的推进非连续塑性区出现及贯通的演化规律各不相同。图 5-29(a)硬软变化模型中，主应力方向在 30°～40°变化时，掘进面距离分界面较远时即会出现非连续塑性区，随着掘进面的推进非连续塑性区范围逐渐扩大，在邻近分界面时非连续塑性区贯通；主应力方向在 30°～10°及 40°～80°范围变化时，出现非连续塑性区时，掘进面位置逐渐靠近分界面，贯通位置分界面附近；小于 10°及大于 90°时不会出现非连续塑性区。图 5-29(b)石门揭煤模型中，主应力方向为 0°时非连续塑性区出现时，掘进面距离分界面最远，随着主应力方向由 0°增大到 80°，出现非连续塑性区时掘进面距离分界面的位置逐渐减小，直到与分界面重合，大于 80°后，将不会产生非连续塑性区，非连续塑性区的贯通位置均在分界面附近。

图 5-29(c)硬软分层变化模型中，主应力方向为 40°时，出现非连续塑性区时掘进面距离分界面较远，并在邻近分界面时贯通；在 40°到 60°变化时，非连续塑性区出现时，掘进面的位置逐渐靠近分界面，非连续塑性区贯通时，掘进面均邻近分界面；主应力方向小于 40°或大于 60°时，不会出现非连续塑性区。图 5-29(d)煤层厚度变化模型中，主应力方向为 10°时，出现非连续塑性区时，掘进面距离分界面较远，并在邻近分界面时贯通，在掘进面推进过程非连续塑性区范围不断增大；主应力方向大于 30°后，不会出现非连续塑性区。

(3) 工程意义

非连续塑性区的形成及体积的变化对掘进面前方“瓦斯包”的形成密切相关，非连续塑性区的形成及演化对掘进面前方瓦斯突出有重要影响。在围岩与主应力大小一定时，主应力方向的改变对非连续塑性区的形成及演化有重要影响。当主应力方向处在合适的角度时，掘进面距离分界面越远的位置会出现非

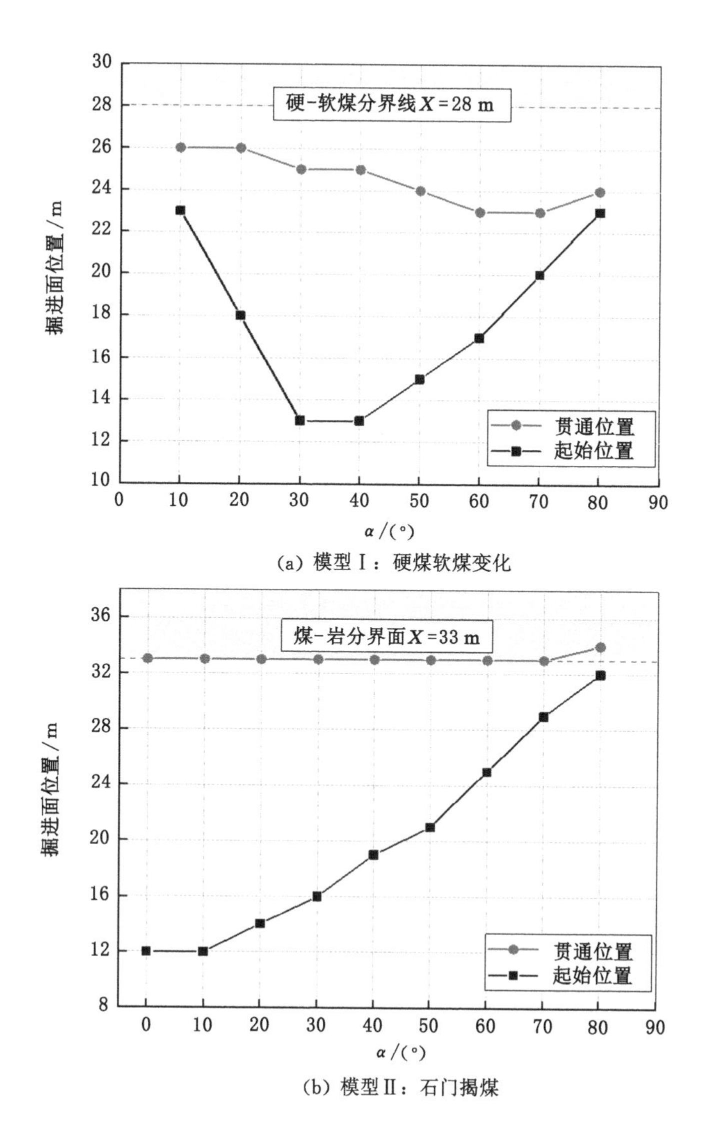

(a) 模型Ⅰ：硬煤软煤变化

(b) 模型Ⅱ：石门揭煤

图 5-29 区域应力场方向对非连续塑性区演化过程的影响

连续塑性区，且随着掘进面的推进，非连续塑性区会不断演化增长，在掘进面前方会形成“瓦斯包”，突出危险性增大；当主应力方向偏离合适的角度时，在掘进面临近分界面时才出现非连续塑性区，且非连续塑性区范围较小，还没有演化增长即已贯通，不会形成大范围的“瓦斯包”，突出的风险较小。

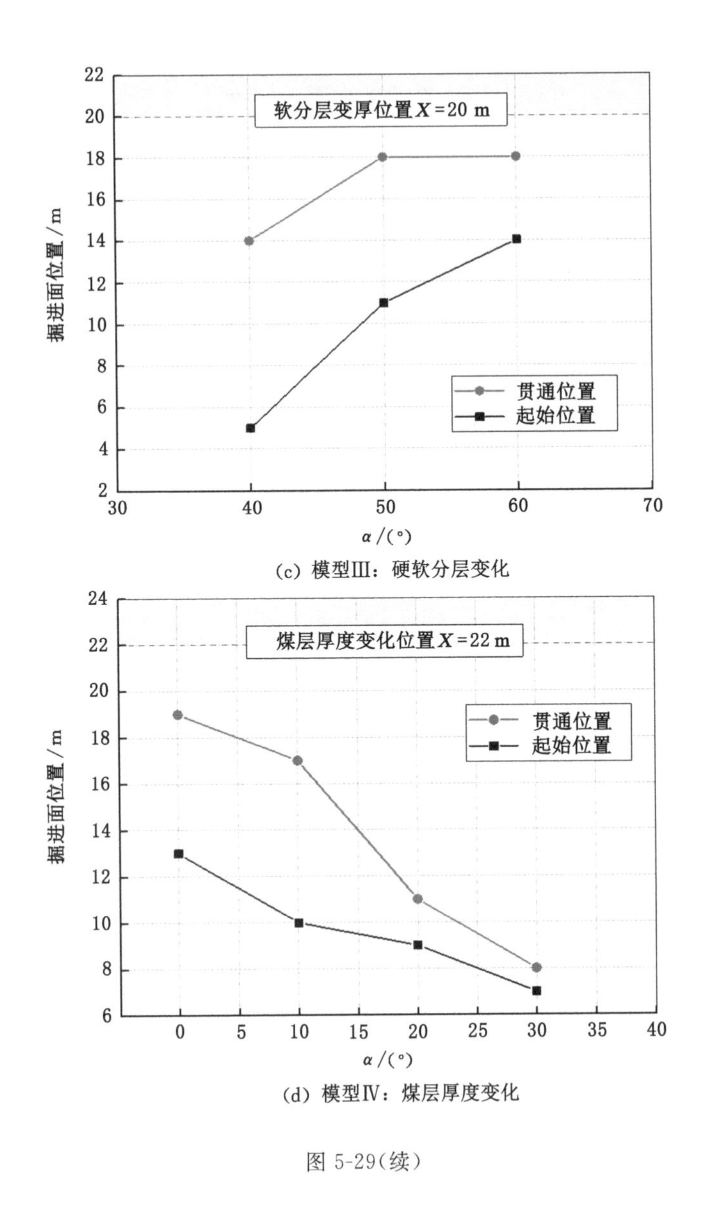

(c) 模型Ⅲ：硬软分层变化

(d) 模型Ⅳ：煤层厚度变化

图 5-29(续)

5.6.2 硬-软变化区域非连续塑性区的强度敏感性分析

塑性区的形成是应力与围岩相互作用的结果，非连续塑性区的形成扩展与煤岩强度有直接关系，下面将分析煤岩强度对硬-软变化区域非连续塑性区的形成扩展的影响规律。基于莫尔-库仑强度准则，影响岩石强度的参数主要有岩石内聚力和岩石内摩擦角，下面主要分析这两个因素对硬-软变化区域非连续塑性区的影响规律。

5.6.2.1　软煤体内聚力的敏感性分析

(1) 软煤体内聚力对非连续塑性区范围的影响

分别在硬煤软煤变化、石门揭煤、硬软分层变化、煤层厚度变化四个模型中研究软煤体内聚力对硬-软变化区域非连续塑性区范围的影响。各个模型中区域应力场大小和方向同第 3 章建模时数据一致，控制硬煤岩体的强度和软煤体的内摩擦角不变，通过改变软煤体内聚力的取值，研究随着掘进面向前推进，软煤体内聚力对非连续塑性区体积 V_2 范围影响程度的变化规律，数值模拟计算方案见表 5-6，计算结果如图 5-30 和图 5-31 所示。

表 5-6　软煤体内聚力不同时的数值计算方案

区域应力场	模型	常量	变量 $C_{软}$/MPa	掘进面开挖
$P_1=36.5$ MPa $P_2=20$ MPa $P_3=10$ MPa α, P_1, P_2, P_3 z, x, y	模型Ⅰ：硬煤软煤变化	$C_{硬}=3$ MPa $\varphi_{硬}=35°$ $\varphi_{软}=30°$	2、2.4,2.6,2.8,3,3.2,3.4	从 $X=0$ 推进至 $X=28$ 开挖步距 1 m
	模型Ⅱ：石门揭煤	$C_{硬}=3$ MPa $\varphi_{硬}=35°$ $\varphi_{软}=30°$	2,2.4,2.6,2.8,3,3.2,3.4	从 $X=0$ 推进至 $X=33$ 开挖步距 1 m
	模型Ⅲ：硬软分层变化	$C_{硬}=3$ MPa $\varphi_{硬}=35°$ $\varphi_{软}=30°$	2,2.4,2.6,2.8,3,3.2,3.4	从 $X=0$ 推进至 $X=20$ 开挖步距 1 m
	模型Ⅳ：煤层厚度变化	$C_{硬}=3$ MPa $\varphi_{硬}=35°$ $\varphi_{软}=30°$	2,2.4,2.6,2.8,3,3.2,3.4	从 $X=0$ 推进至 $X=22$ 开挖步距 1 m

由图可得，4 个模型中随着掘进面的推进，软煤体内聚力对非连续塑性区体积 V_2 范围的影响规律基本一致：软煤体内聚力较大时(图中 $C>2.4$ MPa)，即使掘进面临近或通过硬软分界面，非连续塑性区范围很小，甚至不会出现非连续塑性区；软煤体内聚力减小到一定值后(图中 $C<2.2$ MPa)，随着掘进面靠近分界面，非连续塑性区体积 V_2 范围不断增大，且软煤体内聚力越小非连续塑性区体积 V_2 范围变化越敏感，如图所示，当软煤体内聚力达到 2 MPa 时，随着掘进面靠近分界面，非连续塑性区体积 V_2 呈指数形式增长。

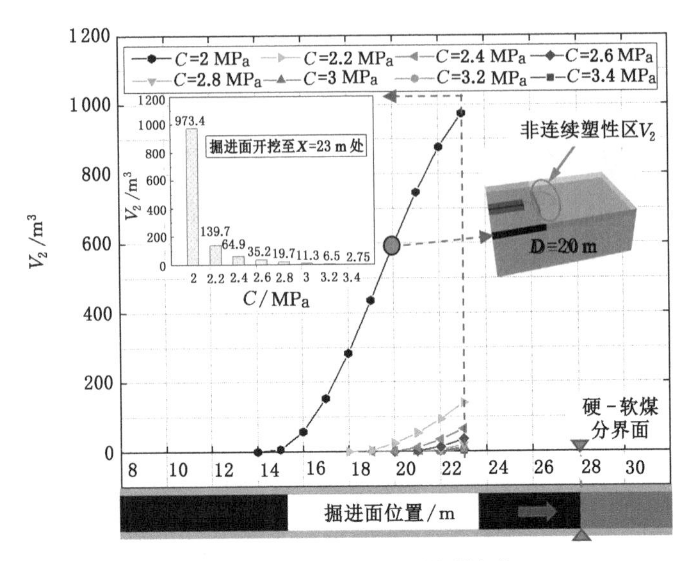

(a) 模型Ⅰ：硬煤软煤变化

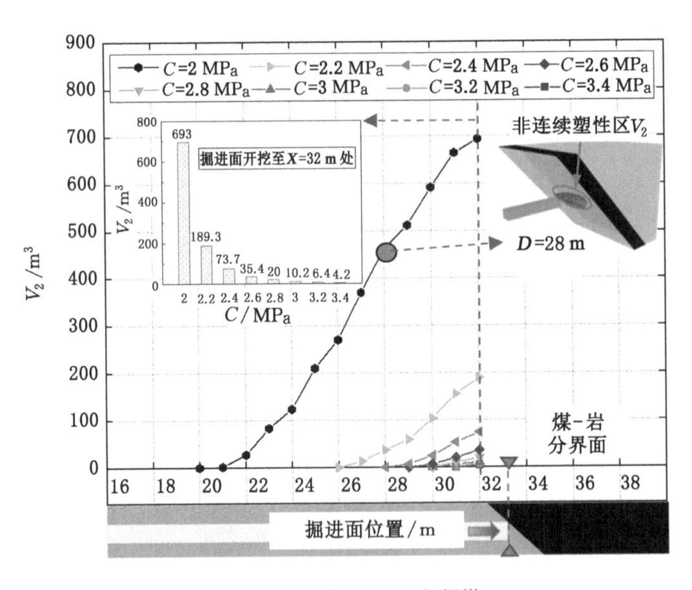

(b) 模型Ⅱ：石门揭煤

图 5-30　煤体内聚力对非连续塑性区范围的影响规律Ⅰ

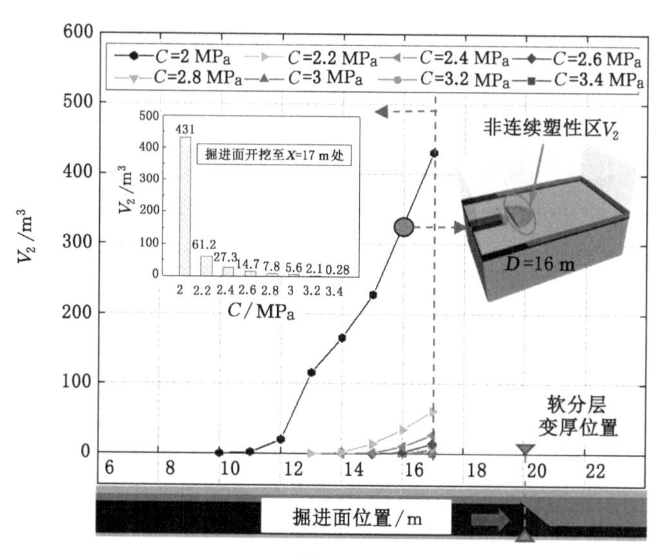

(a) 模型Ⅲ：硬软分层变化

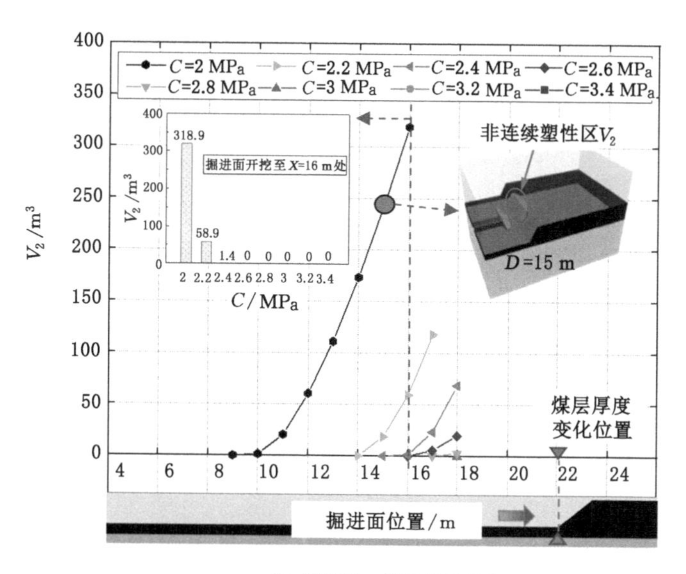

(b) 模型Ⅳ：煤层厚度变化

图 5-31　煤体内聚力对非连续塑性区范围的影响规律Ⅱ

同时，在掘进面距离分界面相同位置时，不同的软煤体内聚力，非连续塑性区体积 V_2 范围尺寸相差很大：以图 5-30(a)为例，掘进面距离分界面 5 m 时，软煤体内聚力大于 2.8 MPa 时不会出现非连续塑性区，软煤体内聚力为 2.2 MPa 时非连续塑性区体积 V_2 为 139.7 m^3，软煤体内聚力为 2 MPa 时非连续塑性区体积 V_2 达到 973.4 m^3；同理，图 5-30(b)、图 5-31(a)、图 5-31(b)中另外三个模型非连续塑性区范围对煤体内聚力的变化表现出相同的规律。所以，当软煤体内聚力较大时，非连续塑性区范围对软煤体内聚力的变化不敏感；当软煤体内聚力减小到一定值之后，非连续塑性区范围对软煤体内聚力的变化表现出很强的敏感性。

(2) 软煤体内聚力对非连续塑性区演化过程的影响

为了探明软煤体内聚力对非连续塑性区演化过程的影响，本书在四个煤与瓦斯突出模型中统计研究了不同软煤体内聚力下出现非连续塑性区时与非连续塑性区贯通时掘进面所在位置，研究结果如图 5-32 所示。图中纵坐标掘进面的位置及分界面的位置均以模型边界为参考 0 点，纵坐标数值越大代表掘进面距离分界面距离越近。图中，起始位置指开始出现非连续塑性区时的掘进面所在位置，贯通位置指掘进头前方塑性区与分界面后方非连续塑性区连通时掘进面所在位置。

由图可得，四个模型中软煤体内聚力对非连续塑性区演化过程的影响表现出相同的规律：随着软煤体内聚力的减小，出现非连续塑性区时掘进面距离分界面的距离越来越远，且变化较明显，即当软煤体内聚力较小时掘进面距离分界面较远处就已经出现了非连续塑性区；随着软煤体内聚力的减小，非连续塑性区贯通时掘进面距离分界面的距离有增大趋势但是变化不明显；随着软煤体内聚力的减小，四个模型中起始位置曲线与贯通位置曲线形成类似“反喇叭口”形状曲线。另外，当软煤体内聚力较大时，出现非连续塑性区时与非连续塑性区贯通时掘进面所在位置较接近，均在接近分界面时出现，非连续塑性区出现即马上贯通，非连续塑性区没有演化增长过程，即软煤体内聚力较大时将不会出现非连续塑性区。所以，软煤体内聚力对非连续塑性区出现时掘进面所处位置有较大影响，软煤体内聚力越大，距离分界面较远时即出现了非连续塑性区，并随着掘进面靠近分界面，非连续塑性区范围逐渐增大。

(3) 工程意义

煤体内聚力较大时，煤体强度较高，在掘进面临近分界面时才出现非连续塑性区，且非连续塑性区范围较小，还没有演化增长即已贯通，不会形成“瓦斯包”，

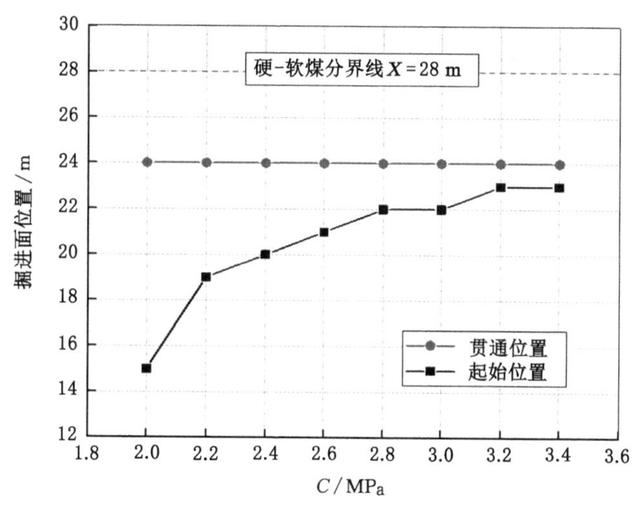

(a) 模型Ⅰ：硬煤软煤变化

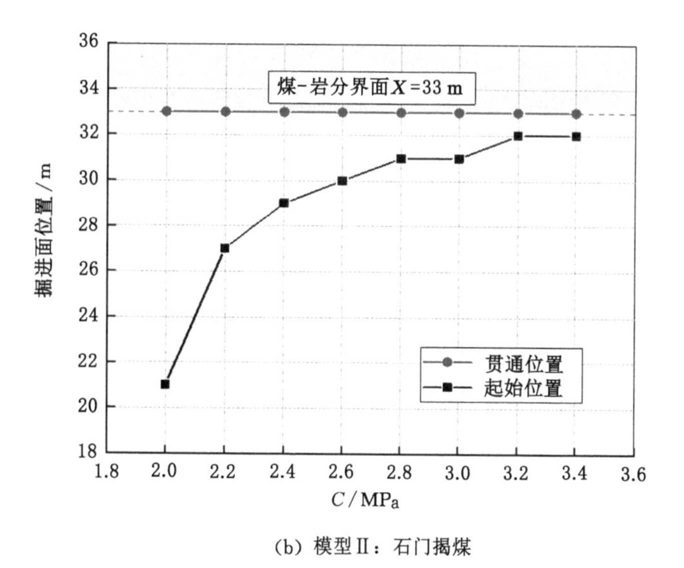

(b) 模型Ⅱ：石门揭煤

图 5-32　煤体内聚力对非连续塑性区演化过程的影响

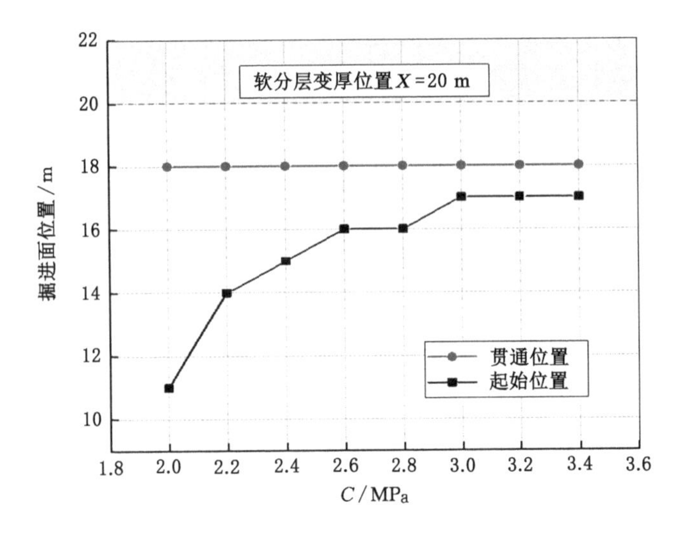

(c) 模型Ⅲ：硬软分层变化

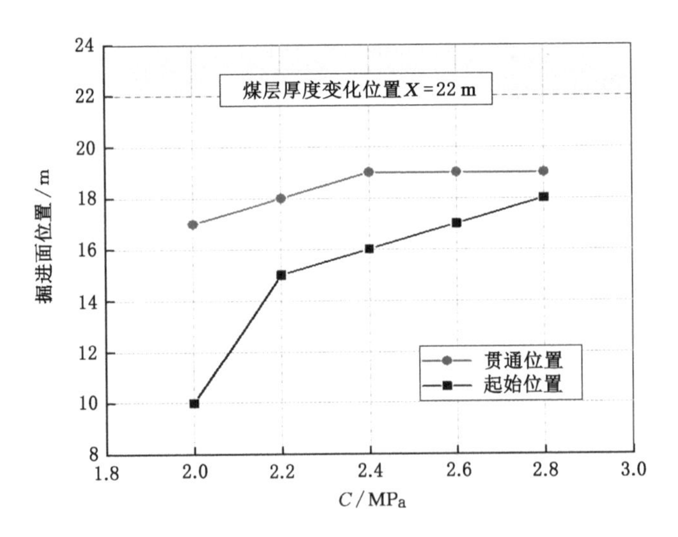

(d) 模型Ⅳ：煤层厚度变化

图 5-32(续)

突出的风险较小；随着软煤体内聚力的减小，煤体强度逐渐减弱，掘进面距离分界面远的位置会出现非连续塑性区，且随着掘进面的推进，非连续塑性区会不断演化增长，在掘进面前方会形成“瓦斯包”，突出危险性增大；当软煤体强度减小到一定极限值后，非连续塑性区会在掘进面距离分界面较远位置处形成，且随着掘进面的推进，非连续塑性区会急剧增大，瓦斯突出风险陡增。

5.6.2.2　软煤体内摩擦角的敏感性分析

(1) 软煤体内摩擦角对非连续塑性区范围的影响

分别在硬煤软煤变化、石门揭煤、硬软分层变化、煤层厚度变化四个模型中研究软煤体内摩擦角对硬-软变化区域非连续塑性区范围的影响。各个模型中区域应力场大小和方向同 5.1 节建模时数据一致，控制硬煤岩体的强度和软煤体的内聚力不变，通过改变软煤体内摩擦角的取值，研究随着掘进面向前推进，软煤体内摩擦角对非连续塑性区体积 V_2 范围影响程度的变化规律，数值模拟计算方案见表 5-7，计算结果如图 5-33 至图 5-34 所示。

表 5-7　软煤体内摩擦角不同时的数值计算方案

<table>
<tr><th>区域应力场</th><th>模型</th><th>常量</th><th>变量 $\varphi_{软}$/(°)</th><th>掘进面开挖</th></tr>
<tr><td rowspan="4">$P_1=36.5$ MPa
$P_2=20$ MPa
$P_3=10$ MPa</td><td>模型Ⅰ：
硬煤软煤
变化</td><td>$C_{硬}=3$ MPa
$\varphi_{硬}=35°$
$C_{软}=2$ MPa</td><td>30°,30.5°,31°,
32°,33°,34°</td><td>从 $X=0$ 推进至 $X=28$
开挖步距 1 m</td></tr>
<tr><td>模型Ⅱ：
石门揭煤</td><td>$C_{硬}=3$ MPa
$\varphi_{硬}=35°$
$C_{软}=2$ MPa</td><td>30°,30.5°,31°,
32°,33°,34°</td><td>从 $X=0$ 推进至 $X=33$
开挖步距 1 m</td></tr>
<tr><td>模型Ⅲ：
硬软分层
变化</td><td>$C_{硬}=3$ MPa
$\varphi_{硬}=35°$
$C_{软}=2$ MPa</td><td>30°,30.5°,31°,
32°,33°,34°</td><td>从 $X=0$ 推进至 $X=20$
开挖步距 1 m</td></tr>
<tr><td>模型Ⅳ：
煤层厚度
变化</td><td>$C_{硬}=3$ MPa
$\varphi_{硬}=35°$
$C_{软}=2$ MPa</td><td>30°,30.5°,31°,
32°,33°,34°</td><td>从 $X=0$ 推进至 $X=22$
开挖步距 1 m</td></tr>
</table>

由图可得，四个模型中随着掘进面的推进，软煤体内摩擦角对非连续塑性区体积 V_2 范围的影响规律基本一致：软煤体内摩擦角较大时（图中 $\varphi>31°$），即使掘进面临近或通过硬软分界面，非连续塑性区范围很小，甚至不会出现非连续塑

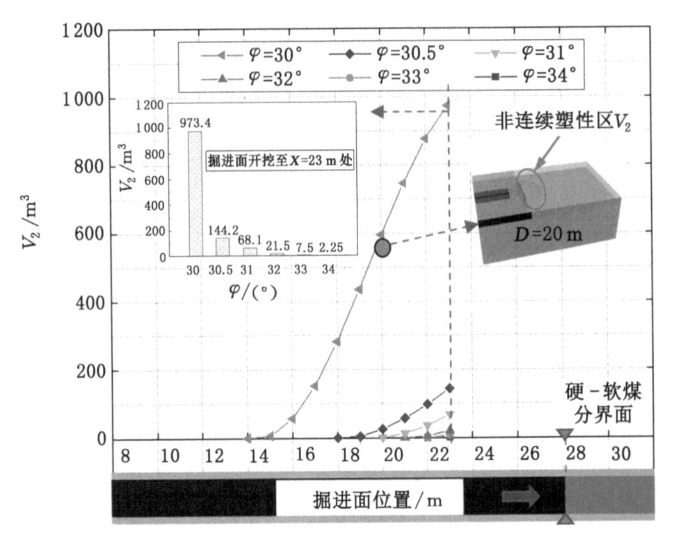

(a) 模型Ⅰ：硬煤软煤变化

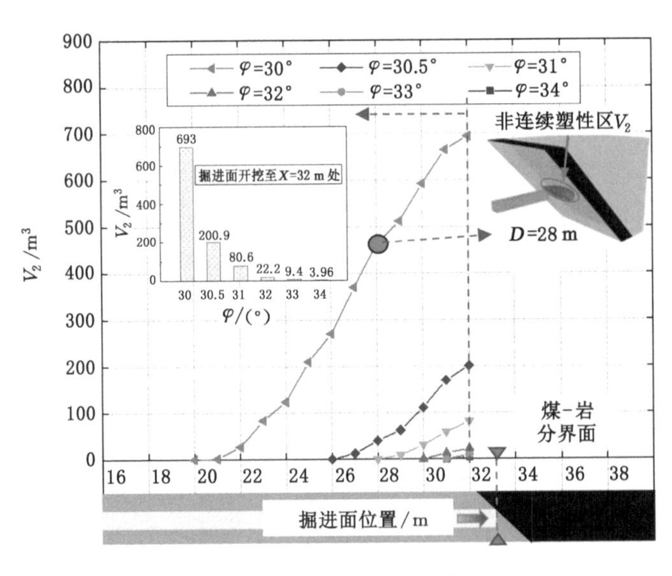

(b) 模型Ⅱ：石门揭煤

图 5-33　软煤体内摩擦角对非连续塑性区范围的影响Ⅰ

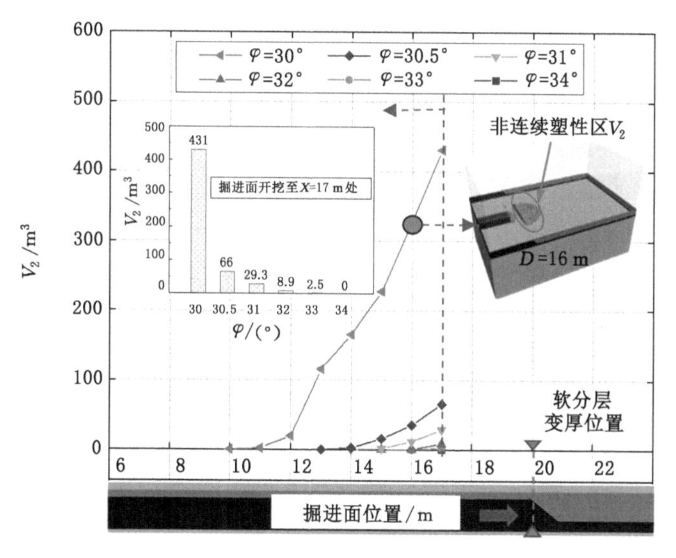

(a) 模型Ⅲ：硬软分层变化

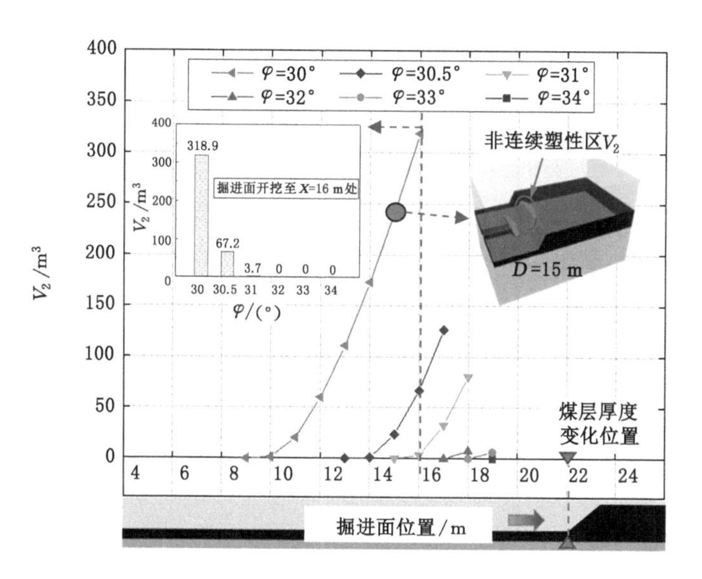

(b) 模型Ⅳ：煤层厚度变化

图 5-34 软煤体内摩擦角对非连续塑性区范围的影响Ⅱ

性区；软煤体内摩擦角减小到一定值后（图中 $\varphi<30.5°$），随着掘进面靠近分界面，非连续塑性区体积 V_2 范围不断增大，且软煤体内摩擦角越小非连续塑性区体积 V_2 范围变化越敏感，如图所示当软煤体内摩擦角达到 30°时，随着掘进面靠近分界面，非连续塑性区体积 V_2 呈指数形式增长。

同时，在掘进面距离分界面相同位置时，不同的软煤体内摩擦角，非连续塑性区体积 V_2 范围尺寸相差很大。以图 5-33(a)为例，掘进面距离分界面 5 m 时，煤体软煤体内摩擦角大于 33°时不会出现非连续塑性区，软煤体内摩擦角为 30.5°时非连续塑性区体积 V_2 为 144.2 m^3，煤体内聚力为 2 MPa 时非连续塑性区体积 V_2 达到 973.4 m^3；同理，图 5-33(b)、图 5-34(a)、图 5-34(b)中另外三个模型非连续塑性区范围对煤体内聚力的变化表现出相同的规律。所以，当软煤体内摩擦角较大时，非连续塑性区范围对软煤体内摩擦角的变化不敏感；当软煤体内摩擦角减小到一定值之后，非连续塑性区范围对软煤体内摩擦角的变化表现出很强的敏感性。

(2) 软煤体内摩擦角对非连续塑性区演化过程的影响

为了探明软煤体内摩擦角对非连续塑性区演化过程的影响，本书在四个模型中统计研究了不同软煤体内摩擦角下出现非连续塑性区时与非连续塑性区贯通时掘进面所在位置，研究结果如图 5-35 所示。图中纵坐标掘进面的位置及分界面的位置均以模型边界为参考 0 点，纵坐标数值越大代表掘进面距离分界面距离越近。

由图可得，四个模型中煤体内聚力对非连续塑性区演化过程的影响表现出相同的规律：随着软煤体内摩擦角的减小，出现非连续塑性区时掘进面距离分界面的距离越来越远，且变化较明显，即当软煤体内摩擦角较小时掘进面距离分界面较远处就已经出现了非连续塑性区；随着软煤体内摩擦角的减小，非连续塑性区贯通时掘进面距离分界面的距离有增大趋势但是变化不明显；随着软煤体内摩擦角的减小，四个模型中起始位置曲线与贯通位置曲线形成类似“反喇叭口”形状曲线。另外，当软煤体内摩擦角较大时，出现非连续塑性区时与非连续塑性区贯通时掘进面所在位置较接近，均在接近分界面时出现，非连续塑性区出现即马上贯通，非连续塑性区没有演化增长过程，即软煤体内摩擦角较大时将不会出现非连续塑性区。所以，软煤体内摩擦角对非连续塑性区出现时掘进面所处位置有较大影响，软煤体内摩擦角越大，距离分界面较远时出现了非连续塑性区，并随着掘进面靠近分界面，非连续塑性区范围逐渐增大。图中，起始位置指开始出现非连续塑性区时的掘进面所在位置，贯通位置指掘进头前方塑性区与分界面后方非连续塑性区连通时掘进面所在位置。

(3) 工程意义

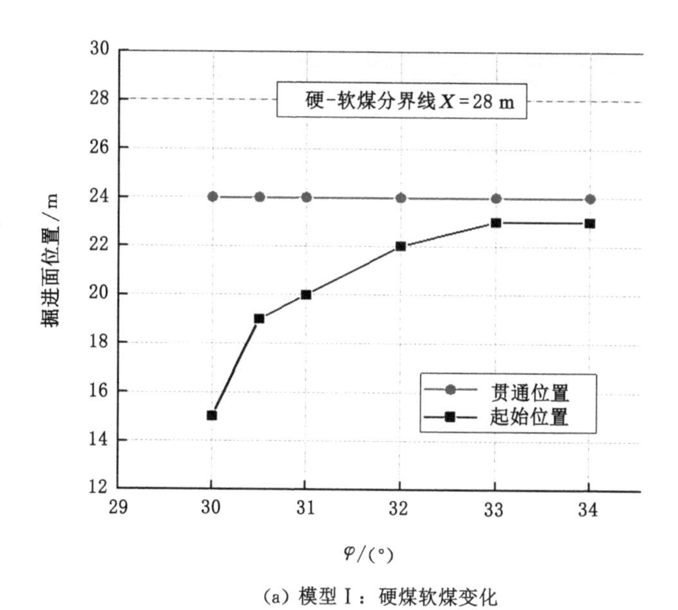

(a) 模型Ⅰ：硬煤软煤变化

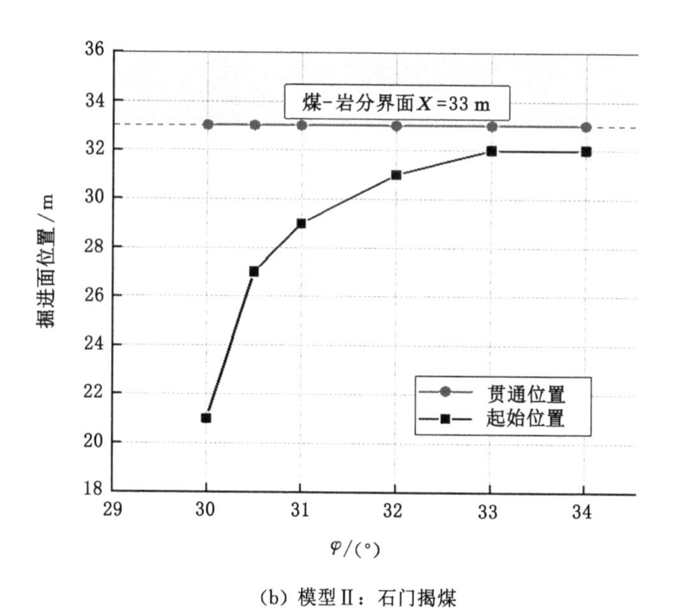

(b) 模型Ⅱ：石门揭煤

图 5-35　软煤体内摩擦角对非连续塑性区演化过程的影响规律

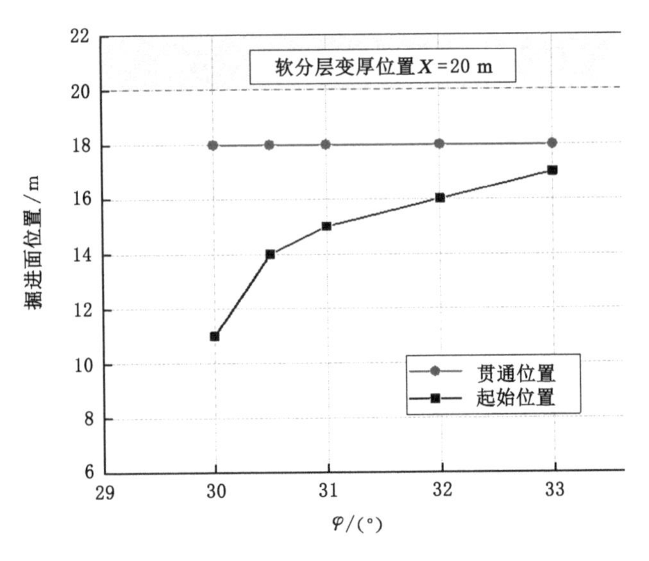

(c) 模型Ⅲ：硬软分层变化

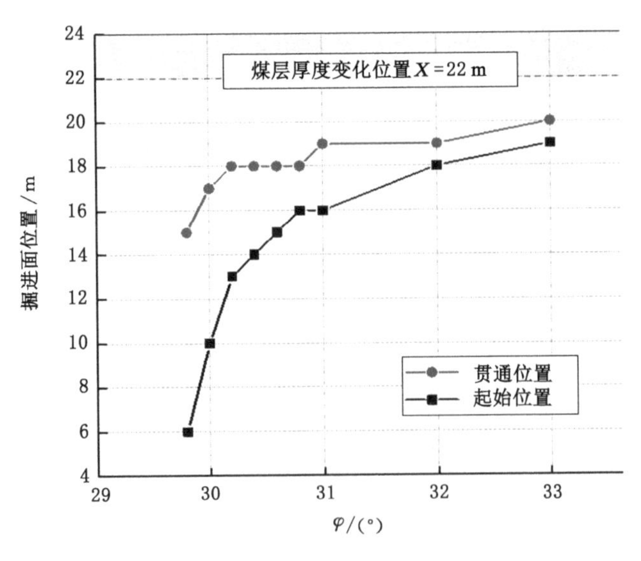

(d) 模型Ⅳ：煤层厚度变化

图 5-35(续)

软煤体内摩擦角对非连续塑性区的形成及演化有重要作用：软煤体内摩擦角较大时，煤体强度较高，在掘进面临近分界面时才出现非连续塑性区，且非连续塑性区范围较小，还没有演化增长即已贯通，不会形成“瓦斯包”，突出的风险较小；随着软煤体内摩擦角的减小，煤体强度逐渐减弱，掘进面距离分界面较远的位置会出现非连续塑性区，且随着掘进面的推进，非连续塑性区会不断演化增长，在掘进面前方会形成“瓦斯包”，突出危险性增大；当煤体强度减小到一定极限值后，非连续塑性区会在掘进面距离分界面较远位置处形成，且随着掘进面的推进，非连续塑性区会急剧增大，瓦斯突出风险陡增。

5.7 本章小结

本章基于突出危险区域的地质环境特征，建立了四类典型硬-软变化区域地质结构体数值计算模型，并据此研究了掘进面过硬-软变化区域时塑性区形态特征和非连续塑性区的演化规律，揭示了掘进面过硬-软变化区域时的孕灾过程。建立了硬-软变化区域岩体的简化孔洞力学模型，研究了硬-软变化区域非连续塑性区形成的力学机制，通过理论分析锁定了非连续塑性区形成的关键影响因素，并且采用数值计算的方法对掘进面过硬-软变化区域时非连续塑性区的敏感因素进行了分析，获得如下主要结论：

(1) 建立了四种典型硬软变化区域数值计算模型，研究了掘进面过硬-软变化区域时前方塑性区的空间形态和演化特征。随着掘进面的推进前方相继会出现“半椭球”形单塑性区—“双半椭球”形非连续双塑性区—“双半椭球”形连续单塑性区。随着掘进面的推进前方塑性区会经历单一塑性区—非连续塑性区—非连续塑性区急剧扩展—非连续塑性区贯通 4 个演化阶段，在整个演化过程中，掘进头位置处塑性区体积 V_1 变化幅度很小，非连续塑性区体积 V_2 呈现出急速增长趋势，且当掘进面推进至距离硬软分界面某一位置处时，大范围非连续塑性区会被掘进头前方塑性区连通。

(2) 揭示了掘进面过硬-软变化区域时的孕灾过程。掘进面过硬-软变化区域时非连续塑性区的形成与演化决定了掘进面前方“瓦斯包”的孕育程度，即非连续塑性区的范围决定了“瓦斯包”的容积。对比四个模型的计算结果发现，在区域应力状态、围岩强度基本相同的情况下，掘进面过不同硬-软变化地质结构模型时，非连续塑性区的形成与演化的阶段不同，所孕育地“瓦斯包”的大小也不相同。掘进面过硬煤-软煤变化区域和石门揭煤过程中，相比其他两个模型，从非连续塑性区产生到最终贯通过程中掘进面推进的步距更长，故非连续塑性区的演化阶段也更长，“瓦斯包”孕育的过程更加隐蔽，非连续塑性区扩展的体积更大，"瓦斯包"可积蓄的能量更多，因而发生突出的风险性更大。

(3) 建立了硬-软变化区域岩体的简化孔洞力学模型，获得了硬-软变化区域岩体中孔洞围岩塑性区的边界方程，给出了非连续塑性区边界的数学表达。一定条件下，在硬-软变化区域岩体中，当双向围压相等或比值差别不大时，孔洞围岩塑性区在硬岩体中呈圆形或近似椭圆形分布，随着双向压力比值的增大，塑性区逐渐呈现出蝶形分布的特征，并且蝶形塑性区的蝶叶部位可以在硬软岩体之间产生间断扩展，进而在软岩体中形成非连续塑性区。

(4) 基于硬-软变化区域岩体的孔洞围岩塑性区边界方程，理论分析了非连续塑性区形成的影响因素。非连续塑性区的形成主要受区域应力状态、软岩体的强度参数及分布区域和孔洞尺寸等因素的影响，其中，区域最大主应力越大且主应力比值越小，越容易产生非连续塑性区；当最大主应力增大到一定值及主应力比值减小到一定值后，非连续塑性区会出现急剧扩展现象；不同的主应力方向同样会造成非连续塑性区形态和范围的差异；软弱岩体内聚力和内摩擦角越小，岩体强度越低，越容易出现非连续塑性区，当岩体强度降低到一定值后，非连续塑性区会出现急剧扩展的现象；非连续塑性区随孔洞尺寸的增加而迅速增大，随软岩体的分布范围增大而增大，但是软岩体的分布对软岩体内非连续塑性区最大破坏深度的影响并不明显。

(5) 获得了影响非连续塑性区形成与扩展演化的关键敏感因素，为认识"瓦斯包"的演化规律和煤与瓦斯突出的有效防治提供了重要理论依据。掘进巷道过硬-软变化区域时，非连续塑性区形成与扩展演化的关键敏感因素包括区域应力状态(区域主应力场的大小、方向)和煤岩体强度参数(黏聚力和内摩擦角)，当区域最大主应力场增大或区域最小主应力场减小或煤体强度减弱时，非连续塑性区会在掘进面距离硬-软分界面更远的位置出现，且随着掘进面的推进，非连续塑性区不断演化增长；当主应力方向处在合适的角度时，非连续塑性区会在掘进面距离硬-软分界面更远的位置出现，且随着掘进面的推进，非连续塑性区会不断演化增长。

6 硬-软变化地质结构对煤与瓦斯突出的控制作用

基于前文对掘进巷道过硬-软变化区域时非连续塑性区的形成机制、发展演化过程以及敏感因素的分析，本章提出了非连续塑性区贯通诱发煤与瓦斯突出机理，阐明了非连续塑性区扩展演化诱发煤与瓦斯突出的物理力学过程，剖析了非连续塑性区贯通诱发突出的发展过程，对突出准备、突出启动、突出发展和突出终止四个关键环节进行了阐述，并对突出发生的非连续破坏条件、触发条件、破坏区连续扩展条件和能量条件进行了讨论。

6.1 硬-软变化地质结构对煤与瓦斯突出的作用机制

6.1.1 硬-软变化区域非连续塑性区贯通诱发突出机理

根据掘进巷道蝶形煤与瓦斯突出启动的力学机理，在巷道掘进过程中，当区域应力场的应力状态满足一定条件时，在巷道掘进工作面前方会形成一定范围的蝶叶形塑性破坏区。当巷道在硬岩体中掘进时，蝶叶形塑性区的尺度范围相对较小，此时，蝶形塑性区对应力的敏感度也相对比较低。随着掘进巷道的不断开挖推进，当掘进工作面前方地质条件发生变化，出现由硬岩体到软岩体的硬-软变化区域(例如煤体强度减弱、石门揭煤、煤层变厚或其软分层变厚等)，且硬岩体和软岩体的强度条件和区域应力场的应力状态均满足一定条件时，蝶叶形塑性区会产生非连续扩展现象，如图 6-1 所示，即在相对较软的煤体区内产生了封闭式的非连续塑性区，随着非连续塑性区范围内煤岩体破坏产生的裂隙增多，吸附瓦斯会大量解吸，而形成一个封闭式的“瓦斯包”，并且非连续塑性区范围会随着掘进面的持续推进不断扩展，也就是“瓦斯包”的体积也在不断增大，当随着工作面的继续推进或外部的动力扰动(地震、断层活化、顶板来压、移动支承压力、采掘活动等)，使得封闭式的非连续塑性区与掘进面前方塑性区形成连通时，“瓦斯包”也会随之被突然打破而与工作面形成贯通，同时其内储存的能量会被快速释放，如果“瓦斯包”内的能量足够大，破坏的煤岩体便会在瓦斯的裹挟下产生动力失稳，即煤与瓦斯突出。由此可见，在巷道掘进过程中，硬-软变化区域煤岩体塑性区的非连续扩展是形成高压“瓦斯包”进而引发煤与瓦斯突出的一个重要因素。

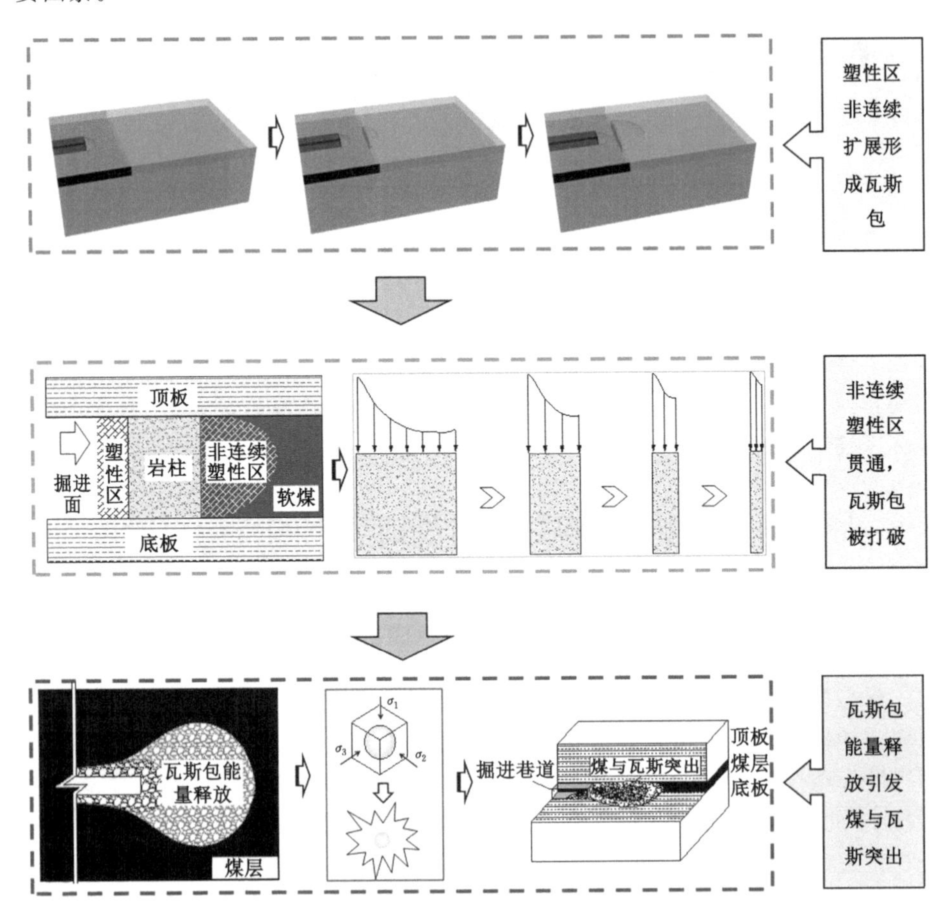

图 6-1　非连续塑性区贯通诱发煤与瓦斯突出过程示意图

在巷道掘进过程中，硬-软变化区域煤岩体形成的非连续塑性区及其随巷道开挖掘进产生的扩展演化的理论基础是蝶形塑性区理论，即非连续塑性区是由于掘进巷道蝶形塑性的形态变异演化而形成的。从该机理对煤与瓦斯突出的认识可以看出，在硬-软变化区域煤岩体中，发生煤与瓦斯突出的根源在于非连续塑性区的形成与扩展演化，非连续塑性区对应力的敏感程度决定了煤与瓦斯突出发生的危险性，非连续塑性区的范围及其瓦斯赋存情况共同决定了煤与瓦斯突出事故的严重程度；触发事件对于煤与瓦斯突出的激发是不可或缺的因素，但是在实际生产过程中，这些事件又具有一定的偶然性和不确定性，有可能是致使掘进巷道区域应力场的大小和方向发生较大改变的强烈扰动，如：地震、断层活化、覆岩破断等。可能是只引起局部围岩应力场发生微小变化的轻微扰动，如：机采机掘、风镐作业等。

从数值上看，瓦斯压力与围岩应力相比较往往相差几倍甚至十几倍，在分析巷道围岩塑性破坏时可以忽略，但是瓦斯的赋存情况直接关系到突出事故的严重程度。由于非连续塑性区的形成与发展是巷道区域应力场的应力状态、煤岩体的物理力学性质以及巷道掘进工作面与硬-软变化区域煤岩体的空间位置关系等多因素共同作用的结果，所以它们之间正确的数学力学逻辑关系可以定量地描述非连续塑性区的演化过程及其诱发煤与瓦斯突出的机理，但是在进行突出危险性评估时必须要考虑瓦斯基础参数的影响。

6.1.2　突出前兆特征致因分析

本书提出的硬-软变化区域煤与瓦斯突出发生机理中“在掘进面前方煤岩体形成的非连续塑性破坏区”，可以较好地描述硬-软变化区域煤与瓦斯突出的诱发机制，解释煤与瓦斯突出发生的一些前兆特征。

（1）声响预兆

现象：煤壁前方有劈裂声、煤炮声、闷雷声等。

解释：突出发生前在煤壁前方会有煤炮声、劈裂声、闷雷声等现象，其预兆声响的来源是塑性区大范围扩展演化伴随的煤岩破裂的声响。在硬-软变化区域煤岩体中，掘进工作面前方会形成非连续塑性区。随着掘进工作面的推进，非连续塑性区会继续扩展演化造成煤壁前方塑性区范围内的煤体破裂发出声响。致使非连续塑性区大范围扩展的原因除了掘进面的正常推进外，也有可能是外力扰动诱发塑性区本身的应力敏感特性造成的。

（2）矿压预兆

现象：煤壁出现外鼓、掉渣、片帮等。

解释：煤岩体发生塑性破坏的过程中经历了峰前损伤扩容以及峰后破裂碎胀两个阶段。掘进工作面前方煤岩体出现较大范围的非连续塑性破坏区时，由于扩容碎胀效应导致发生塑性破坏的煤岩体向掘进作业空间挤压，因而煤壁会出现外鼓、掉渣、片帮等现象。

（3）瓦斯预兆

现象：巷道内瓦斯浓度增大、瓦斯涌出异常、瓦斯涌出量忽大忽小。

解释：当掘进工作面前方的非塑性区贯通范围比较小时，裂隙发育程度相对较低，此时掘进面前方的煤岩体尚能对非塑性区形成的“瓦斯包”起到一定的阻挡作用，不足以引发煤与瓦斯突出，但是非塑性区形成的“瓦斯包”内的瓦斯会通过局部贯通裂隙向工作涌出，因而工作面附近会出现瓦斯涌出异常、瓦斯浓度增大、瓦斯涌出量忽大忽小等前兆现象；如果掘进工作面前方的非塑性区在贯通前范围比较小，其内“瓦斯包”所聚集的能量尚不足以引发煤与瓦斯突出时，也会产生瓦斯涌出异常的前兆现象。

(4) 温度预兆

现象：煤墙发凉，环境温度降低。

解释：煤体内的瓦斯吸附解吸是热力耦合作用的结果，煤体瓦斯吸附为温度升高的放热过程，解吸为温度降低的吸热过程。随着非连续塑性区范围的扩大，煤岩体破坏范围内产生的裂隙也急剧增多，这为吸附瓦斯的大量解吸提供了便利条件，因而在非连续塑性区范围内形成一个封闭式的“瓦斯包”，这个过程伴随着能量的大量吸收，故引发煤体及周边岩体的温度降低。

6.2 煤与瓦斯突出发展过程分析

关于煤与瓦斯突出发展的过程分析，许多学者基于各自理论从不同角度进行了分析描述，给出了不同类型的突出阶段划分。其中，胡千庭[126]等以“煤与瓦斯突出是一个力学破坏过程”这一认识为前提，提出了煤与瓦斯突出过程的力学作用机理，认为突出是煤体间歇多次破坏和抛出的过程，并对突出的准备、发动、发展和终止四个阶段进行了重新划分和详细描述。舒龙勇[139]等在研究煤与瓦斯突出关键结构体致灾机制过程中，基于关键结构体模型对突出过程经历的准备、启动、发展和终止 4 个阶段重新进行了剖析，并阐述了与前人的不同认识。本书基于非连续塑性区的形成、扩展演化以及贯通，并结合煤与瓦斯突出的过程，参考前人研究成果，分为从突出准备、突出启动、突出发展和突出终止四个关键环节进行分析，突出过程描述如图 6-2 所示。

6.2.1 突出准备阶段

突出准备阶段是突出发生条件的酝酿阶段。在一定区域应力场条件下，当掘进工作面过硬-软变化区域煤岩体时，工作面前方一定范围的软煤体中会形成非连续塑性区，从非连续塑性区开始形成即进入突出准备阶段，随着掘进工作面不断向前推进，非连续塑性区的范围随之不断扩展演化，掘进面周边塑性区与非连续塑性区的边界也在逐渐接近，当掘进面周边塑性区与非连续塑性区的边界越来越接近，一个可能发生的外部扰动事件足以使非连续塑性区形成贯通时，准备阶段结束，进入突出启动阶段。

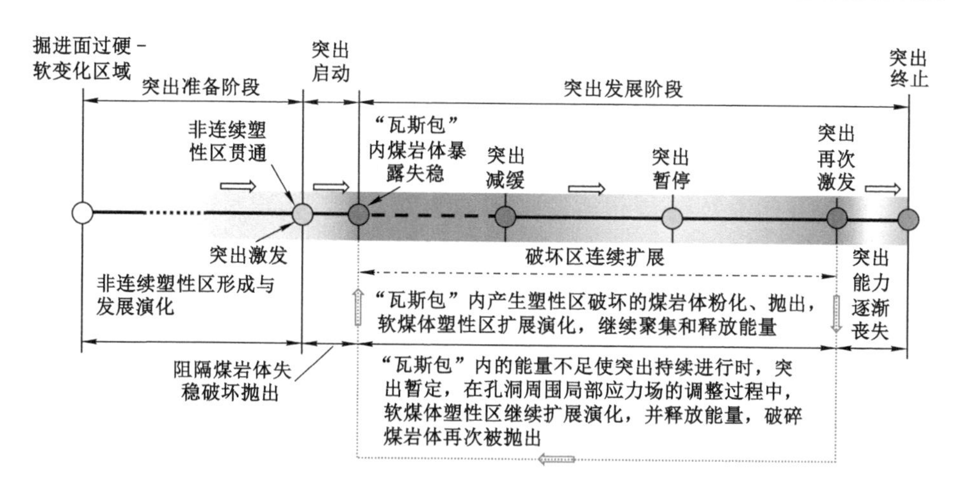

图 6-2　非连续塑性区贯通诱发突出过程描述

根据第 4 章的研究内容可知，区域应力场的应力状态、煤岩体的强度参数以及煤层赋存条件等一系列参数和状态的变化，不仅会影响非连续塑性区的形成范围，也会使非连续塑性区初始形成和贯通的时段发生变化，也就是说，在巷道掘进过程中，非连续塑性区的初始形成和贯通可能会提前产生，也可能会滞后产生，但由于掘进工作面进入突出准备阶段的起始和结束位置不同，不同条件下突出准备阶段的长度也可能会大不相同。

已有研究成果表明，煤体的变形和破坏过程是其内部微裂纹、裂缝产生并扩展的过程。在非连续塑性区的初始形成及扩展演化过程中，随着非连续塑性区范围内煤岩体破坏产生的裂隙增多，吸附瓦斯会大量解吸，而形成一个封闭式的"瓦斯包"，"瓦斯包"内积聚能量的大小主要取决于非连续塑性的范围以及煤体中瓦斯基础参数，非连续塑性区的范围决定了"瓦斯包"的容积，煤体中的瓦斯基础参数影响着"瓦斯包"内的瓦斯总量，非连续塑性区的范围越大，煤体中的瓦斯含量越高，"瓦斯包"内所含的瓦斯总量就越大，其内所聚集的总能量也就越高。在巷道掘进过程中，随着非连续塑性区范围的逐渐扩展，"瓦斯包"容积的逐渐增大，其内部高压瓦斯聚集的能量也越来越高，为后续突出的发动创造了能量条件。

6.2.2　突出启动阶段

突出启动阶段是指从外部扰动事件作用下非连续塑性区边界与掘进面周边塑性区形成贯通到"瓦斯包"内的破碎煤岩体开始被抛出（即煤与瓦斯突出发生这一突变点）。在掘进作业空间内，突出启动的显现形式主要表现为一定范围的煤岩体破坏失稳并被抛出，该部分煤岩体一般是掘进面前方的硬岩体或硬煤，在其塑性区与非连续塑性区边界贯通前，可以认为该部分煤岩体是对“瓦斯包”进行封闭的最后一道“屏障”。

在突出启动的进行过程中，外部扰动事件作用下非连续塑性区形成贯通可以认为是突出的激发，需要强调的是，使非连续塑性区形成贯通的外部扰动事件，是巷道在掘进过程中的一个必然事件，但它发生的时机具有一定的偶然性，它可能是机采机掘、风镐作业等，只需要引起掘进作业空间局部围岩应力场发生微小变化；也可能是顶板破断或滑移垮落、断层活化等，需要引起较大范围区域应力场的应力状态发生变化；也可能是爆破和揭煤等采掘作业一次性剥落煤岩后直接使非连续塑性区暴露等。除此以外，由于破坏煤岩体产生的碎胀作用，致使非连续塑性区在扩展演化过程中，会对周边煤岩产生巨大的膨胀压力，加之“瓦斯包”内的高压瓦斯与采掘作业空间（标准大气压）之间的压力差，会使封闭“瓦斯包”的“屏障”受到一个持续挤压载荷，当达到一定条件时，这个挤压载荷也可以致使封闭“瓦斯包”的“屏障”发生断裂破坏。

在外部扰动事件作用下非连续塑性区被局部小范围贯通时，即封闭“瓦斯包”的“屏障”局部发生强度破坏，暂不考虑封闭“瓦斯包”内积聚的能量对“屏障”的作用，此时，该部分煤岩体仍可能通过其残余强度继续承载，并不一定会发生失稳。因为通常所说的“破坏”是指煤岩受力状态达到屈服点，其所关注的是煤岩体内某一个点位置处的应力状态是否达到强度准则的条件，而煤岩体是否“失稳”主要取决于一定范围内的煤岩体是否因“破坏”而失去了对周围煤岩体的支撑承载能力。随着塑性区贯通范围的逐渐扩大，或者在外部扰动事件作用下非连续塑性区直接被大范围贯通时，即封闭“瓦斯包”的“屏障”发生较大程度的破坏时，仍暂不考虑封闭“瓦斯包”内积聚的能量对“屏障”的作用，此时，即使是该破坏位置的煤岩体失稳后完全失去承载能力，该位置原本承受的载荷也可能转移到周围煤岩体上。依据圣维南原理，该位置处煤岩体失稳的局部效应，从更大尺度范围的煤岩体来看，其仍然可能继续稳定地承载。

实际上，在煤矿生产过程，当非连续塑性区被贯通后，封闭“瓦斯包”与采掘作业空间之间的“屏障”被产生塑性破坏的煤岩体中的裂隙所打通，即为封闭“瓦斯包”内部积聚能量的急剧释放创造了一个“便捷通道”，并且，封闭“瓦斯包”与采掘作业空间之间的裂隙网会形成瓦斯流动的通道，所以在突出发生前工作面附近会出现瓦斯涌出异常、瓦斯浓度增大等前兆现象。当“瓦斯包”内积聚的能量足够大时，其内部的破碎煤岩会在瓦斯的裹挟下，以封闭“瓦斯包”与采掘作业空间之间的“便捷通道”为突破口，冲破封闭“瓦斯包”“屏障”的反向约束，致使突出孔洞颈部的煤岩产生失稳，并被进一步抛出，从而为“瓦斯包”内破碎煤岩体的抛出开辟一条通道，此时，即完成突出的启动阶段。如果非连续塑性区内由于破坏煤岩体的碎胀压力，加之“瓦斯包”内的高压瓦斯与采掘作业空间（标准大气压）之间的压力差，使封闭“瓦斯包”的“屏障”受到的持续挤压载荷足够大，则该挤压载荷可以致使“屏障”发生断裂破坏失稳，并被“瓦斯包”内蕴含的巨大能量抛出，从而为突出的发展创造了条件。

6.2.3 突出发展阶段

突出的发展阶段是指从“瓦斯包”内煤岩体暴露失稳（突出的最初发动）开始到突出终止所经历的过程，是突出在启动之后，煤岩体持续破坏失稳和抛出的一个过程，统计资料显示，不同强度的突出其持续过程一般在几秒到几十秒不等。在突出的发展过程中，有可能会遇到孔洞内煤粉堆积堵塞、局部“硬煤-软煤”复合区或因突出孔洞形成过程中周边煤岩体塑性区的间歇性扩展演化导致能量的间断性积聚和释放，而出现突出减缓、突出暂停和突出再次启动的现象。

突出的发展阶段通常又包含 2 个子阶段，即初始孔洞形成阶段和孔洞动态扩展阶段。初始孔洞形成阶段是指在非连续塑性区形成的“瓦斯包”范围内，当其内部的破碎煤岩在高压瓦斯的裹挟下突破掘进工作面煤壁的限制后，快速向工作面作业空间喷出而形成的初始突出孔洞。初始孔洞的大小基本由非连续塑性区的范围所控制，初始孔洞能否形成主要由“瓦斯包”内积聚的能量所决定。当非连续塑性区在贯通前的范围较小（即“瓦斯包”的体积较小），或由于瓦斯基础参数比较低，而致使“瓦斯包”内积聚的能量不满足突出启动的条件时，就不会再有突出的发展阶段，也就不会形成初始的突出孔洞。

随着初始孔洞的形成，即非连续塑性区形成的“瓦斯包”内的破碎煤岩被高压瓦斯裹挟而喷出，突出的破碎煤体与实体煤分离，同时与原周围煤岩体完全失去力的联系，由于孔洞周边煤体失去之前破碎煤体的支撑作用，导致孔洞周边围岩应力状态瞬间发生变化，进而使孔洞周围的煤体继续发生塑性破坏并积聚和释放能量，在此过程中，可能会出现突出减缓甚至突出暂停的现象，当积聚和释放的能量满足突出发生的条件时，突出会再次启动。

6.2.4 突出的终止

突出终止是突出发展末期的一时间点，此时煤岩体因不再具备发生煤与瓦斯突出的条件而休止下来。突出的终止可能是以下几种原因造成的：

(1) 由于突出孔壁受堆积煤岩的支撑，孔洞内部含瓦斯煤岩体释放的能量不足以冲破其反向阻力。

(2) 受软煤体分布区域的限制，塑性区未能继续扩展而持续提供能量。

(3) 受瓦斯基础参数的影响，瓦斯提供的能量不足以使突出持续进行。

6.3 煤与瓦斯突出的基本条件

煤与瓦斯突出的发展过程极其复杂，它不仅包括煤岩体的破坏，还包括破坏后更为强烈的动力效应，以至于对该过程的详细力学分析及发生条件是一直以来被困扰的难题。通过对非连续塑性区诱发煤与瓦斯突出过程的深入剖析，认为非连续塑性区诱发突出的过程需要满足四个条件：非连续破坏条件、触发条件、破坏区连续扩展条件和能量条件。其中非连续破坏条件也就是非连续塑性区的形成条件，是形成高压“瓦斯包”进而诱发突出的前提条件，能量条件是形成煤与瓦斯突出动力灾害的基础保证，触发条件又是“瓦斯包”内积聚能量得以集中释放的关键环节，而破坏区连续扩展条件是突出能够持续发展的核心所在。

6.3.1 非连续破坏条件

在地下煤层中，含瓦斯煤体的初始破坏是由地应力完成的，在区域地应力场作用下不发生破坏的煤体是不可能发生突出现象的。当掘进面过硬-软变化区域岩体时，如果掘进工作面前方的软煤体不发生初始破坏形成非连续的破坏区，即这一前提条件不满足，就不会形成封闭的高压“瓦斯包”，也就不会有后续因其而诱发突出的一系列过程。因此，在巷道掘进过程中，区域应力场作用下含瓦斯软煤体发生初始破坏形成非连续的破坏区是其诱发突出的前提条件。

根据第4章的研究成果，非连续塑性区的形成受一系列因素的影响，包括：区域应力状态(P、λ、α)、软岩体强度及分布区域($C_{软r\theta}$、$\varphi_{软r\theta}$)和孔洞尺寸(a)等。在一定条件下，孔洞围岩非连续塑性区的边界可以用简式(6-1)来表示：

$$R_{非}=f(P,\lambda,\alpha,C_{软r\theta},\varphi_{软r\theta},a) \tag{6-1}$$

即，当这些因素的组合满足一定条件时，在软岩体范围内会形成一部分区域，满足式(6-2)：

$$\sigma_1'(1-\sin\varphi_{软})-2C_{软}\cos\varphi_{软}-\sigma_3'(1+\sin\varphi_{软})\geqslant 0 \tag{6-2}$$

式中：σ_1' 为软岩体内的部分区域中任意一点的最大主应力，MPa；σ_3' 为软岩体内的部分区域中任意一点的最小主应力，MPa；$C_{软}$ 为软岩体的内聚力，MPa；$\varphi_{软}$ 为软岩体的内摩擦角，(°)。

在硬岩体中与软岩体相邻的部分范围会形成一定区域，满足式(6-3)：

$$\sigma_1''(1-\sin\varphi_{硬})-2C_{硬}\cos\varphi_{硬}-\sigma_3''(1+\sin\varphi_{硬})<0 \tag{6-3}$$

式中：σ_1''为硬岩体中与软岩体相邻的部分区域任意一点的最大主应力，MPa；σ_3''为硬岩体中与软岩体相邻的部分区域任意一点的最小主应力，MPa；$C_{硬}$ 为硬岩体的内聚力，MPa；$\varphi_{硬}$ 为硬岩体的内摩擦角，(°)。

图 6-3 所示为数值模拟计算结果，一定区域应力场条件下，当孔洞围岩塑性区为圆形和椭圆形塑性区的情况下，即使最大围压 P_1 增大到目前煤矿生产实践中极其少见的 100 MPa，孔洞围岩塑性区依然没有产生非连续扩展的现象，而在蝶形塑性区的情况下，当区域应力场的最大围压为 25 MPa 时，软岩体区域就会出现非连续的破坏区，而这一条件在有突出危险的矿井一般是完全能够满足的。

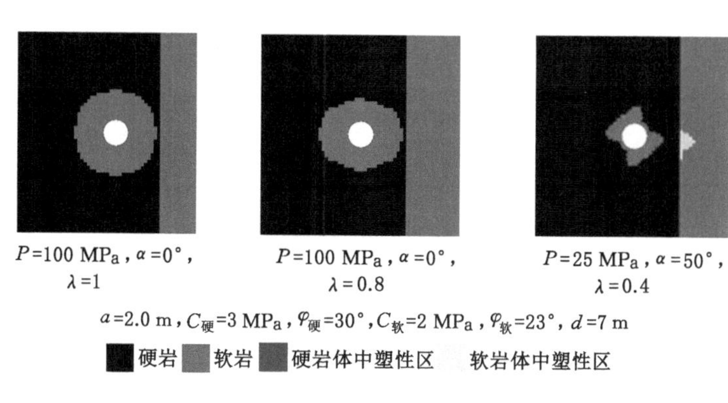

图 6-3　不同围压下孔洞围岩塑性区数值模拟计算结果

因此，在硬软变化区域岩体中，非连续破坏区的形成需要区域应力场的应力状态和硬岩体与软岩体之间的结构组合关系满足一定条件，由于蝶形塑性区能够使孔洞围岩形成大范围的破坏区，所以在硬软变化区域岩体中，当区域应力状态满足蝶形塑性区的形成条件时，岩体中的破坏区更容易在硬软岩体之间形成间断扩展，进而形成非连续的破坏区。

6.3.2　触发条件

从非连续塑性区诱发煤与瓦斯突出的整个过程来看，突出的启动过程始于非连续塑性区的贯通，止于“瓦斯包”内的破碎煤岩开始暴露失稳。所以，突出的触发条件需要满足两个子条件，一是突出的激发条件，即非连续塑性区的贯通；二是初始失稳条件，即封闭“瓦斯包”的“屏障”发生破坏失稳。需要注意的是，虽然突出的启动条件包括突出的激发条件和初始失稳条件，但突出的启动过程还要包括煤岩失稳后强烈的破坏和抛出。这样看来，以上两个子条件并不是突出启动的充分条件，我们在后面还要引入能量条件来进一步规定突出的发动条件。

需要注意的是，要考虑破坏和失稳的区别与联系：通常所说的“破坏”是指煤岩受力状态达到屈服点，其所关注的是煤岩体内某一个点位置处的应力状态是否达到强度准则的条件，而煤岩体是否“失稳”主要取决于一定范围内的煤岩体是否因“破坏”而失去了对周围煤岩体的支撑承载能力。也可以说，“失稳”是由“破坏”量变产生的质变结果，若某一范围内的煤岩体失稳，则其中必定有一些位置处的煤岩体同时已经发生了破坏，但并不一定是该范围内的所有煤岩体全部达到了强度破坏条件。

在某种程度上，从非连续塑性区形成贯通到“屏障”发生失稳，也是一个由量变发展到质变的过程。当非连续塑性区形成局部小范围贯通时，即封闭“瓦斯包”的“屏障”局部发生强度破坏，此时，该部分煤岩体仍可能通过其残余强度继续承载，并不一定会发生失稳；随着塑性区贯通范围的逐渐扩大，或者在外部扰动事件作用下非连续塑性区直接被大范围贯通时，即封闭“瓦斯包”的“屏障”发生较大程度的破坏，仍暂不考虑封闭“瓦斯包”内积聚的能量对“屏障”的作用，此时，即使是该破坏位置的煤岩体失稳后完全失去承载能力，该位置原本承受的载荷也可能转移到周围煤岩体上。依据圣维南原理，该位置处煤岩体失稳的局部效应，从更大尺度范围的煤岩体来看，其仍然可能继续稳定地承载。

实际上，在一些情况下，从非连续塑性区形成贯通到“屏障”发生失稳这个过程非常短暂，几乎是在瞬间完成的，如爆破和揭煤等采掘作业一次性剥落煤岩后直接使非连续塑性区暴露；但是还有一些情况，这个过程会持续一个较长的时间，如在煤层巷道掘进过程中，当遇到煤层中软分层厚度变厚时，煤层中的软分层可能会发生塑性破坏，使掘进面前方的塑性区与采掘空间形成贯通，但此时封闭“瓦斯包”的“屏障”还远远达不到失稳的条件。

在巷道掘进过程中，如果形成的非连续塑性区没有与采掘作业空间形成贯通，也就是不满足突出的激发条件，则“瓦斯包”内积聚的能量就无法释放，也就不会因此而发生突出动力事件；当突出的激发条件和初始失稳条件同时满足，即非连续塑性区的贯通和初始失稳破坏在几乎同一时间均满足时，即可达到突出的触发条件，此时，瓦斯包内积聚的能量可以瞬间集中释放，而形成煤与瓦斯突出；当突出的激发条件满足时，即非连续塑性区形成贯通后，如果在达到初始失稳条件过程中持续的时间越长，“瓦斯包”内的高压瓦斯会通过贯通裂隙网逐渐向采掘工作空间涌出，在此过程中其内积聚的能量被逐渐耗散，最后即使满足初始失稳条件，即已经达到突出的触发条件，但由于“瓦斯包”内的能量在此过程中过度消耗，可能已经不足以促使煤与瓦斯突出发生，或只能形成压出和倾出类的突出。

可以用一个充满气的气球来类比分析以上情况：

(1) 如果气球口密封得绝对严实，则其内的气体膨胀势能会被一直封存。

(2) 如果气球被突然刺破，则其内积聚的能量就会被突然释放而形成爆炸。

(3) 如果气球口突然被打开,其内部积聚的气体膨胀势能会通过气球口快速涌出,该过程虽不像爆炸那般剧烈,但也是一个能量急剧持续释放的过程。

(4) 如果气球口没有被完全密封严实,气球内的气体会通过封口处的微小缝隙而逐渐溢出,进而导致其内部的气体膨胀势能逐渐被消耗,在放置一段时间后,其内的气体膨胀势能会被耗尽或所剩无几。此时,如果气球被刺破一个洞,则可能不会形成爆炸,或仅仅只形成很微弱的爆炸,如果气球口被打开,其内部能量的释放过程也会更加微弱。

所以,在突出的触发条件中,突出的激发条件和初始失稳条件虽然是两个发生突变的时间点,但是这两个时间点距离的长短,也就是突出启动过程的长短,对"瓦斯包"内部能量的释放有着至关重要的影响。可以说,突出的触发条件是"瓦斯包"内积聚能量得以集中释放的关键环节。

6.3.3 破坏区连续扩展条件

破坏区连续扩展条件主要是针对突出发展过程来说的,该条件同样是以煤岩的强度破坏为前提,并且通常这种破坏更为强烈。在突出的发展过程中,当"瓦斯包"内的破碎煤岩在瓦斯的携裹下被抛出以后,会形成一个初始的突出孔洞,此时,孔洞周边围岩的破坏区会继续扩展,如同掘进工作面周边围岩的塑性区会随着掘进巷道向前推进而不断扩展演化。在瓦斯基础参数一定的情况下,破坏区的扩展范围决定了在此过程中所释放能量的多少,而破坏区的扩展速度决定了在此过程中所释放能量的集中程度。如果在此过程中孔洞周边围岩的破坏区突然出现较大范围的扩展,并且其所释放的能量能够满足突出的继续发展时,突出就会持续进行;如果此时孔洞周边围岩的破坏区扩展范围很小,导致其所释放的能量不足,或者破坏区的扩展速度比较慢,其所释放的能量没有得到集中释放,不足以使突出继续发展时,突出就会出现暂停,甚至终止。因此,分析破坏区连续扩展条件,也就是要找到满足孔洞围岩塑性区能够突然产生大范围扩展的条件。

根据已有研究成果,在一定区域应力状态下,掘进工作面前方会形成一个较大范围的蝶叶状破坏区,并且该蝶叶状破坏区对巷道区域应力场的变化具有高度敏感性,即当掘进巷道工作面前方煤岩体出现蝶形塑性区后,围岩破坏范围会随着巷道区域应力场的改变出现剧烈变化。同样,对于突出孔洞而言,如果在孔洞形成瞬间,其区域应力状态满足蝶形破坏的条件,则孔洞围岩也会形成较大范围的蝶叶状破坏区,即破坏区产生第一次扩展,如果在此次破坏区的扩展过程中同时满足突出的能量条件,则突出完成第一次连续发展,如果该过程周而复始地连续进行,突出的发展过程就会一直持续进行下去,直至不再满足突出的条件,突出就会暂停，甚至终止；在突出发展过程中，如果孔洞围岩区域应力场受到外界扰动而发生变化，使孔洞围岩的蝶形破坏区出现剧烈扩展时，突出的发展过程会更加强烈，当到达一定条件时，甚至可以使暂停的突出重新启动，而该过程需要满足的条件与掘进巷道蝶形煤与瓦斯突出启动的条件一致。

根据以上分析可知，破坏区连续扩展条件不能作为突出持续发展的充分条件，这是因为破坏区连续扩展条件仅关注突出孔洞周围的煤体是否能够突然产生大范围的破坏，而决定煤体破坏后是否能脱离孔洞壁被抛出并进一步破碎的是能量条件。但是，突出的发生必然是以煤岩体被破坏为前提，因而，可以说破坏区连续扩展条件是突出持续发展的必要条件，也是突出能够持续发展的核心所在。

6.3.4 能量条件

根据前文的分析，非连续破坏条件、触发条件和破坏区连续扩展条件都是以煤岩体发生强度破坏作为基本前提的，因为突出是一种动力现象，突出的特征不仅仅是煤岩体的破坏，它还包括破坏后更为强烈的动力效应，而从能量角度研究煤与瓦斯突出是人们认识其灾变机制的一条重要途径。能量条件所要表述的是必须要有足够的能量，使煤岩体发生破碎并被抛出，可以说能量条件是形成煤与瓦斯突出动力灾害的基础保证。

突出的启动与发展过程实际上是能量的转移、聚积和释放过程，这个过程必须满足热力学第一定律。突出的能量条件正是从能量守恒的角度分析突出过程中的能量转化，从总体上描述突出发生的条件。对于某一地质单元体内的煤岩体，其发生的突出能量主要来自煤岩体中的弹性潜能 E_1、瓦斯内能 E_2、周围煤岩体对突出范围内煤岩体所做的功 W_1 和突出煤岩体的重力势能 W_2，这些能量在突出过程中转化为煤体的破碎功 W_3、克服阻力的摩擦功 W_4、碎煤在巷道中的移动功 W_5，以及突出过程中发生的煤体撞击障碍物而产生的摩擦、振动和声响等能量 E_x，能量条件可以表示如下：

$$E_1 + E_2 + W_1 + W_2 = W_3 + W_4 + W_5 + E_x \tag{6-4}$$

式(6-4)所表达的是突出发生必然要遵守的能量条件，但是在非连续塑性区诱发煤与瓦斯突出的发展过程中，不同的阶段存在不同的能量演化过程，即突出的准备阶段是一个能量积蓄的过程，突出的启动阶段是一个能量释放的过程，而突出的发展阶段是能量的释放与积聚相互转化的过程，所以对于不同突出阶段，能量条件也各不相同。

在突出准备阶段，随着非连续塑性区的不断扩展演化，“瓦斯包”内积聚的能量也在逐渐增多。“瓦斯包”内积蓄的能量主要是瓦斯能和破坏煤岩的残余弹性势能。其中，单位质量煤体的瓦斯压力从 p_1 下降到 p_2 时，所释放的瓦斯内能 e_2 可用式(6-5)来表示[5]：

$$e_2 = \frac{\alpha\gamma M\omega T}{2v_{\mathrm{m}}(n-1)}\int_{p_n}^{p_m}\left[1-\left(\frac{p_n}{p_m}\right)^{\frac{n-1}{n}}\right]\frac{1}{\sqrt{p}}\mathrm{d}p \tag{6-5}$$

式中：ω 为气体常数，J/(kg·K)；M 为瓦斯气体分子质量，kg/kmol；α 为瓦斯含量系数，$\mathrm{m^3/(t\cdot MPa^{0.5})}$；$\gamma$ 为参与突出的瓦斯量与总瓦斯含量之比；T 为气体膨胀前的温度(293 K)；v_{m} 为标况下瓦斯的摩尔体积，$\mathrm{m^3/kmol}$；n 为气体多变指数，一般取 1～1.31；p 为瓦斯压力，MPa；p_m、p_n 分别为气体膨胀前、后的压力，MPa。

在突出启动阶段，当突出的激发条件和初始失稳条件都满足时，突出的启动过程还要包括煤岩失稳后强烈的破坏和抛出。突出启动阶段动力显现的能量主要来源于“瓦斯包”内部积蓄的能量，当然在此过程中，煤壁残余的弹性势能以及顶、底板岩层中的弹性势能都会对煤的破坏和抛出起到一定的促进作用。突出启动阶段需要满足的能量条件是“瓦斯包”内的能量至少要能够克服阻挡突出孔洞煤岩的反向阻力。

在突出发展阶段，对于初始孔洞形成阶段的动力显现，其能量仍然主要来源于“瓦斯包”内部积蓄的能量，还包括周围煤岩体对突出范围内煤岩体所做的功，该阶段需要满足的能量条件是上述释放能量的总和至少需要将初始孔洞内的破碎煤岩搬离孔洞；对于孔洞动态扩展阶段，突出的能量则主要来源于破坏区连续扩展过程中新增塑性区范围内煤岩体存储的弹性能和瓦斯能，其中仍然包括周围煤岩体对突出范围内煤岩体所做的功，该阶段需要满足的能量条件同样是上述释放能量的总和至少需要将孔洞扩展过程中形成的破碎煤岩抛出并搬离孔洞。

6.4 本章小结

基于掘进巷道过硬-软变化区域时非连续塑性区的形成与发展演化过程，本章提出了非连续塑性区贯通诱发煤与瓦斯突出机理，剖析了煤与瓦斯突出的发展过程，并讨论了煤与瓦斯突出的基本条件，得到主要结论如下：

(1) 提出了硬-软变化区域非连续塑性区贯通诱发煤与瓦斯突出机理，阐明了非连续塑性区扩展演化诱发煤与瓦斯突出的物理力学过程。即在满足一定条件的情况下，当掘进巷道过硬-软变化区域时，掘进面前方的塑性区会产生非连续扩展而形成封闭“瓦斯包”，随着工作面继续推进或外部动力扰动使得非连续塑性区形成贯通时，“瓦斯包”突然被打破，同时释放其内储存的巨大能量，促使破碎煤岩在瓦斯的裹挟下产生动力失稳，形成煤与瓦斯突出。其中，塑性区的非连续扩展是形成高压“瓦斯包”进而引发煤与瓦斯突出的一个重要因素。

(2) 阐释了非连续塑性区贯通诱发煤与瓦斯突出的发展过程。非连续塑性区贯通诱发煤与瓦斯突出的发展过程包括：突出准备、突出启动、突出发展和突出终止四个关键环节，突出准备阶段是指非连续塑性区的形成与扩展演化过程，也是“瓦斯包”形成与能量积聚的一个过程；突出启动阶段是指从非连续塑性区贯通至封闭“瓦斯包”的部分煤岩体破坏失稳并被抛出；突出发展阶段是指从“瓦斯包”内煤岩体暴露失稳开始到突出终止所经历的过程。

(3) 对非连续塑性区贯通诱发煤与瓦斯突出的基本条件进行了讨论。非连续塑性区贯通诱发突出的过程需要满足四个条件：非连续破坏条件、触发条件、破坏区连续扩展条件和能量条件。其中非连续破坏条件也就是非连续塑性区的形成条件，是形成高压“瓦斯包”进而诱发突出的前提条件，能量条件是形成煤与瓦斯突出动力灾害的基础保证，触发条件又是“瓦斯包”内积聚能量得以集中释放的关键环节，而破坏区连续扩展条件是突出能够持续发展的核心所在。

7 典型案例与工程

7.1 典型突出案例分析

7.1.1 工程概况

7.1.1.1 工程地质概况

演马庄矿由武汉煤矿设计院设计，1958 年 9 月建井，1961 年 4 月正式投产，设计生产能力 45 万 t/年。经多次改扩建，2008 年核定生产能力 120 万 t/年（河南省煤炭工业管理局文件豫煤行〔2008〕481 号文）。

（1）井田构造

演马庄井田位于焦作煤田中部，为单斜构造，构造以断层为主，全为正断层，走向多为 NE～NEE，倾向 SE～SEE，倾角一般为 60°～70°，共发育三组（NE、EW 和 NW 向）不同方向的断层，规模以小型断层为主。褶曲仅有宽缓褶曲或波状起伏出现。井田内未发现岩浆岩发育。

据钻孔及开采资料共揭露断层 276 条。其中，落差大于 100 m 的断层 3 条，均在井田南部边界附近，且西部落差大，往东逐渐变小；50～100 m 的断层 2 条；20～50 m 的断层 5 条；5～20 m 的断层 24 条；小于 5 m 的断层 242 条。据深部钻探、三维地震资料及采掘巷道揭露，其断层规模和频率有增大的趋势。落差 10 m 以上的 20 条断层延伸长度 36 300 m，平均密度 1.33 条/km^2，平均长度 2 420 m/km^2。

（2）煤层概况

矿井主要含煤地层为石炭系上统太原组和二叠系下统山西组，含煤 11 层，煤层总厚平均 11.00 m，含煤系数 6.19%，可采煤层 2 层，平均厚 7.78 m，可采含煤系数 4.38%。

$二_1$ 煤层为主采煤层，正在开采，煤层硬度 $f=0.4\sim2.0$，赋存于山西组底部，上距砂锅窑砂岩 78 m 左右，下距山西组底（L_9 顶）10 m 左右，距 L_8 灰岩 18 m左右。煤层厚 1.70～10.60 m，平均 6.58 m，属厚煤层。煤厚变化不大，薄煤带(1.70 m)仅在7-2孔及11-9孔附近小范围分布，其他煤厚均在6.00 m左右。煤层赋存良好，无分岔尖灭现象，仅局部含有一层泥岩或砂岩夹矸，夹矸厚度0.10～0.70 m。二$_1$煤层直接顶板大部为砂质泥岩或泥岩，厚度一般3 m左右。少数钻孔为细～中粒砂岩(大占砂岩)，厚度一般18 m左右。仅局部有小面积碳质泥岩伪顶，直接底板为泥岩、砂质泥岩或粉砂岩。

西部工作面在回采过程中，二$_1$煤层厚度在4～7 m之间，煤厚变化不大；东部二七采区东翼10-5孔至11-9孔之间有一条近东西向的薄煤带。通过对见煤点资料统计，3孔断失，其余见煤点煤厚在4～10 m之间。二$_1$煤层等厚线如图7-1所示。从走向上看，煤层厚度也无明显的变化趋势，倾向上煤厚变化趋势也不明显。二$_1$煤层走向剖面如图7-2所示。此外，通过生产调查，煤层顶板稳定且平整，底板在局部有隆起现象，但范围不大，工作面褶曲不发育，但煤层在倾向上有小型的宽缓波状起伏，据此分析，煤厚小幅度变化主要是受煤层基底小型隆起所致。

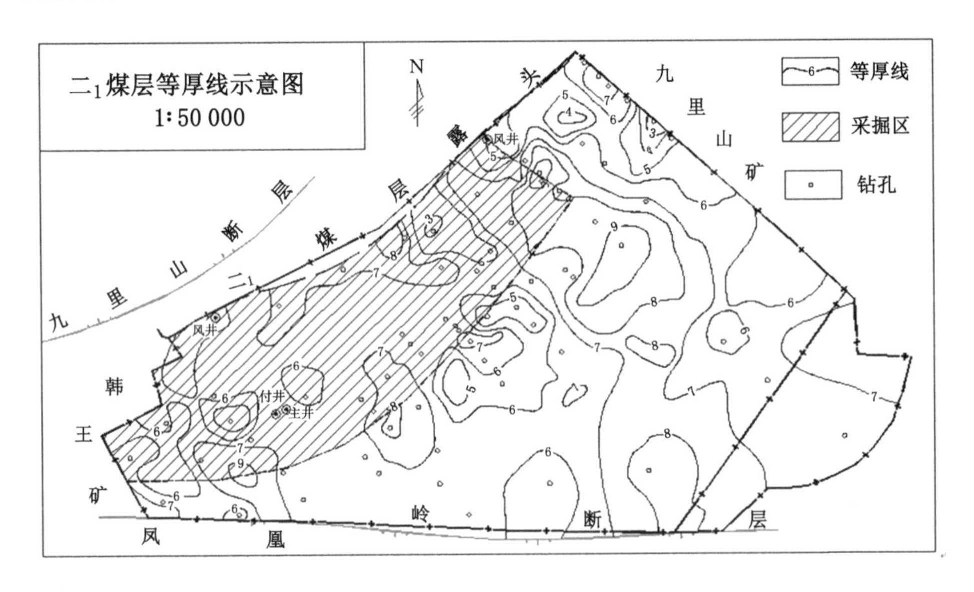

图7-1　二$_1$煤层等厚线示意图

(3) 煤层顶、底板与岩层物理力学性质及分布规律

① 顶板

二$_1$煤层直接顶板多为层状、灰黑色砂质泥岩，层理明显，致密性脆，f值2.5～4，厚1.03～1.05 m，易维护。其次为层状或板状泥岩与锈结能力差的砂岩；泥岩与砂质泥岩为相变关系，厚0.7～6.37 m，f值2～3，易碎、易冒落，锈结

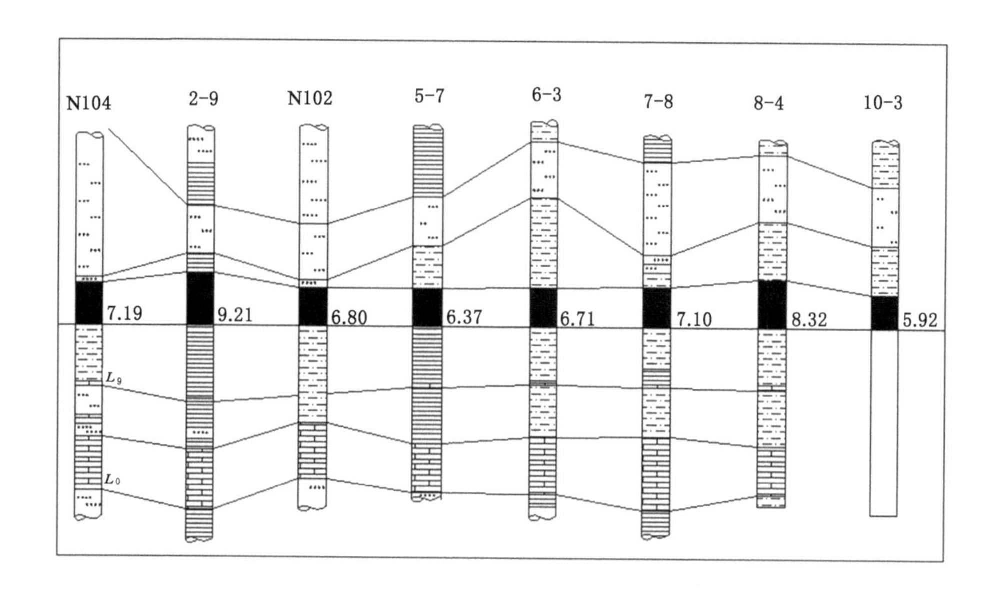

图 7-2　二$_1$ 煤层走向剖面示意图

力强。局部有碳质泥岩伪顶。

基本顶为灰色大占砂岩，厚 15～24.5 m，泥硅质胶结、较坚硬、厚层状，f 值 6，以中～细粒为主，局部直接覆于二$_1$ 煤层上，不易放顶冒落。在煤层露头附近曾发生过较大冒顶，如老西总回风巷、12011 工作面等发生的冒顶事故。总体来讲，二$_1$ 煤层各类顶板均较完整，易于管理，如图 7-3 所示。

② 底板

二$_1$ 煤层底板多为厚 7 m 左右的砂质泥岩或泥岩，次为厚 0.3～1.5 m 含碳质较高的泥岩，局部有厚 0.1～0.7 m 碳质泥岩伪底。碳质泥岩质软易碎，强度极低，支撑力差，底鼓现象较严重，对巷道维护不利。

因此，二$_1$ 煤层顶、底板岩性特征以泥岩或砂质泥岩为主，根据开采资料显示，煤层顶底板较为平整，局部有凹凸不平现象，顶板较完整、裂隙不发育，顶、底板类型评定为中等。

二$_1$ 煤层顶、底板工程地质条件的优劣受多种因素制约，岩石力学强度的高低、岩体的完整程度、岩层岩性的组合类型是其主要方面。二$_1$ 煤层顶、底板岩样的物理力学试验成果见表 7-1。岩性不同，其力学强度相差悬殊。其中泥岩、砂质泥岩力学强度较低，当在构造较发育地段，又为其直接顶、底板时，将会产生冒顶、片帮、底鼓和遇水底板变形及支柱滑沉等不良工程地质现象；砂岩力学强度较高，一般工程地质条件良好。

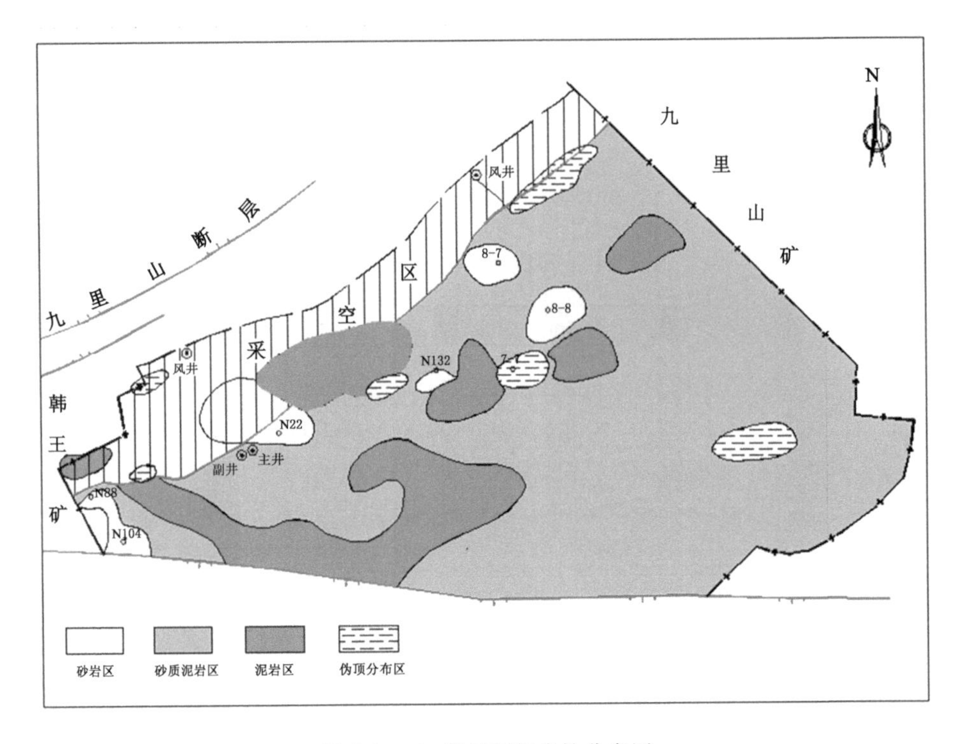

图 7-3　二$_1$ 煤层顶板岩性分布图

表 7-1　二$_1$ 煤层顶、底板岩样的物理力学试验成果

岩石名称		物理性质			力学性质			
		比重 容重	孔隙率 /%	吸水率 /%	内摩擦角 内聚力	弹性模数 泊松比	抗压强度/MPa 最大～最小 平均	抗拉强度/MPa 最大～最小 平均
顶板	砂岩	2.76 2.66	4.60	0.70	19.20 22.11	6.84 0.41	124.44～50.40 73.18	4.90～1.00 3.34
	泥岩	2.72 2.60	4.84	1.44	8.40 8.50	3.67 0.29	68.40～10.17 33.30	0.51～0.33 0.42
底板	砂质泥岩	2.73 2.61	4.11	1.48	25.40 10.55	4.53 0.37	104.80～30.00 42.73	3.22～0.21 2.00
	泥岩	2.76 2.61	6.09	2.24			37.48～20.51 29.00	0.14

7.1.1.2 瓦斯地质概况

(1) 煤层瓦斯参数和瓦斯等级

据《河南省工业和信息化厅关于对河南煤业化工集团所属煤矿 2010 年度矿井瓦斯等级和二氧化碳涌出量鉴定结果的批复》(豫工信煤〔2011〕202 号文件),矿井绝对瓦斯涌出量 43.8 m^3/min,相对瓦斯涌出量 20.14 m^3/t,属煤与瓦斯突出矿井。2004 年 12 月经煤科总院抚顺分院鉴定二$_1$ 煤层无煤尘爆炸危险性,二$_1$ 煤层不具自燃倾向性。瓦斯基础参数见表 7-2。

表 7-2 瓦斯基础参数表

采区名称	瓦斯含量/(m^3/t)	瓦斯压力/MPa	煤层透气性系数 /[$m^2/(MPa^2 \cdot d)$]	衰减系数/d^{-1}
21 下山采区	14.93~30.01	1.12	0.21~0.35	0.021 1~0.032 5
25 采区	20.1~22.78	0.61~0.74	0.2~0.31	0.012 6~0.025 8
27 采区	13.88~16.45	0.85	0.3~0.457	0.019 7~0.038 9
22 下段采区	15.33~26.13	1.39	0.21~0.675 7	0.011 8~0.021 9
27 下段采区	13.27~22.68	0.61~1.22	0.23~0.41	0.020 2~0.033 6

(2) 瓦斯赋存规律

通过对生产、钻孔取样瓦斯资料的分析,煤层瓦斯的生成条件、运移规律以及赋存、分布规律等受各种地质因素控制。主要有以下几个方面:

① 煤层埋藏深度对瓦斯赋存的影响

二$_1$ 煤层厚度多在 6~8 m,变质程度较高,吸附能力强,瓦斯含量一般在 10~30 mL/g·r。瓦斯含量受埋深影响,随着埋深增加,煤层封闭条件变好,透气性下降,因此瓦斯含量增高。据钻孔瓦斯含量测定结果,煤层瓦斯含量与埋藏深度的关系如图 7-4 所示。

② 煤层顶、底板岩性对瓦斯赋存的影响

二$_1$ 煤层直接顶板多为层状、灰黑色泥岩或砂质泥岩,伪顶局部发育,主要为碳质泥岩,基本顶为灰色大占砂岩,硅质胶结、较坚硬、厚层状,以中~细粒为主,局部直接覆于二$_1$ 煤层上,底板多为砂质泥岩或泥岩,次为含碳质较高的泥岩,局部有厚 0.1~0.7 m 碳质泥岩伪底。顶、底板岩性使煤层处在一个封闭条件较好的环境中,对煤层气的保存十分有利。

岩性的差异对瓦斯封闭作用有所不同。灰岩、中粒砂岩透气性好,不利于瓦斯保存,而泥岩、碳质泥岩透气性差,煤层瓦斯易于保存。二$_1$ 煤层顶、底板以泥岩、砂质泥岩为主,透气性较差,对瓦斯的扩散起封闭、阻隔作用,因此,煤层瓦斯

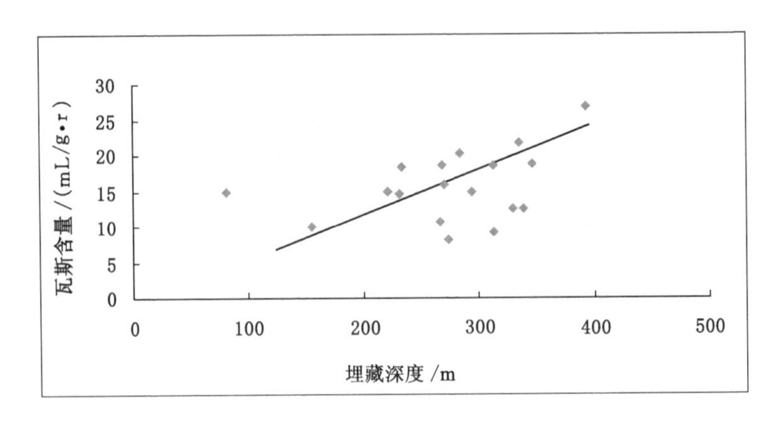

图 7-4 二$_1$ 煤层瓦斯含量与埋藏深度的关系散点示意图

得以保存,如 5-9 孔附近,煤层顶板为泥岩,瓦斯含量高达 21.60 mL/g·r。

从煤与瓦斯突出位置来看,多为泥岩、砂质泥岩顶板,也反映了煤层瓦斯与顶、底板岩性的关系。

③ 地质构造对瓦斯赋存的影响

地质构造的性质不同,其对煤层瓦斯运移、扩散的影响程度亦不同,井田断层多为张性断层,落差较大的断层,使煤层与砂岩、石灰岩等岩层对接,且断层带附近岩层破碎,裂隙发育,有利于煤层瓦斯的逸散。小型断层落差多小于 5 m,由于落差较小,对煤层的瓦斯含量影响较小,但对局部煤层瓦斯含量的控制作用较为明显,受地应力影响,在其附近往往存在瓦斯积聚现象,采掘活动时易引起煤与瓦斯突出。

井田为一缓倾斜的单斜构造,煤层产状仅在局部有波状起伏,在波状起伏区域瓦斯含量高于其他区域。向斜构造发育区域通常顶板封闭条件良好,瓦斯沿垂直地层方向运移困难,瓦斯含量较高;背斜构造发育区域通常顶板裂隙密集发育,形成气体逸散通道,瓦斯含量相对较低。

煤层瓦斯赋存特征是各种地质因素控制的结果,因此,在未来开采过程中应综合考虑各种地质因素,分析瓦斯地质特征,掌握瓦斯分布规律。同时,瓦斯作为一种地质体,具有较大的赋存不均衡性,在生产过程中应加强瓦斯监测监控。

(3) 煤与瓦斯区域突出危险性预测

矿井始突标高 −50 m,最大煤层瓦斯压力 1.39 MPa,最大瓦斯含量 30.01 m^3/t,共发生煤与瓦斯突出 39 次,其中顶层煤巷掘进工作面 35 次,顶层采煤工作面4次。突出煤量在500 t以上的大型突出2次，其中1975年8月4日发生过特大型煤与瓦斯突出事故，突出强度1 500 t、瓦斯44万 m^3。突出煤量在100～499 t之间的次大型突出14次，平均突出煤量216 t/次，平均突出瓦斯量26 757 m^3/次。突出点多位于构造应力集中区，一般构造煤发育、煤厚变化明显、瓦斯含量高。

根据豫政办〔2014〕126号《河南省人民政府办公厅关于转发河南省煤矿防治煤与瓦斯突出十项措施的通知》，采掘工作面瓦斯压力和含量分别高于0.6 MPa和6 m^3/t以上，为突出危险区。因此确定本矿始突标高－50 m以深或采掘区域全部为突出区，不存在非突出区。依据《煤矿地质工作规定》划分标准，并根据生产实际情况，煤矿地质类型按瓦斯类型划分为极复杂类型。

7.1.2 案例Ⅰ:2009年4月8日22081运输巷

7.1.2.1 案例概述

2009年4月8日在22081运输巷距专用回风口257 m处发生一次煤与瓦斯突出，突出地点邻近的2206工作面顶分层已开采，第二分层正在回采，具体如图7-5所示，其中，灰色为已开采区域。突出地点标高为－165 m，离地面垂深为276 m。突出附近区域的煤层平均厚度为6 m，煤层倾角10°左右，煤质为无烟煤，煤层顶、底板均为砂质泥岩，突出地点附近的N87钻孔柱状图如图7-6所示。掘进巷道采用锚网支护，间排距为0.8 m，空顶距为1.2 m。巷道采用压入式通风，有效风量为529 m^3/min，突出前正常瓦斯浓度为0.3%，绝对瓦斯涌出量为1.587 m^3/min。在突出前采用水力冲孔，冲孔后瓦斯涌出量明显增大，冲孔后滞7 min发生突出，突出时瓦斯急剧增大。突出时共喷出煤岩量37 t，喷出距离为7.6 m，动力效果明显，突出发生后比正常多涌出5 541 m^3 瓦斯。突出后形成的孔洞轮廓如图7-7所示。突出地点附近测点的瓦斯压力值0.96 MPa，瓦斯含量值为25.2 m^3/t。

7.1.2.2 突出启动的诱因分析

依据突出发生地点的实际地质情况建立的三维模型如图7-8所示。模型设计尺寸为50 m×80 m×50 m($X \times Y \times Z$)，巷道断面的宽和高为3.6 m×2.4 m。该计算模型可以认为是包含突出位置的地质分离体，模型中垂直于X、Z轴的四个面和垂直于Y轴的非开挖面分别固定三个方向的位移约束，Y轴的开挖面固定X、Y两个方向的位移约束。计算过程中掘进巷道沿Y轴进行开挖，模型采用莫尔-库仑准则，巷道顶、底板的岩体力学指标见表7-2。

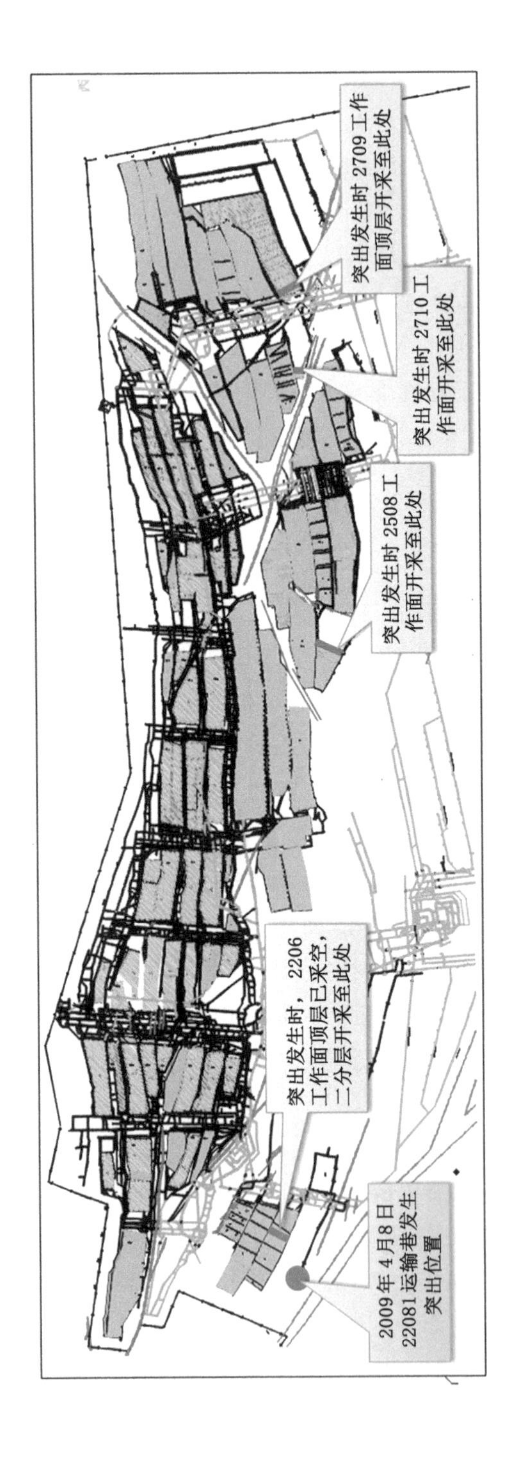

图7-5　2009年4月8日22081运输巷发生突出时的采掘工程平面图

煤岩名称	柱状	厚度/m	累深/m	岩性描述
粗粒砂岩		0.91	214.05	
泥岩		14.67	228.72	227.07 m以上为不取芯钻进
粗粒砂岩		1.85	230.57	灰色，中粒，泥硅质胶结，坚硬，石英为主，顶部和底部砂份低，并含植物化石
泥岩		10.98	241.55	灰黑色，致密，含植物化石，具滑面，顶部和底部及中部局段为粉砂岩，在239.22 m处夹0.005 m煤线
粗粒砂岩		23.61	265.16	黑色，中粗粒，石英砂岩，含大量黑云母片，硅质胶结，厚层状，坚硬，垂直裂隙发育，下部岩芯破碎
泥岩		1.15	266.31	黑色，致密，含大量植物化石，层理不清
二₁煤		6.42	272.73	黑色，顶部和中部局段为块状，其余为粉末状
泥岩		8.64	281.37	黑色，致密，含植物化石，中部有四段含硅质结核充填，大量方解石脉或晶体，并具0.04 m溶洞
石灰岩		0.38	281.75	第九层，灰黑色，含海百合茎化石，偶见黄铁矿，坚硬，性脆，比重大，垂直裂隙发育
泥岩		4.55	286.30	黑色，致密，层理不清，局段少含砂份，上部有0.12 m硅质砂岩细粒，底部有0.05 m砂质结核，含方解石，并具滑面，局部层面完整
粗粒砂岩		1.89	288.19	黑色，细中粒，泥硅质胶结，薄层状，上部裂隙面充填方解石脉，下部含大量黑云母片，夹泥质条带，层理较清晰
泥岩		2.32	290.51	黑色，致密，层理不清，顶部少量砂份，偶见黄铁矿
石灰岩		7.59	298.10	第八层，灰黑色，顶部0.9 m为泥质灰岩，含腕足类化石，中部和底部坚实，含海百合茎和蜓蝌化石，夹燧石结核，含方解石细脉
泥岩		3.04	301.14	未见岩芯

图7-6　突出位置附近的N87钻孔柱状图

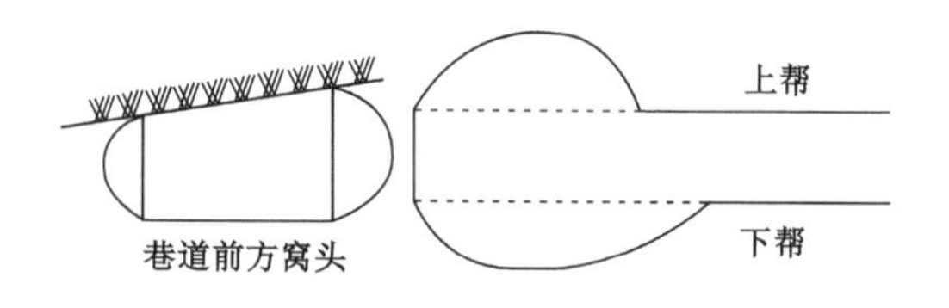

图7-7　突出孔洞形态

(1) 区域地应力状态对突出启动的影响

依据构造应力场的分布特征可知，构造应力在各种地质构造附近的主应力

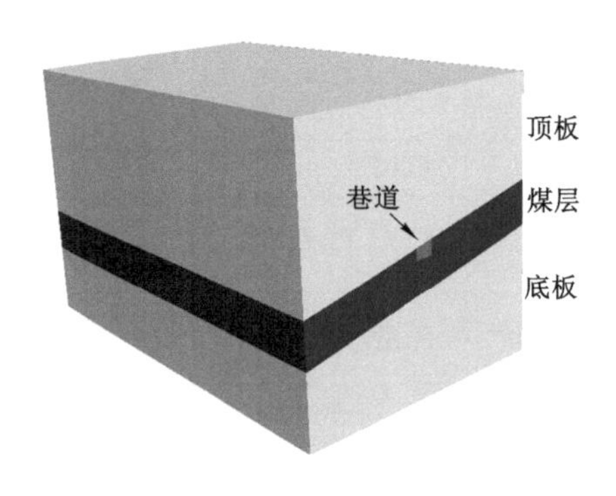

图 7-8　计算模型

大小和方向变化较剧烈，分布很不均匀，一般在埋深小于 1 000 m 时，平均水平应力与垂直应力的比值大约在 0.4～3.5 之间，不具有明显的分布规律，数值较分散。工作面回采后会引起采动支承压力，对于长壁采煤工作面，其支承压力区的峰值通常位于与煤壁相距 2～5 倍的煤层采厚处，其值约为(2～5)，主要与原岩应力、采空区的形状和尺寸、煤柱的强度及其周围采动状况等有关。据此，依据突出位置附近的地质与采掘情况，在不同开采时期，分离体的区域地应力状态可以设定为表 7-3 所示数值，其中，I_1 为 2206 工作面顶分层未开采时，突出位置地质分离体区域地应力场的主应力状态；II_1 为 2206 工作面顶分层采空时，突出位置地质分离体区域地应力场的主应力状态；III_1 为当前采掘情况下，巷道掘进至突出位置时，地质分离体区域地应力场的主应力状态。I_2、II_2、III_2 和 III_3 分别为地质分离体在以上地应力状态下受到扰动应力作用后形成的区域地应力场的主应力状态，地质分离体中煤体的单向抗压强度取为 $Rc=5.0$ MPa。

表 7-3　地质分离体的区域地应力状态(α 含义同前文，下文类同)

区域主应力场	P_1/MPa	P_2/MPa	P_3/MPa	α/(°)
I_1	12	7	5	45
I_2	12	7	4.5	45
II_1	13.5	7.5	5.5	45
II_2	13.5	7.5	5	45
III_1	15	8	5.2	45
III_2	15	8	4.7	45
III_3	15	8	5.0	45

图 7-9 为不同开采时期地质分离体在不同区域地应力状态下的塑性区分布与能量释放的计算结果。在当前开采状态下，22081 运输巷掘进至突出位置区域时的地应力状态为Ⅲ$_1$，此时掘进工作面前方的塑性区范围为 58 m^3，当受到外部扰动应力作用后，在瞬态应力场（Ⅲ$_2$）作用下，掘进工作面前方的塑性区产生剧烈扩展形成蝶叶状塑性区，其范围增至 330 m^3，塑性区增量为 272 m^3；当 22081 运输巷掘进至突出位置时，假使 2206 工作面顶分层未开采，在此时的地应力状态（Ⅰ$_1$）下，掘进工作面前方的塑性区范围只有 15 m^3，当受到相同外部扰动应力作用后，在瞬态应力场（Ⅰ$_2$）作用下，掘进工作面前方的塑性区范围增至 19 m^3，塑性区增量仅为 4 m^3；假使 2206 工作面顶分层已开采，在此时的地应力状态（Ⅱ$_1$）下，掘进工作面前方的塑性区范围为 20 m^3，在相同外部扰动应力而形成的瞬态应力场（Ⅱ$_2$）的作用下，掘进工作面前方的塑性区范围增至27 m^3，塑性区增量仅为 7 m^3。可见，在相同外部扰动应力作用下，当掘进巷道的区域地应力状态分别为Ⅰ$_1$ 和Ⅱ$_1$ 时，工作面前方产生的塑性区增量远远小于突出发生前的地应力状态（Ⅲ$_1$）下产生的塑性区增量。

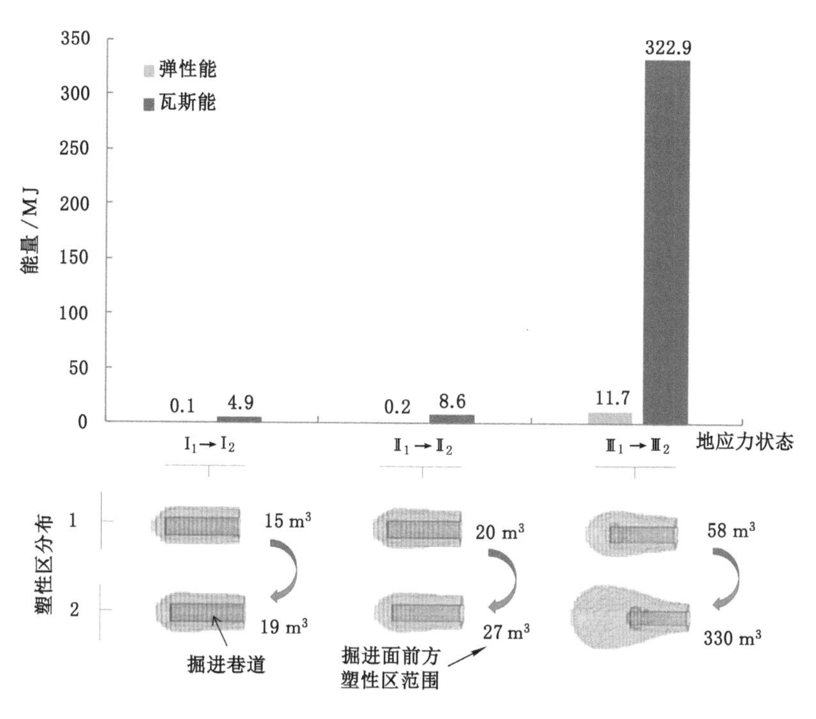

图 7-9　不同区域地应力状态对突出启动影响的计算结果

若以上塑性区的扩展过程是在扰动应力作用下瞬间完成的，则在新塑性区突然形成的同时，其内存储的大量弹性能和瓦斯能也会被快速释放，一定条件下，新塑性区的范围越大，突然释放的能量也就越多，当释放的能量足够大时，便会形成煤与瓦斯突出。根据以上计算结果，结合现场实际生产条件，运用式(4-4)和式(4-5)对新增塑性区所释放的能量大小进行计算，计算参数见表 7-4，得出，在 $\mathrm{I}_1 \rightarrow \mathrm{I}_2$ 过程中，煤岩体释放的弹性能和瓦斯能约为 5 MJ，在 $\mathrm{II}_1 \rightarrow \mathrm{II}_2$ 过程中，煤岩体释放的弹性能和瓦斯能约为 8.8 MJ，而在 $\mathrm{III}_1 \rightarrow \mathrm{III}_2$ 过程中，煤岩体释放的弹性能和瓦斯能约为 344.6 MJ，显然，$\mathrm{III}_1 \rightarrow \mathrm{III}_2$ 过程中释放的能量是 $\mathrm{I}_1 \rightarrow \mathrm{I}_2$ 和 $\mathrm{II}_1 \rightarrow \mathrm{II}_2$ 的数十倍，即，$\mathrm{III}_1 \rightarrow \mathrm{III}_2$ 产生煤与瓦斯突出的风险最高，数值计算与现场实际突出孔洞对照如图 7-10 所示。由以上分析结果可知，在一定的条件下，不同的区域地应力状态对煤与瓦斯突出的启动具有直接影响。

表 7-4　瓦斯能计算基本参数表

瓦斯气体常数 /[J·(kg·K)$^{-1}$]	煤层温度 /K	井下大气压力/MPa	瓦斯气体多变指数	瓦斯气体分子质量 /(kg·kmol^{-1})	标况下瓦斯的摩尔体积/(m^3·kmol^{-1})
519.67	293	0.1	1～1.31	16	22.4

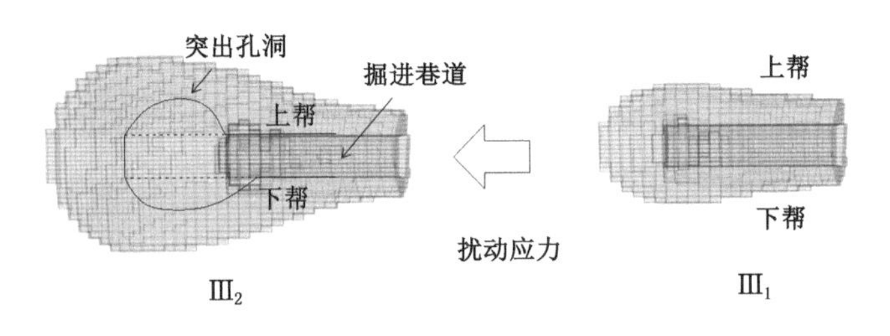

图 7-10　$\mathrm{III}_1 \rightarrow \mathrm{III}_2$ 的计算结果与实际突出孔洞对照图

(2) 煤岩体强度分布对突出启动的影响

在当前开采状态下，掘进巷道的区域地应力状态为 III_1，假定分离体范围内煤体强度出现变化，如图 7-11 所示，其中，A 代表工作面前方的煤体强度变硬，Rc=5.9 MPa；B 代表工作面前方的煤体强度变软，Rc=4.7 MPa；C 代表工作面前方的煤体强度进一步变软，Rc=4.5 MPa。

图 7-12 为当掘进工作面前方煤体强度出现变化时，地质分离体在不同区域地应力状态下的塑性区分布与能量释放量的计算结果。根据计算结果，在当前开采状态下，掘进巷道的区域地应力状态为 III_1，若掘进工作面前方 3 m 处煤体强度变为 A：Rc=5.9 MPa，则此时掘进工作面前方的塑性区范围略有减小，为

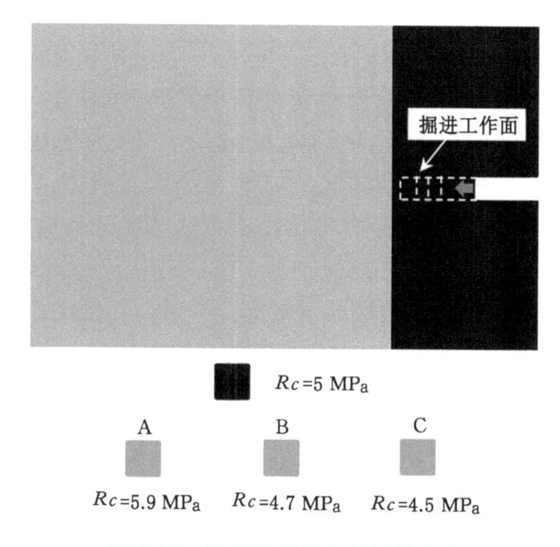

图 7-11　煤体强度分布的计算方案

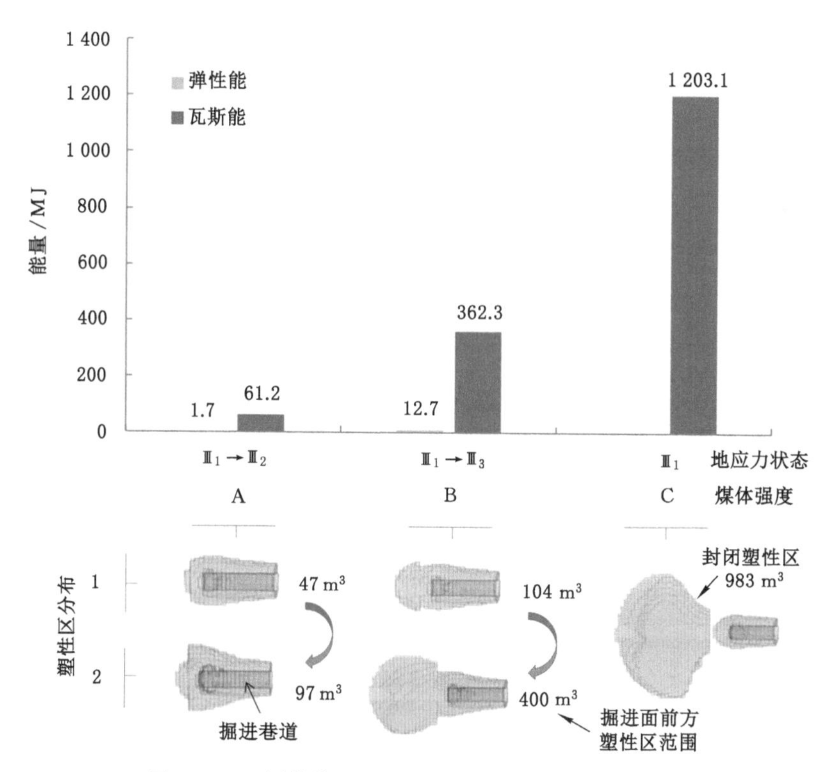

图 7-12　不同煤体强度分布对突出启动影响的计算结果

47 m^3，当受到外部扰动应力作用后，在瞬态应力场（$Ⅲ_2$）作用下，掘进工作面前方的塑性区范围增至 97 m^3，塑性区增量为 50 m^3，相对于 Rc=5.0 MPa 的均质煤体，塑性区的增量大幅度减小，而在此过程中，煤岩体释放的弹性能和瓦斯能的总量约为 62.9 MJ，显然，在当前地应力状态下，当工作面前方煤体强度变硬时，煤与瓦斯突出启动的风险会降低。若掘进工作面前方 3 m 处煤体强度变软，为 B：Rc=4.7 MPa，则此时掘进工作面前方的塑性区范围为 104 m^3，当受到较小的外部扰动应力作用后，在瞬态应力场（$Ⅲ_3$）作用下，掘进工作面前方的塑性区范围急剧扩展至 400 m^3，塑性区增量为 296 m^3，而在此过程中，煤岩体释放的弹性能和瓦斯能的总量约为 375 MJ，可见，在当前地应力状态下，当工作面前方煤体强度变软时，煤与瓦斯突出启动的风险会增大，数值计算与现场实际突出孔洞对照如图 7-13 所示。

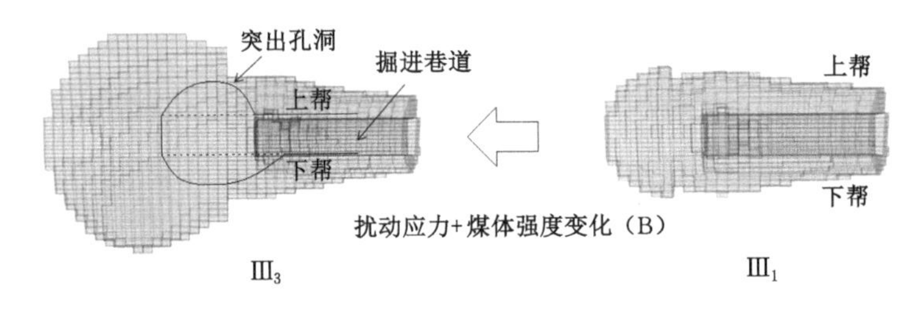

图 7-13　煤体强度变为 B 时 $Ⅲ_1 \rightarrow Ⅲ_3$ 的计算结果与实际突出孔洞对照图

当前开采状态下（$Ⅲ_1$），若掘进工作面前方的煤体强度变软，为 C：Rc=4.5 MPa，则当工作面掘进至其 6 m 时，在不受外部扰动应力的情况下，软煤区域会出现一个范围达 983 m^3 的封闭塑性区，由于封闭塑性区范围内煤岩体破坏产生的裂隙增多，吸附瓦斯逐渐大量解吸，因此，可将其看作一个封闭“瓦斯包”，其内含有瓦斯能的总量约为 1 203.1 MJ，此时，随着工作面的继续推进或分离体受到较小的外部扰动使封闭塑性区与工作面贯通时，封闭“瓦斯包”内聚集的高压瓦斯会快速涌向巷道作业空间，在巨大瓦斯能的作用下发生煤与瓦斯突出的风险极大，突出强度也会更大，数值计算结果与现场实际突出孔洞对照如图 7-14 所示。

(3) 扰动应力对突出启动的影响

当 22081 运输巷掘进至突出位置时，假使 2206 工作面顶分层未开采，在此时的地应力状态（$Ⅰ_1$）下，若地质分离体受到外部扰动应力作用后形成的瞬态应力场为 $Ⅲ_1$，则此时掘进工作面前方的塑性区增量为 43 m^3，在此过程中，煤岩体释放的弹性能和瓦斯能的总量约为 53.8 MJ，而在煤体强度变化为 B 的情况下，$Ⅲ_1 \rightarrow Ⅲ_3$ 过程中煤岩体释放的弹性能和瓦斯能的总量约为 375 MJ，可以明显看

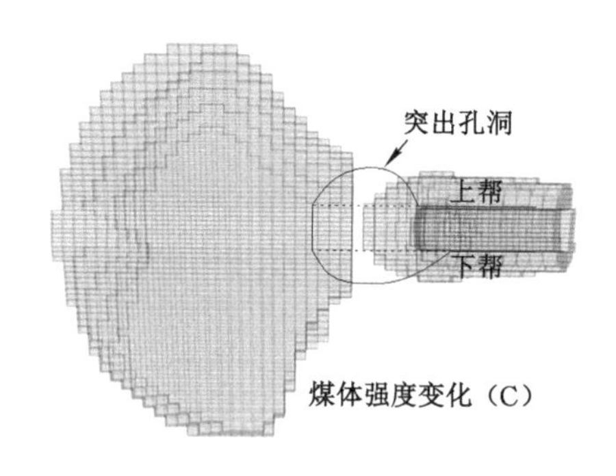

Ⅲ$_1$

图 7-14 煤体强度变为 C 时Ⅲ$_1$ 的计算结果与实际突出孔洞对照图

出，Ⅲ$_1$→Ⅲ$_3$ 的突出危险性远高于Ⅰ$_1$→Ⅲ$_1$，但通过比较Ⅲ$_1$→Ⅲ$_3$ 和Ⅰ$_1$→Ⅲ$_1$ 两个过程中所受扰动应力的大小可知，其后者要远大于前者，扰动应力对煤与瓦斯突出的启动效果必须考虑区域地应力场的应力状态和煤体强度变化的影响。

7.1.3 案例Ⅱ:2009 年 4 月 28 日 22051 运输巷

7.1.3.1 案例概述

2009 年 4 月 28 日在 22051 运输巷距专用回风口 137 m 处发生一次煤与瓦斯突出，突出地点邻近的 2206 工作面顶分层已开采，第二分层正在回采，具体如图 7-15 所示，其中，灰色为已开采区域。突出地点标高为－167 m，离地面垂深为 278 m。突出后形成的孔洞轮廓如图 7-16 所示。突出位置附近区域的煤层平均厚度为 6.5 m，煤层倾角 10°左右，煤质为无烟煤，煤层顶、底板均为泥岩，突出地点附近的 2-9 钻孔柱状图如图 7-17 所示。掘进巷道采用锚网支护，间排距为 0.8 m，空顶距为 1 m。巷道采用压入式通风，有效风量为 706 m^3/min，突出前正常瓦斯浓度为 0.3%，绝对瓦斯涌出量为 2.12 m^3/min。在突出前采用水力冲孔，冲孔后瓦斯涌出量明显增大，冲孔后滞 7 min 左右发生突出，突出时瓦斯急剧增大。突出时共喷出煤岩量 246.4 t，喷出距离为 31.6 m，动力效果明显，突出发生后比正常多涌出 34 847.5 m^3 瓦斯。突出地点附近测点的瓦斯压力值 0.95 MPa，瓦斯含量值为 22.46 m^3/t。

7.1.3.2 突出启动的诱因分析

（1）区域地应力状态对突出启动的影响

根据 22051 运输巷突出发生地点的实际地质情况，建立三维数值计算模型。依据地应力场的一般分布规律，结合突出位置附近的地质与采掘情况，设定不同

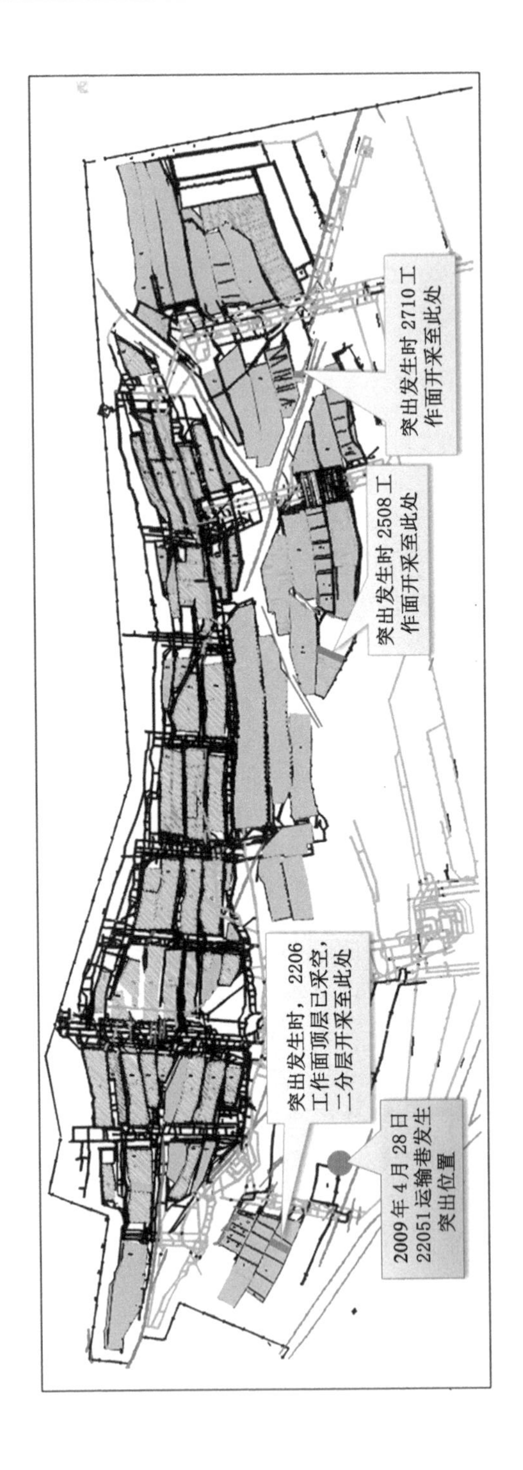

图 7-15　2009 年 4 月 28 日 22051 运输巷发生突出时的采掘工程平面图

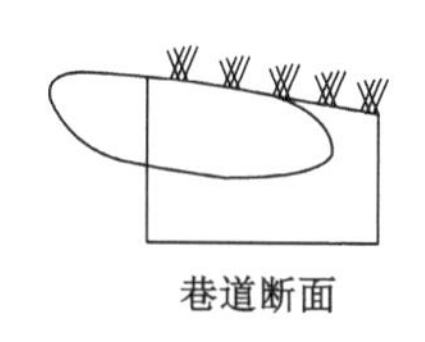

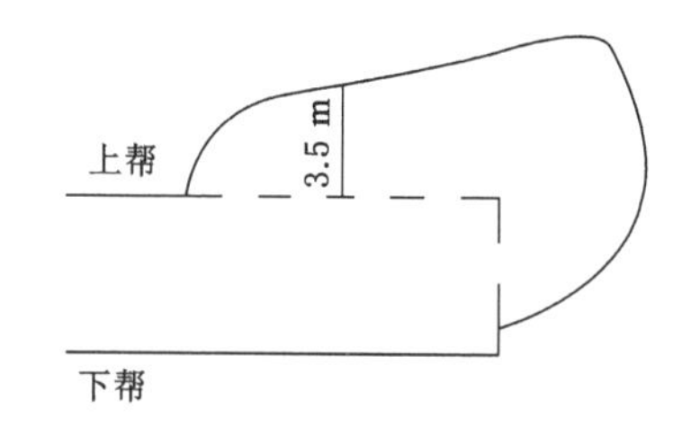

图 7-16　突出孔洞形态

煤岩名称	柱状	厚度 /m	累深 /m	岩性描述
粉砂岩		9.74	232.90	深灰色，薄－中厚层状，含少量植物化石，夹黑色泥岩薄层，裂隙较发育
泥岩		9.75	242.65	黑灰色薄层状，致密，性脆，含较丰富的植物化石碎片
粗粒砂岩		9.21	251.86	深灰色，中厚层状－厚层状，硅质胶结，致密，坚硬，具不明显的水平层理，局部层面含星散状白云母碎片及碳质，局部裂隙发育，并被不完全的方解石充填，倾角 10°
泥岩		3.54	255.40	黑灰色薄层，砂质含量较高，致密性脆，含丰富的植物化石及碎片，下部变黑色植物化石更趋丰富
二$_1$煤		9.90	265.30	黑色，上中部为酥煤，下部为块炭，煤岩类型中上部为半暗型，下部为光亮型。
泥岩		13.70	279.90	深灰色，黑灰色薄层状，含砂量较大，含植物化石及碎片，具贝壳状断口，上部节理发育，具挤压滑动层面，中部夹粉砂岩薄层，底部夹 0.3 m 厚的菱铁矿结核，倾角 9°
石灰岩		0.24	279.24	深灰色薄层状，质不纯，含海百合茎化石，具方解石细脉
泥岩		5.76	285.00	黑灰色，薄层状，含植物碎片，致密，性脆，具贝壳状断口，底部为渐变接触关系
粉砂岩		2.20	287.20	深灰色，薄层状，层面含星散状白云母碎片，含砂质不均匀，具透镜状层理和微波状层理
泥岩		1.60	288.80	深灰色，含粉砂质薄层－中厚层状，致密，含少量植物化石碎片及少量方解石细脉，具贝壳状断口
石灰岩		10.25	299.05	深灰色，中厚层状，质不纯，裂隙为方解石脉充填，含少量的类长身贝及海百合茎动物化石，具数层风暴沉积特征。在风暴沉积面的底部有磨圆状极好的泥砾及动物化石碎片，呈向上的粒序变细排列

图 7-17　突出位置附近的 2-9 钻孔柱状图

开采时期分离体的区域地应力状态，见表 7-5，其中，I_1、II_1 和 III_1 分别为 2206 工作面顶分层未开采、2206 工作面顶分层已采空以及当前采掘情况下，地质分离体区域地应力场的主应力状态。I_2、II_2、III_2 和 III_3 分别为地质分离体在以上地应力状态下受到扰动应力作用后形成的区域地应力场的主应力状态，地质分离体中煤体的单向抗压强度为：$R_c = 7.2$ MPa。

表 7-5　地质分离体的地应力状态

区域主应力场	P_1/MPa	P_2/MPa	P_3/MPa	α/(°)
Ⅰ$_1$	16	8	6	−45
Ⅰ$_2$	16	8	5.5	−45
Ⅱ$_1$	17	8.5	5.5	−45
Ⅱ$_2$	17	8.5	5	−45
Ⅲ$_1$	18	9	5	−45
Ⅲ$_2$	18	9	4.5	−45
Ⅲ$_3$	18	9	4.9	−45

图 7-18 为不同开采时期 22051 运输巷地质分离体在不同区域地应力状态下的塑性区分布与能量释放的计算结果。

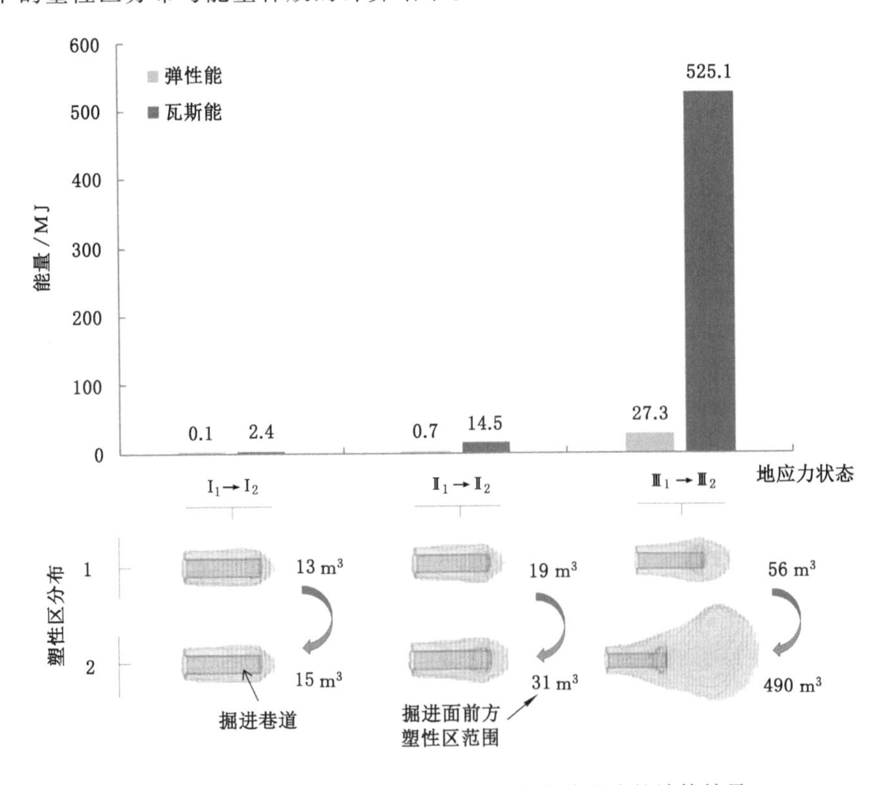

图 7-18　不同区域地应力状态对突出启动影响的计算结果

根据计算结果，在当前开采状态下，当 22051 运输巷掘进至突出位置区域受到外部扰动应力作用后，地质分离体的区域地应力状态为Ⅲ$_1$→Ⅲ$_2$ 时，掘进工作面前方的塑性区范围由 56 m^3 增至 490 m^3，塑性区增量为 434 m^3；当 22051 运输巷掘进至突出位置时，若 2206 工作面顶分层未开采，在此时的地应力状态（I_1）下，当受到相同外部扰动应力作用后（$\mathrm{I}_1 \rightarrow \mathrm{I}_2$），掘进工作面前方的塑性区范围由 13 m^3 增至 15 m^3，塑性区增量仅为 2 m^3；若 22051 运输巷掘进至突出位置时 2206 工作面顶分层已开采，在此时的地应力状态（II_1）下，受到相同外部扰动应力作用后，地质分离体的区域地应力状态为 $\mathrm{II}_1 \rightarrow \mathrm{II}_2$ 时，掘进工作面前方的塑性区范围由 19 m^3 增至 31 m^3，塑性区增量仅为 12 m^3。可见，在相同外部扰动应力作用下，当掘进巷道的区域地应力状态分别为 I_1 和 II_1 时，工作面前方产生的塑性区增量远远小于突出发生前的地应力状态（III_1）下产生的塑性区增量。结合现场实际生产条件，根据以上计算结果，对新增塑性区所释放的能量大小进行计算，计算参数见表 7-4。结果显示，$\mathrm{I}_1 \rightarrow \mathrm{I}_2$、$\mathrm{II}_1 \rightarrow \mathrm{II}_2$ 和 $\mathrm{III}_1 \rightarrow \mathrm{III}_2$ 过程中，煤岩体释放的弹性能和瓦斯能的总量分别约为 2.5 MJ、15.2 MJ 和 552.4 MJ，显然，$\mathrm{III}_1 \rightarrow \mathrm{III}_2$ 过程中释放的能量远远大于 $\mathrm{I}_1 \rightarrow \mathrm{I}_2$ 和 $\mathrm{II}_1 \rightarrow \mathrm{II}_2$，也就是说，$\mathrm{III}_1 \rightarrow \mathrm{III}_2$ 产生煤与瓦斯突出的风险要远远高于 $\mathrm{I}_1 \rightarrow \mathrm{I}_2$ 和 $\mathrm{II}_1 \rightarrow \mathrm{II}_2$ 产生煤与瓦斯突出的风险，即，相同扰动应力作用下，当地质分离体在 III_1 状态下时发生煤与瓦斯突出的风险更高，$\mathrm{III}_1 \rightarrow \mathrm{III}_2$ 的数值计算结果与实际突出孔洞对照如图 7-19 所示。

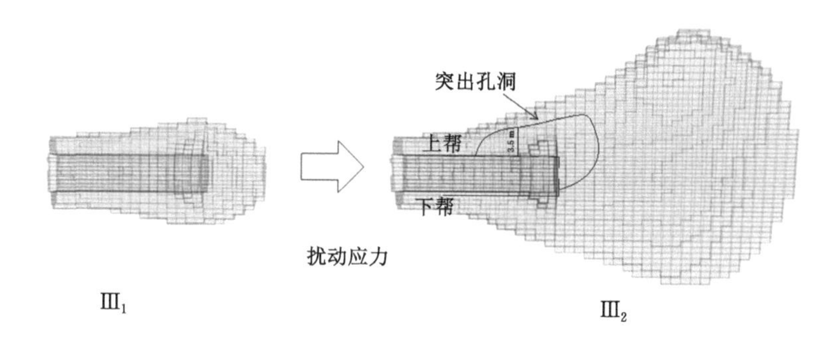

图 7-19 $\mathrm{III}_1 \rightarrow \mathrm{III}_2$ 的计算结果与实际突出孔洞对照图

（2）煤体强度变化对突出启动的影响

在当前开采状态下，掘进巷道的区域地应力状态为 III_1，假定分离体范围内煤体强度出现变化，如图 7-20 所示，其中，A 代表工作面左前方的煤体强度变硬，Rc = 9.2 MPa；B 代表工作面左前方的煤体强度变软，Rc = 6.9 MPa；C 代表工作面左前方的煤体强度进一步变软，Rc = 6.8 MPa。

图 7-21 为当掘进工作面前方煤体强度出现变化时，地质分离体在不同区域地应力状态下的塑性区分布与能量释放量的计算结果。

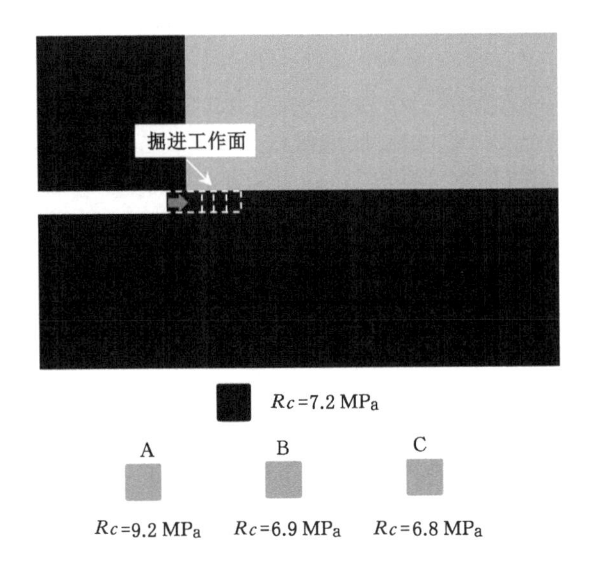

图 7-20　煤体强度分布的计算方案

根据计算结果，在当前开采状态下，掘进巷道的区域地应力状态为III_1，若掘进工作面左前方 3 m 处煤体强度变硬，为 A：$Rc=9.2$ MPa，则此时掘进工作面前方的塑性区范围有所减小，为 55 m^3，当受到外部扰动应力作用后，在瞬态应力场(III_2)作用下，掘进工作面前方的塑性区范围增至 256 m^3，塑性区增量为 201 m^3，相对于 $Rc=10.4$ MPa 的均质煤体，塑性区的增量减小近一半，而在此过程中，煤岩体释放的弹性能和瓦斯能的总量约为 253.3 MJ，显然，在当前地应力状态下，当工作面左前方煤体强度变硬时，工作面左前方煤与瓦斯突出启动的风险会有所降低。若掘进工作面左前方 3 m 处煤体强度变软，为 B：$Rc=6.9$ MPa，则此时掘进工作面前方的塑性区范围为 66 m^3，当受到较小的外部扰动应力作用后($\mathrm{III}_1\rightarrow\mathrm{III}_3$)，掘进工作面前方的塑性区范围急剧扩展至 284 m^3，塑性区增量为 218 m^3，且塑性区增量主要集中在掘进工作面的左前方，而在此过程中，煤岩体释放的弹性能和瓦斯能的总量约为 277.5 MJ，同样，能量释放区也集中在掘进工作面的左前方，可见，在当前地应力状态下，当工作面左前方煤体强度变软时，工作面左前方煤与瓦斯突出启动的风险会增大，数值计算结果与现场实际突出孔洞对照图如图 7-22 所示。

当前开采状态下(III_1)，若掘进工作面左前方的煤体强度变软，为 C：$Rc=6.8$ MPa，则当工作面掘进至距其 6 m 时，在不受外部扰动应力的情况下，软煤区域会出现一个范围达 350 m^3 的封闭塑性区，也可认为是封闭“瓦斯包”，

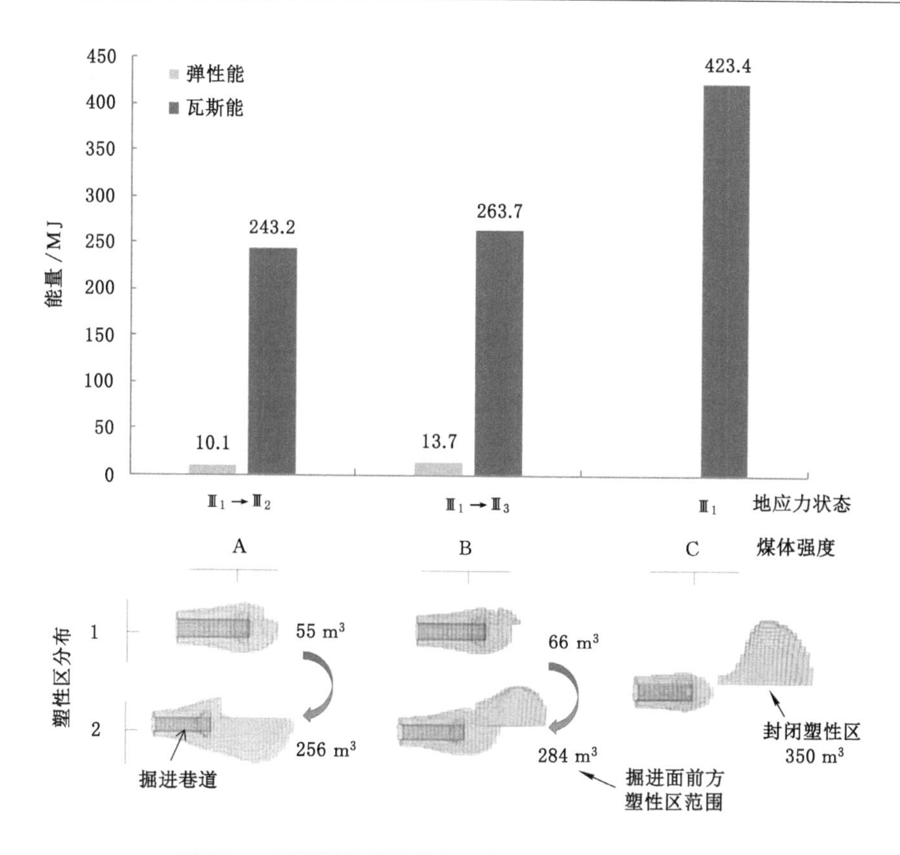

图 7-21 不同煤体强度分布对突出启动影响的计算结果

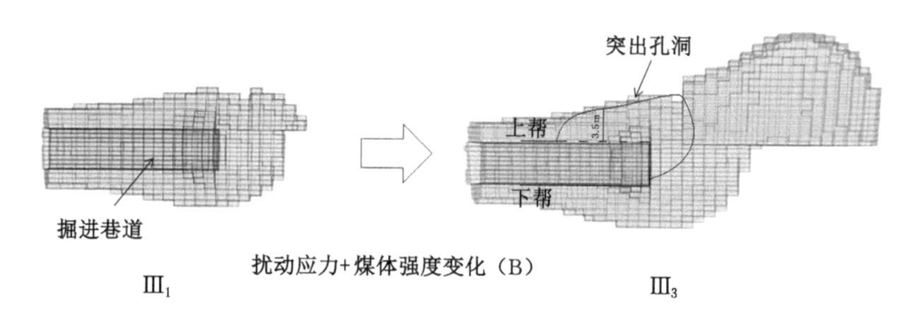

图 7-22 煤体强度变为 B 时 $Ⅲ_1 \rightarrow Ⅲ_3$ 的计算结果与实际突出孔洞对照图

其内瓦斯能的总量约为 423.4 MJ，此时，随着工作面的继续推进或地质分离体受到较小的外部扰动使封闭塑性区与工作面贯通时，在巨大瓦斯能的作用下发生煤与瓦斯突出的风险极大，数值计算结果与现场实际突出孔洞对照图如图 7-23 所示。

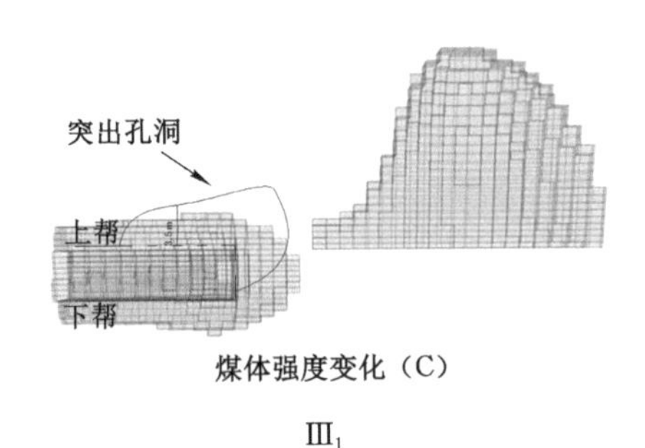

图 7-23　煤体强度变为 C 时 Ⅲ_1 的计算结果与实际突出孔洞对照图

(3) 扰动应力对突出启动的影响

当 22051 运输巷掘进至突出位置时，假使 2206 工作面顶分层未开采，在此时的地应力状态（Ⅰ_1）下，若地质分离体受到外部扰动应力作用后形成的瞬态应力场为 Ⅲ_1，则此时掘进工作面前方的塑性区增量为 43 m^3，在此过程中，煤岩体释放的弹性能和瓦斯能的总量约为 54.1 MJ，而在煤体强度变化为 B 的情况下，$\text{Ⅲ}_1 \rightarrow \text{Ⅲ}_3$ 过程中煤岩体释放的弹性能和瓦斯能的总量约为 263.7 MJ，可以明显看出，$\text{Ⅲ}_1 \rightarrow \text{Ⅲ}_3$ 的突出危险性远高于 $\text{Ⅰ}_1 \rightarrow \text{Ⅲ}_1$，但通过比较 $\text{Ⅲ}_1 \rightarrow \text{Ⅲ}_3$ 和 $\text{Ⅰ}_1 \rightarrow \text{Ⅲ}_1$ 两个过程中所受扰动应力的大小可知，其后者要远大于前者，因此，扰动应力对煤与瓦斯突出的启动效果必须考虑区域地应力场的应力状态和煤体强度变化的影响。

7.1.4　案例Ⅲ：2004 年 3 月 20 日 25041 运输巷

7.1.4.1　案例概述

2004 年 3 月 20 日在 25041 运输巷距专用回风巷距离 731.5 m 处发生一次煤与瓦斯突出，突出地点邻近的 25083 工作面顶分层已开采，第二分层正在回采，具体如图 7-24 所示，其中，灰色为已开采区域。突出地点标高为 −125 m，离地面垂深为 236 m。突出位置附近区域的煤层平均厚度为 8 m，煤层倾角为 12°左右，煤质为无烟煤，煤层顶、底板均为砂质泥岩，突出地点附近的 7-8 钻孔柱状图如图 7-25所示。掘进巷道采用锚网支护，间排距为 0.7 m，空顶距为 1.5 m。巷道采用压入式通风，有效风量为 300 m^3/min，突出前正常瓦斯浓度为 0.3%。突出发生前进行过预抽瓦斯（布置钻孔直径为 ϕ103 mm 的排放孔 31 个），突出发生前瓦斯涌出明显增大，突出时共喷出煤岩量为 120 t，喷出距离为 19 m，动力效果明显，突出发生后瓦斯最大值达到 40%。突出后形成的孔洞轮廓如图 7-26 所示。突出地

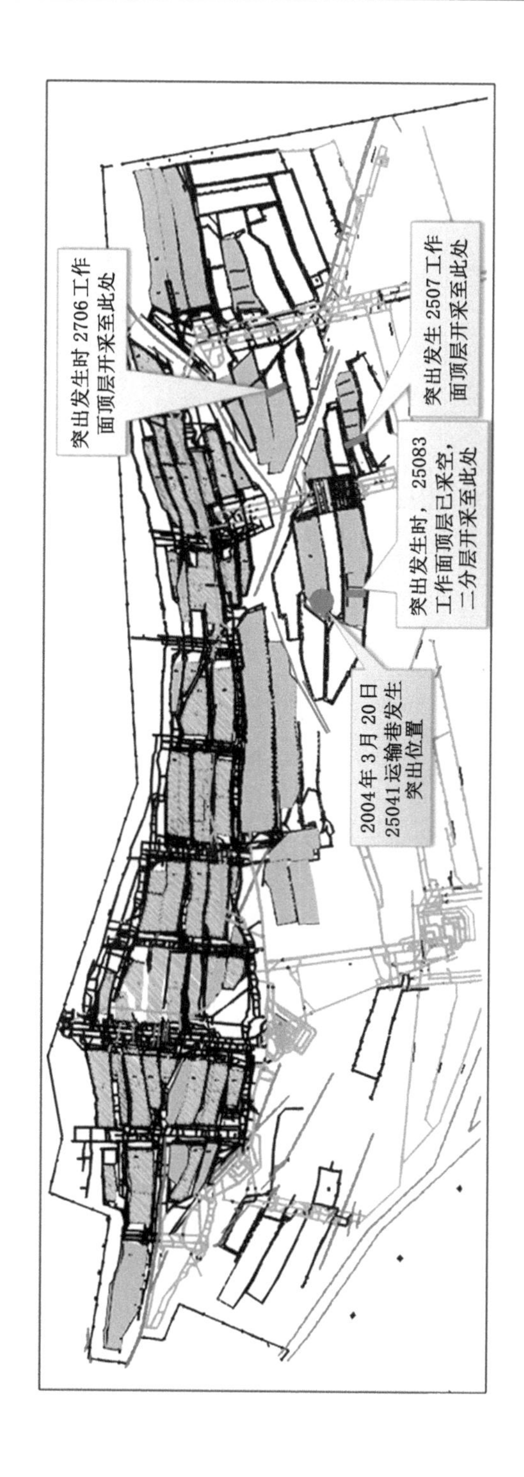

图 7-24　2004 年 3 月 20 日 25041 运输巷发生突出时的采掘工程平面图

点附近测点的瓦斯压力值为 0.75 MPa，瓦斯含量值为 11.46 m^3/t。

煤岩名称	柱状	厚度/m	累深 /m	岩性描述
砂岩		7.74	213.39	
泥岩		2.90	216.29	
粉砂岩		3.51	219.80	
砂岩		16.59	236.39	
粉砂岩		1.81	238.20	
砂岩		1.30	239.50	
粉砂岩		2.60	242.10	
二$_1$煤		7.10	249.20	上部块炭，下部粉煤，中夹 0.1 m碳质泥岩
粉砂岩		6.84	256.04	灰黑色，具层理，下部含少量植物化石碎片
硅质砂岩		0.33	256.37	砂质泥岩，深灰色，坚硬性脆有方解石脉穿插见 0.05 m 夹岩块
泥岩		2.12	258.49	灰黑色，质软层理明显，中夹砂质层 0.2 m
石灰岩		0.60	259.09	深灰色，致密坚硬含海百合茎化石有少量方解石细脉
粉砂岩		7.91	267.00	灰黑色，具层理，上部质高
石灰岩		12.50	279.50	深灰色，致密坚硬含蜓蝌化石及燧石结核

图 7-25　突出位置附近的 7-8 钻孔柱状图

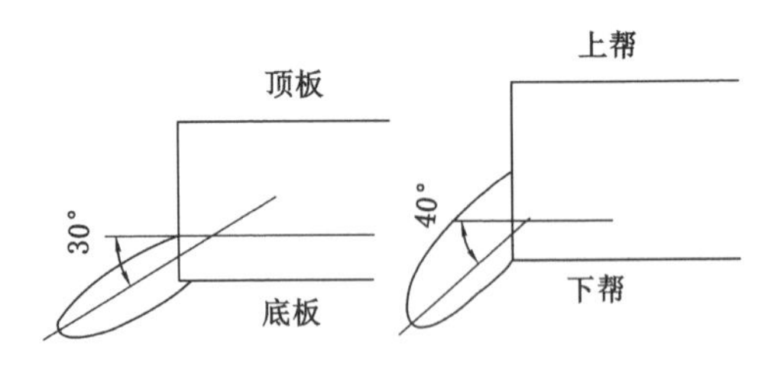

图 7-26　突出孔洞形态

7.1.4.2　突出启动的诱因分析

(1) 区域地应力状态对突出启动的影响

运用数值模拟计算软件结合 25041 运输巷突出发生地点的实际地质情况，建立数值计算模型。同样，依据地应力场的一般分布规律，结合突出位置附近的地质与采掘情况，设定不同开采时期分离体的区域地应力状态，见表 7-6，其中，Ⅰ$_1$、Ⅱ$_1$ 和 Ⅲ$_1$ 分别为 25083 工作面顶分层未开采、25083 工作面顶分层已采空以及当前采掘情况下，地质分离体区域地应力场的主应力状态。Ⅰ$_2$、Ⅱ$_2$、Ⅲ$_2$ 和 Ⅲ$_3$ 分别为地质分离体在以上地应力状态下受到扰动应力作用后形成的区域地应力场的主应力状态，地质分离体中煤体的单向抗压强度为 Rc=10.4 MPa。

表 7-6　地质分离体的地应力状态

区域主应力场	P_1/MPa	P_2/MPa	P_3/MPa	α/(°)
Ⅰ$_1$	18	8	5	20
Ⅰ$_2$	18	8	4.5	20
Ⅱ$_1$	19.5	8	5	20
Ⅱ$_2$	19.5	8	4.5	20
Ⅲ$_1$	21	9	4.3	20
Ⅲ$_2$	21	9	3.8	20
Ⅲ$_3$	21	9	4.0	20

图 7-27 为不同开采时期 25041 运输巷地质分离体在不同区域地应力状态下的塑性区分布与能量释放的计算结果。根据计算结果，当前开采状态下，当 25041 运输巷掘进至突出位置区域时受到扰动应力作用，地质分离体的区域地应力状态为 Ⅲ$_1$→Ⅲ$_2$ 时，掘进工作面前方的塑性区范围由 76 m^3 剧烈扩展增至 387 m^3，塑性区增量为 311 m^3；当 25041 运输巷掘进至突出位置时，若 25083 工作面顶分层未开采，地质分离体受到相同扰动应力作用后的地应力状态为 Ⅰ$_1$→Ⅰ$_2$，此时，掘进工作面前方的塑性区范围由 10 m^3 增至 13 m^3，塑性区增量仅为 3 m^3；若 25041 运输巷掘进至突出位置时 25083 工作面顶分层已开采，在此时的地应力状态下地质分离体受到相同扰动应力作用(Ⅱ$_1$→Ⅱ$_2$)后，掘进工作面前方的塑性区范围由 17 m^3 增至 26 m^3，塑性区增量仅为 9 m^3。可见，在相同外部扰动应力作用下，当掘进巷道的区域地应力状态分别为 Ⅰ$_1$ 和 Ⅱ$_1$ 时，工作面前方产生的塑性区增量远远小于突出发生前的地应力状态(Ⅲ$_1$)下产生的塑性区增量。结合现场实际生产条件，根据以上计算结果，对新增塑性区所释放的能量大小进行计算，计算参数见表 7-4。结果表明，Ⅰ$_1$→Ⅰ$_2$、Ⅱ$_1$→Ⅱ$_2$ 和 Ⅲ$_1$→Ⅲ$_2$ 过

程中，煤岩体释放的弹性能和瓦斯能的总量分别约为 2.9 MJ、8.9 MJ 和 313.6 MJ，显然，$Ⅲ_1→Ⅲ_2$ 过程中释放的能量远远大于 $Ⅰ_1→Ⅰ_2$ 和 $Ⅱ_1→Ⅱ_2$，即，相同的特定扰动应力作用下，当地质分离体在 $Ⅲ_1$ 状态下时发生煤与瓦斯突出的风险更高，$Ⅲ_1→Ⅲ_2$ 的数值计算结果与现场实际突出孔洞对照图如图 7-28 所示。由以上分析结果可知，在一定的条件下，不同的区域地应力状态对煤与瓦斯突出的启动具有直接影响。

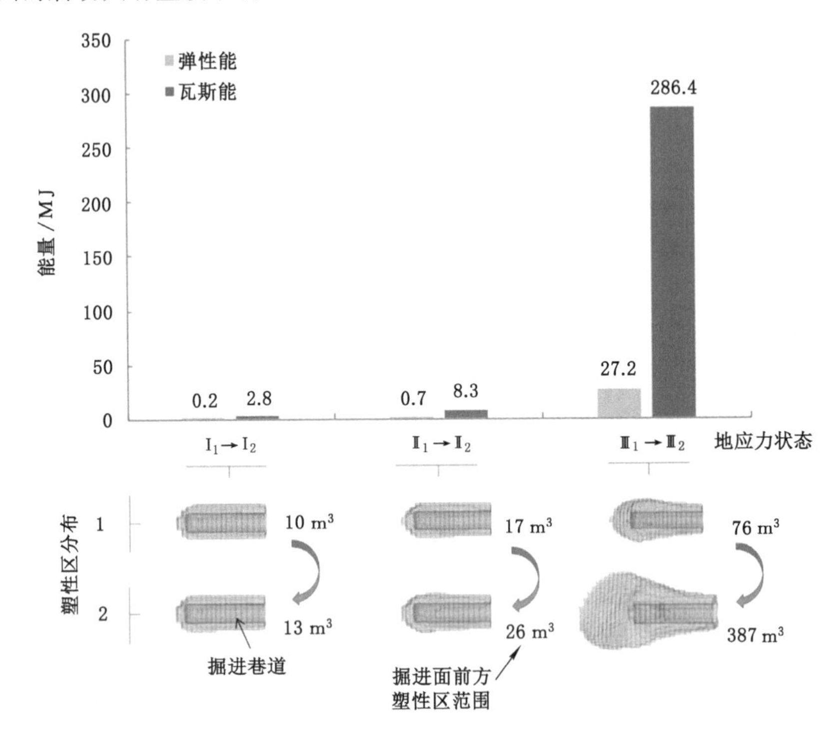

图 7-27　不同区域地应力状态对突出启动影响的计算结果

(2) 煤体强度变化对突出启动的影响

在当前开采状态下，掘进巷道的区域地应力状态为 $Ⅲ_1$，假定分离体范围内煤体强度出现变化，如图 7-29 所示，其中，A 代表工作面左前方的煤体强度变硬，Rc＝11.5 MPa；B 代表工作面左前方的煤体强度变软，Rc＝9.8 MPa；C 代表工作面左前方的煤体强度进一步变软，Rc＝9.5 MPa。

图 7-30 为当掘进工作面前方煤体强度出现变化时，地质分离体在不同区域地应力状态下的塑性区分布与能量释放量的计算结果。根据计算结果，若掘进工作面左前方煤体强度变硬，为 A：Rc＝11.5 MPa，则在当前开采状态下，当地质分离体受到扰动应力作用后（$Ⅲ_1→Ⅲ_2$），掘进工作面前方的塑性区范围由

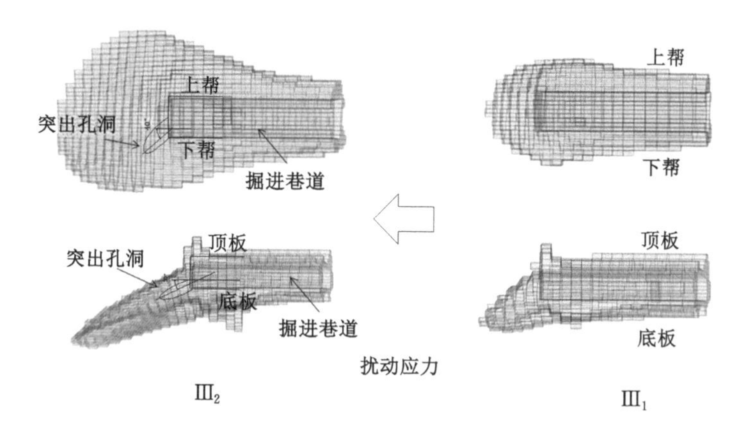

图 7-28 $Ⅲ_1$→$Ⅲ_2$ 的计算结果与实际突出孔洞对照图

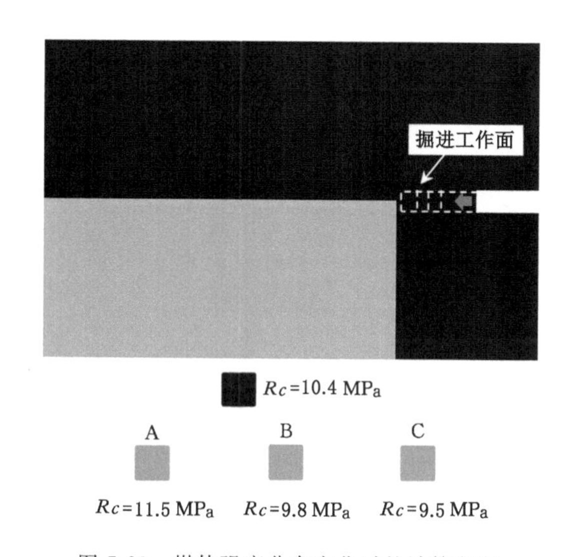

图 7-29 煤体强度分布变化时的计算方案

56 m^3增至 226 m^3，塑性区增量为 170 m^3，且工作面左前方的塑性区增量明显减小，相对于 Rc＝10.4 MPa 的均质煤体，塑性区的增量减小近一半，而在此过程中，煤岩体释放的弹性能和瓦斯能的总量约为 168.5 MJ，显然，在当前地应力状态下，当工作面前方煤体强度变硬时，煤与瓦斯突出启动的风险会降低。若掘进工作面左前方煤体强度变软，为 B：Rc＝9.8 MPa，当地质分离体受到较小的外部扰动应力作用后（$Ⅲ_1$→$Ⅲ_3$），掘进工作面前方的塑性区范围由 117 m^3 急剧扩展至 729 m^3，塑性区增量为 612 m^3，且塑性区增量主要集中在掘进工作面的左前方，也就是能量释放区主要在巷道的左前方，在此过程中，煤岩体释放的弹性能和瓦斯能的总量约为 617.2 MJ，可见，在当前地应力状态下，当工作面左前方煤体强度变软时，工作面左前方煤与瓦斯突出启动的风险会增高，数值计算结果与现场实际突出孔洞对照图如图 7-31 所示。在当前开采状态下(Ⅲ$_1$)，若掘进工作面左前方的煤体强度变软，为 C：Rc＝9.5 MPa，则当工作面掘进至距其 6 m 时，在不受外部扰动应力的情况下，软煤区域会出现一个范围达 272 m^3 的封闭塑性区，其内含有瓦斯能的总量约为 250.5 MJ，当封闭塑性区与工作面贯通时，在巨大瓦斯能的作用下发生煤与瓦斯突出的风险极大，数值计算结果与现场实际突出孔洞对照图如图 7-32 所示。

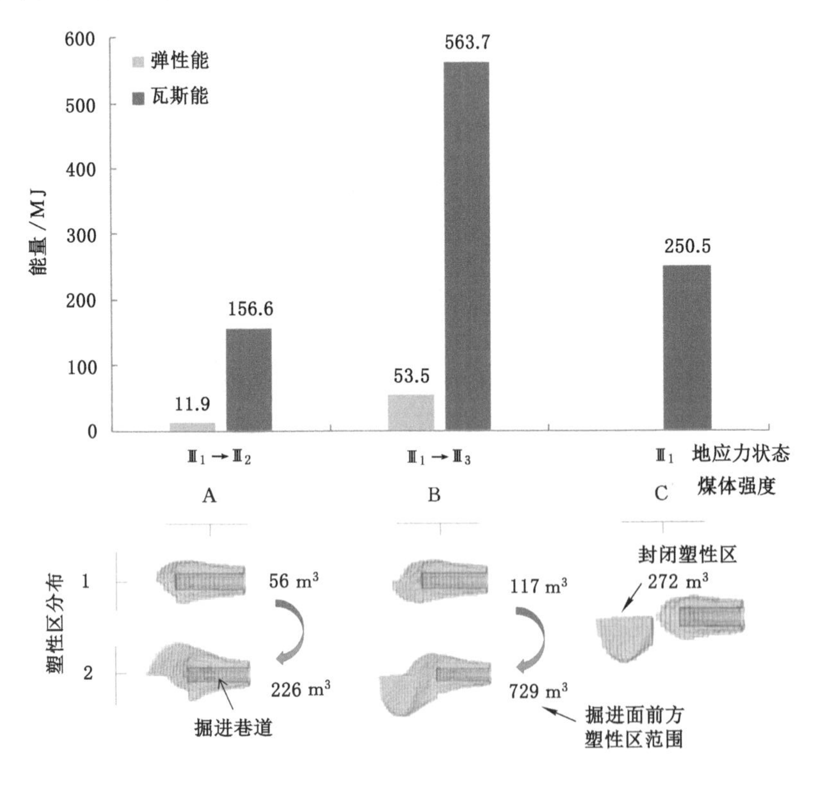

图 7-30　不同煤体强度分布对突出启动影响的计算结果

(3) 扰动应力对突出启动的影响

当 25041 运输巷掘进至突出位置时，假使 25083 工作面顶分层未开采，在此时的地应力状态(Ⅰ$_1$)下，若地质分离体受到外部扰动应力作用后形成的瞬态应力场为Ⅲ$_1$，则，此时掘进工作面前方的塑性区增量为 66 m^3，在此过程中，煤岩体释放的弹性能和瓦斯能的总量约为 64.9 MJ，而在煤体强度变化为 B 的情况

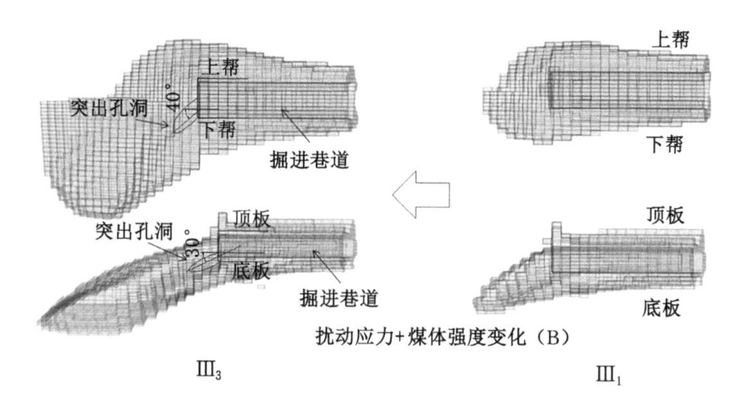

图 7-31　煤体强度变为 B 时 $Ⅲ_1 \to Ⅲ_3$ 的计算结果与实际突出孔洞对照图

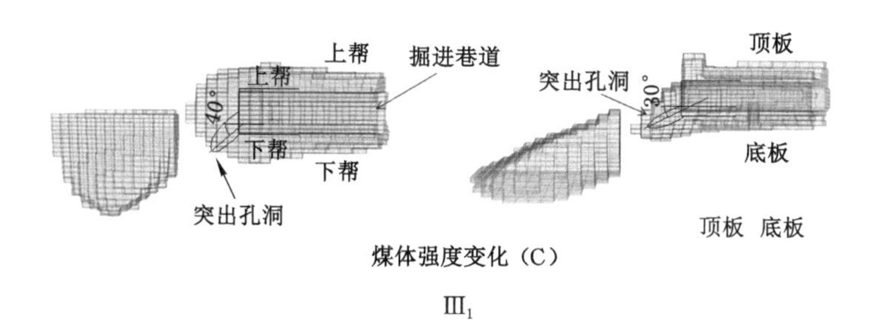

图 7-32　煤体强度变为 C 时 $Ⅲ_1$ 的计算结果与实际突出孔洞对照图

下，$Ⅲ_1 \to Ⅲ_3$ 过程中煤岩体释放的弹性能和瓦斯能的总量约为 617.2 MJ，可以明显看出，$Ⅲ_1 \to Ⅲ_3$ 的突出危险性远高于 $Ⅰ_1 \to Ⅲ_1$，但通过比较 $Ⅲ_1 \to Ⅲ_3$ 和 $Ⅰ_1 \to Ⅲ_1$ 两个过程中所受扰动应力的大小可知，其后者要远大于前者，因此，扰动应力对煤与瓦斯突出的启动效果必须考虑区域地应力场的应力状态和煤体强度变化的影响。

7.1.5　案例Ⅳ：2004 年 9 月 20 日 25041 运输巷

7.1.5.1　案例概述

2004 年 9 月 20 日在 25041 运输巷距专用回风巷距离 831.5 m 处发生一次煤与瓦斯突出，突出地点邻近的 25083 工作面顶分层已开采，第二分层正在回采，具体如图 7-33 所示，其中，灰色为已开采区域。突出地点标高为 −125 m，离地面垂深为 236 m。突出位置附近区域的煤层平均厚度为 8 m，煤层倾角 12°左右，煤质为无烟煤，煤层顶、底板均为砂质泥岩，突出地点附近

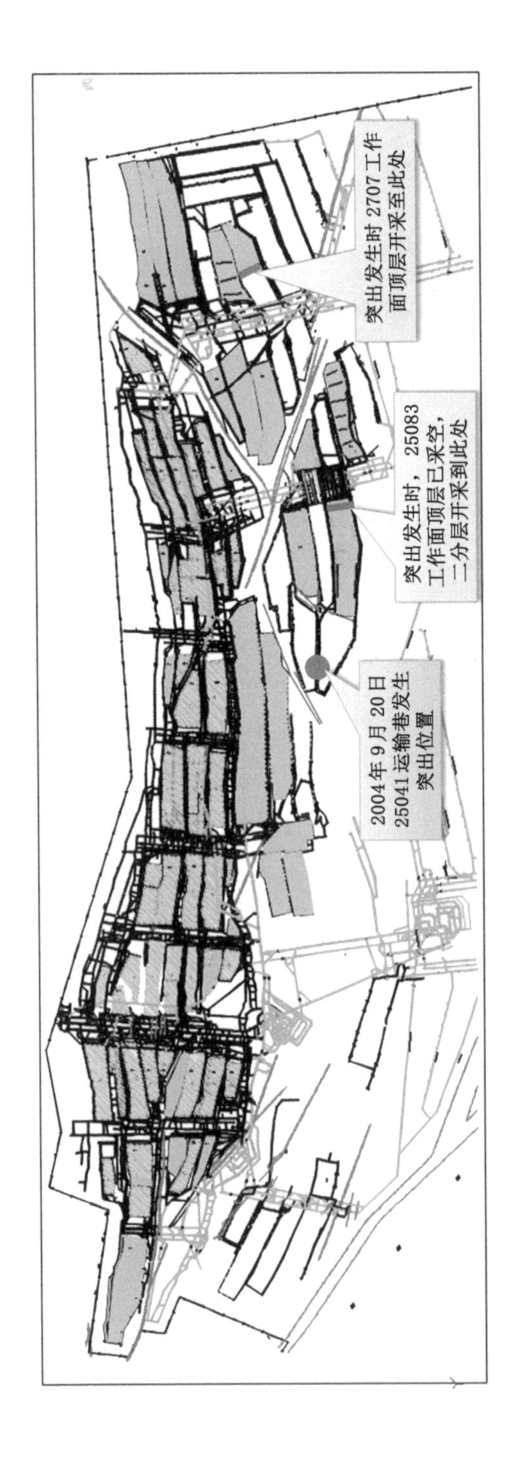

图 7-33　2004 年 9 月 20 日 25041 运输巷发生突出时的采掘工程平面图

的 6-9 钻孔柱状图如图 7-34 所示。掘进巷道采用锚网支护,间排距为 0.7 m,空顶距为 1.5 m。巷道采用压入式通风,有效风量为 281 m^3/min,突出前正常瓦斯浓度为 0.2%,绝对瓦斯量为 0.562 m^3/min,突出发生前进行过预抽瓦斯,突出发生前瓦斯涌出明显增大,突出时共喷出煤岩量为 60 t,喷出距离为 10 m,动力效果明显,突出后比正常多涌出 2 650 m^3 的瓦斯。突出后形成的孔洞轮廓如图 7-35 所示。突出地点附近测点的瓦斯压力值为 0.75 MPa,瓦斯含量值为 13.47 m^3/t。

煤岩名称	柱状	厚度 /m	累深 /m	岩性描述
砂岩		16.96	220.16	灰色而细粒，泥质胶结，底部具裂隙宽 1 mm
粉砂岩		6.04	226.20	灰、深灰色，层理明显，含植物化石碎片，下部 2 m 岩芯破碎，底部含矽质
二$_1$煤		6.02	232.22	硬质，块炭，中部夹 0.4 m 粉煤
粉砂岩		10.54	242.76	深灰色，具层理，含植物化石碎片，顶部 0.4 m 为黑色泥岩，底部夹矽质薄层
石灰岩		0.75	243.51	深灰色，致密，块状，含丰富蜓蝌化石
粉砂岩		8.98	252.49	深灰色，具层理，含少量植物化石碎片，中夹薄层泥岩
石灰岩		8.37	260.86	灰色，致密，块状，顶部含泥质较高，含丰富蜓蝌化石，少量燧石结核

图 7-34 突出位置附近的 6-9 钻孔柱状图

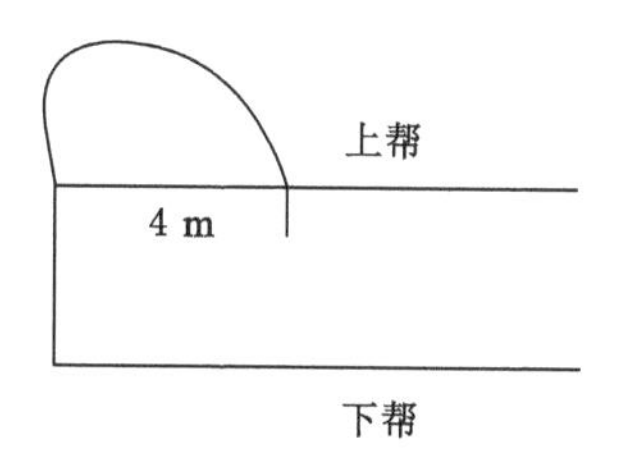

图 7-35 突出孔洞形态

7.1.5.2 突出启动的诱因分析

(1) 区域地应力状态对突出启动的影响

运用数值模拟计算软件结合25041运输巷突出发生地点的实际地质情况，建立数值计算模型。同样，依据地应力场的一般分布规律，结合突出位置附近的地质与采掘情况，设定不同开采时期分离体的区域地应力状态，见表7-7。其中，I_1、II_1 和 III_1 分别为25083工作面顶分层未开采、25083工作面顶分层已采空以及当前采掘情况下，地质分离体区域地应力场的主应力状态。I_2、II_2、III_2 和 III_3 分别为地质分离体在以上地应力状态下受到扰动应力作用后形成的区域地应力场的主应力状态，地质分离体中煤体的单向抗压强度 $Rc=9.3$ MPa。

表7-7 地质分离体的地应力状态

区域主应力场	P_1/MPa	P_2/MPa	P_3/MPa	α/(°)
I_1	18	8	5	45
I_2	18	8	4.5	45
II_1	19	9	5	45
II_2	19	9	4.5	45
III_1	20	10	4.5	45
III_2	20	10	4.2	45
III_3	20	10	4.3	45

图7-36为不同开采时期25041运输巷地质分离体在不同区域地应力状态下的塑性区分布与能量释放的计算结果。根据计算结果，在当前开采状态下，当25041运输巷掘进至突出位置区域时地质分离体受到外部扰动应力作用($\text{III}_1\to\text{III}_2$)，掘进工作面前方的塑性区范围由54 m^3 产生剧烈扩展增至111 m^3，塑性区增量为57 m^3；当25041运输巷掘进至突出位置时，若25083工作面顶分层未开采，则在相同扰动应力作用下($\text{I}_1\to\text{I}_2$)，掘进工作面前方的塑性区范围由14 m^3 增至20 m^3，塑性区增量仅为6 m^3；若25041运输巷掘进至突出位置时25083工作面顶分层已开采，则在同样的扰动应力作用下($\text{II}_1\to\text{II}_2$)，掘进工作面前方的塑性区范围由19 m^3 增至30 m^3，塑性区增量仅为11 m^3。可见，相同扰动应力作用下，地质分离体的区域地应力状态为 III_1 时，工作面前方产生的塑性区增量更大。根据以上计算结果，结合现场实际生产条件，对新增塑性区所释放的能量大小进行计算，计算参数见表7-4。结果显示，$\text{I}_1\to\text{I}_2$、$\text{II}_1\to\text{II}_2$ 和 $\text{III}_1\to\text{III}_2$ 过程中，煤岩体释放的弹性能和瓦斯能的总量分别约为5.9 MJ、10.9 MJ和57 MJ，显然，$\text{III}_1\to\text{III}_2$ 过程中释放的能量大于 $\text{I}_1\to\text{I}_2$ 和 $\text{II}_1\to\text{II}_2$，

也就是说，$\mathrm{III}_1 \rightarrow \mathrm{III}_2$ 产生煤与瓦斯突出的风险要高于 $\mathrm{I}_1 \rightarrow \mathrm{I}_2$ 和 $\mathrm{II}_1 \rightarrow \mathrm{II}_2$ 产生煤与瓦斯突出的风险，$\mathrm{III}_1 \rightarrow \mathrm{III}_2$ 的数值计算结果与现场实际突出孔洞对照如图 7-37 所示。综合以上分析结果可知，在一定的条件下，区域地应力状态对煤与瓦斯突出的启动具有直接影响。

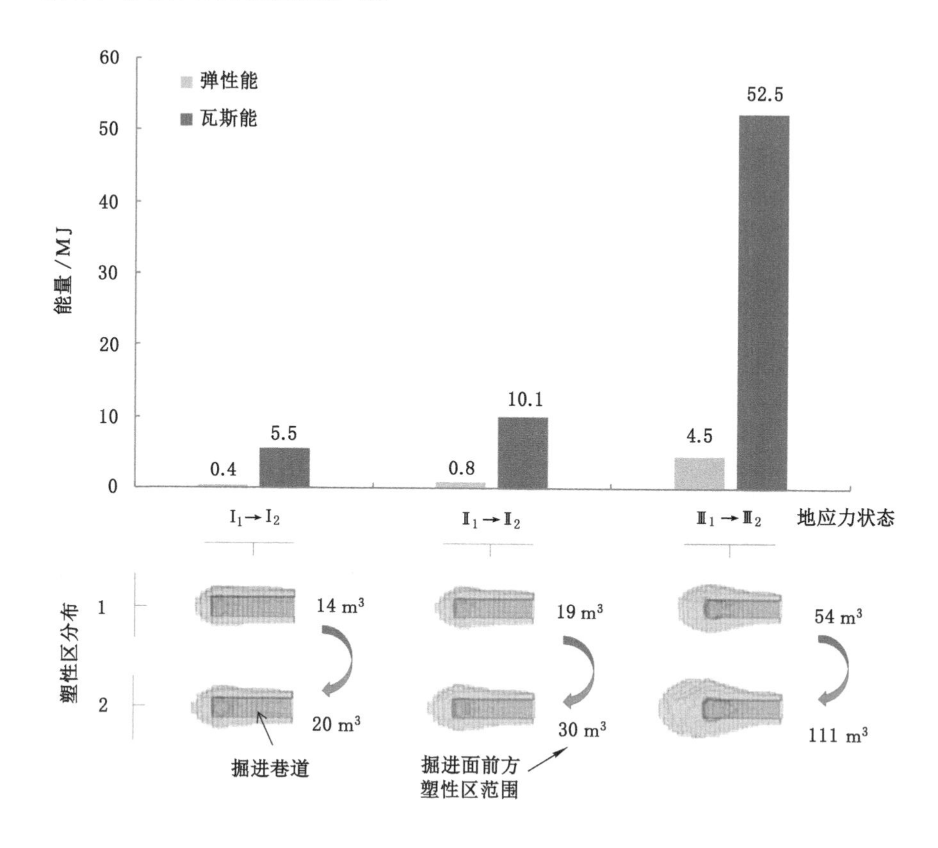

图 7-36　不同区域地应力状态对突出启动影响的计算结果

(2) 煤体强度变化对突出启动的影响

在当前开采状态下，掘进巷道的区域地应力状态为 III_1，假定分离体范围内煤体强度出现变化，如图 7-38 所示，其中，A 代表掘进巷道右侧的煤体强度为 Rc＝10.4 MPa；B 代表掘进巷道右侧的煤体强度变软，Rc＝8.8 MPa。

图 7-39 为当掘进工作面前方煤体强度出现变化时，地质分离体在不同区域地应力状态下的塑性区分布与能量释放量的计算结果。根据计算结果，若掘进巷道右侧煤体强度为 A：Rc＝10.4 MPa，则在当前开采状态下，地质分离体受到扰动应力作用后（$\mathrm{III}_1 \rightarrow \mathrm{III}_2$），掘进工作面前方的塑性区范围由 42 m^3 增至

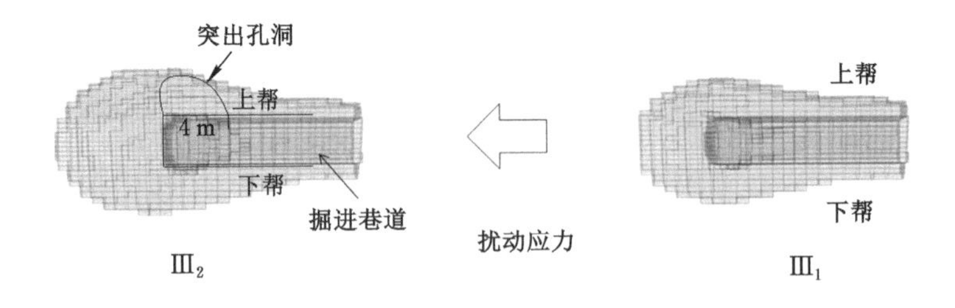

图 7-37　$Ⅲ_1 \rightarrow Ⅲ_2$ 的计算结果与实际突出孔洞对照图

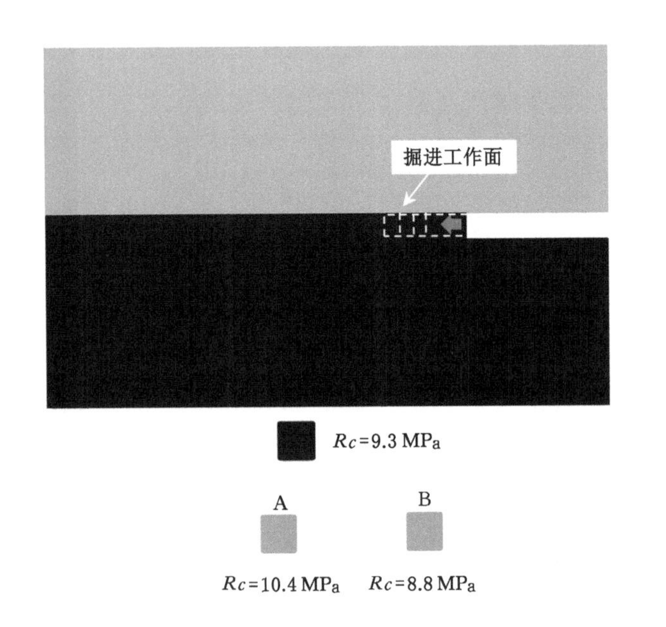

图 7-38　煤体强度分布变化时的计算方案

79 m^3，塑性区增量为 37 m^3，且巷道右侧塑性区增量明显小于左侧，在此过程中，煤岩体释放的弹性能和瓦斯能的总量约为 36.4 MJ，显然，在当前地应力状态下，当掘进巷道右侧煤体强度变硬时，煤与瓦斯突出启动的风险会降低。若在当前开采状态下掘进巷道右侧煤体强度为 B：Rc＝8.8 MPa，则此时地质分离体受到较小的外部扰动应力作用后（$Ⅲ_1 \rightarrow Ⅲ_3$），掘进工作面前方的塑性区范围由 80 m^3 急剧扩展至 310 m^3，塑性区增量为 230 m^3，塑性区的增量主要集中巷道右侧，而在此过程中，煤岩体释放的弹性能和瓦斯能的总量约为 230.2 MJ，同理，能量释放区也主要在巷道右侧，可见，在当前地应力状态下，当掘进巷道右侧煤体较软时，在巷道右侧煤与瓦斯突出启动的风险会增大，数值计算结果与现场实际突出孔洞对照图如图 7-40 所示。

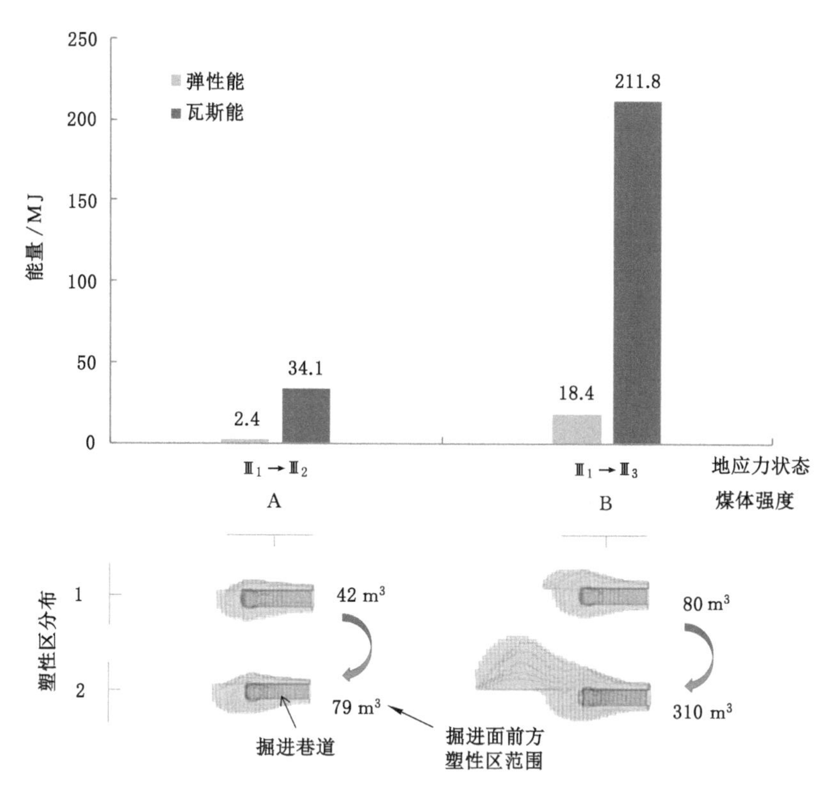

图 7-39　不同煤体强度分布对突出启动影响的计算结果

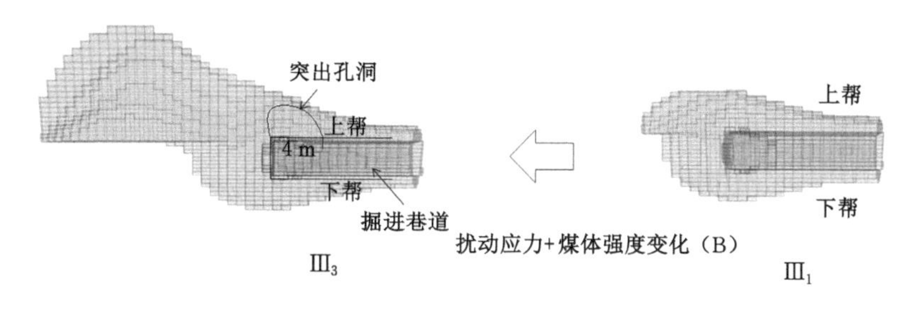

图 7-40　煤体强度变为 B 时 $Ⅲ_1$→$Ⅲ_3$ 的计算结果与实际突出孔洞对照图

(3) 扰动应力对突出启动的影响

当 25041 运输巷掘进至突出位置时，假使 25083 工作面顶分层未开采，在此时的地应力状态(Ⅰ$_1$)下，若地质分离体受到外部扰动应力作用后形成的瞬态应力场为Ⅲ$_1$，则此时掘进工作面前方的塑性区增量为 40 m^3，在此过程中，煤岩体释放的弹性能和瓦斯能的总量约为 39.3 MJ，而在煤体强度变化为 B 的情况下，Ⅲ$_1$→Ⅲ$_3$ 过程中煤岩体释放的弹性能和瓦斯能的总量约为 230.2 MJ，可以明显看出，Ⅲ$_1$→Ⅲ$_3$ 的突出危险性远高于Ⅰ$_1$→Ⅲ$_1$，但通过比较Ⅲ$_1$→Ⅲ$_3$ 和Ⅰ$_1$→Ⅲ$_1$ 两个过程中所受扰动应力的大小可知，其后者要远大于前者，因此，扰动应力对煤与瓦斯突出的启动效果必须考虑区域地应力场的应力状态和煤体强度变化的影响。

7.1.6 案例Ⅴ:2011 年 4 月 5 日 27131 运输巷

7.1.6.1 案例概述

2011 年 4 月 5 日在 27131 运输巷距专用回风口距离 274.4 m 处发生一次煤与瓦斯突出，突出地点附近的 2709 和 2711 工作面顶分层已开采，2709 工作面第二分层正在回采，具体如图 7-41 所示，其中，灰色为已开采区域。突出地点标高为－197.3 m，离地面垂深为 288.4 m。突出位置附近区域的煤层平均厚度为 4.07 m，煤层倾角 8°左右，煤质为无烟煤，煤层顶板为砂质泥岩，底板为泥岩，突出地点附近的 10-6 钻孔柱状图如图 7-42 所示。该巷道下部为 F147 断层，巷道采用锚网支护，间排距为 0.8 m，空顶距为 0.8 m。巷道采用压入式通风，有效风量为 680 m^3/min，突出前正常瓦斯浓度为 0.17%，绝对瓦斯涌出量为 0.87 m^3/min，突出发生前进行过松动爆破和水力掏槽，在水力掏槽时，瓦斯涌出量急剧增大，突出时，T1 传感器被埋未显示数据，T2 传感器显示最高瓦斯浓度达 91.7%。突出时共喷出煤岩量为 181 t，喷出距离为 28 m，动力效果明显，突出后比正常多涌出 1.91 万 m^3 的瓦斯。突出后形成的孔洞轮廓如图 7-43 所示。突出地点附近测点的瓦斯含量值为 14.88 m^3/t，依据矿井瓦斯地质图，该位置处的瓦斯压力值约为 0.6 MPa。

7.1.6.2 突出启动的诱因分析

(1) 区域地应力状态对突出启动的影响

结合 27131 运输巷突出发生地点的实际地质情况，运用数值模拟计算软件建立数值计算模型。同样，依据地应力场的一般分布规律，结合突出位置附近的地质与采掘情况，设定不同开采时期分离体的区域地应力状态，见表 7-8，其中，Ⅰ$_1$、Ⅱ$_1$ 和Ⅲ$_1$ 分别为 2711 工作面顶分层未开采、2711 工作面顶分层已采空以及当前采掘情况下，地质分离体区域地应力场的主应力状态。Ⅰ$_2$、Ⅱ$_2$、Ⅲ$_2$ 和Ⅲ$_3$ 分别为地质分离体在以上地应力状态下受到扰动应力作用后形成的区域地

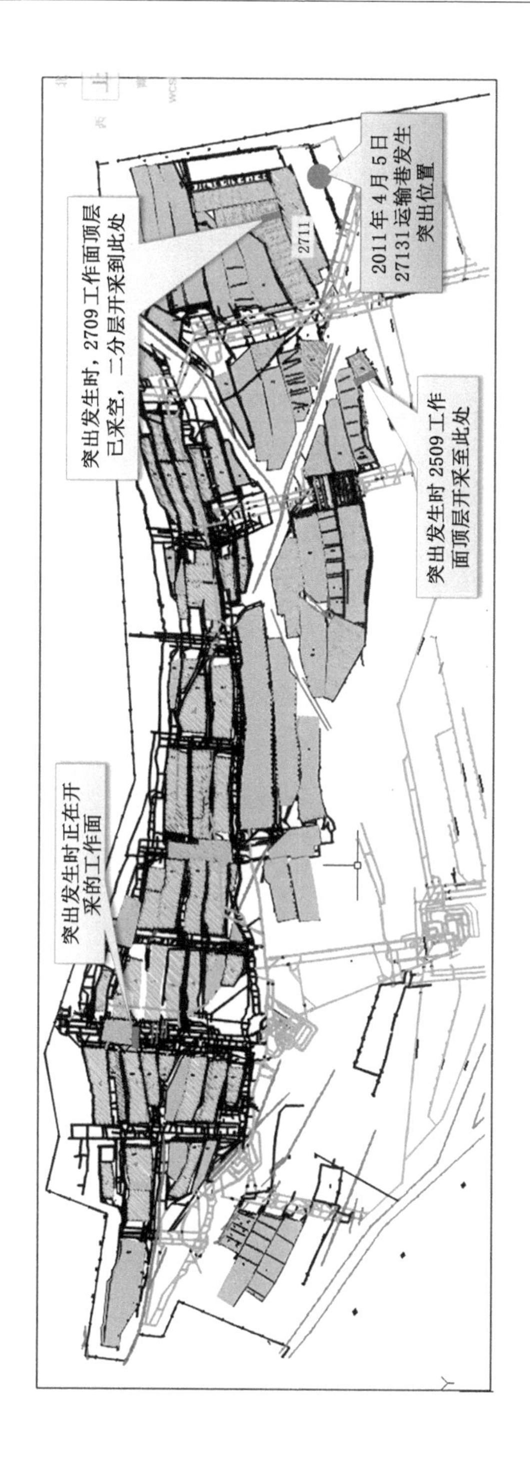

图 7-41 2011年4月5日27131运输巷发生突出时的采掘工程平面图

煤岩名称	柱状	厚度 /m	累深 /m	岩性描述
细粒砂岩		6.03	233.91	深灰色成份以石英为主，次为长石，含白云母及暗色矿物，菱铁质及泥巴质团块菱铁质，层理分布具小型交错怪理及平行层理，泥硅质胶结具节理方解石脉和黄铁矿薄膜坚硬
砂质泥岩		7.23	241.14	深灰色含白云母及植物化石碎片，具水平纹理，下部含菱铁质结核且砂份较高
细粒砂岩		2.97	244.11	深灰色层含白云母碎片及暗色矿物和碳质，泥岩碎屑含菱铁质及层理分部具小型交错层理，泥硅质胶结坚硬
泥岩		3.07	247.18	黑灰色含植物化石碎片，煤线具滑痕，滑面含大量白色次生矿物，具水平纹理，断口平坦
细粒砂岩		2.75	249.93	深灰色层面含白云母碎片、暗色矿物碳质菱铁质，层理分布下部具泥质条带，上部小型交错层理，下部具水平层理，泥硅质胶结坚硬
砂质泥岩		2.65	252.58	深灰色含白云母碎片、暗色矿物植物化石碎片，层面含碳质局部滑面及方解石脉断平坦
细粒砂岩		5.94	258.52	深灰色层面含白云母、少量暗色矿物碳质及菱伯质，具小型交错层理，下部节理充填方解石脉，具小溶洞泥硅胶结坚硬
泥岩		3.81	262.33	黑灰色含白云母片，植物化石上部略含砂质，具滑痕，白色次生矿物，具水平纹理，断口平坦
二$_1$煤		4.89	267.22	黑灰粉状局部为块状，以亮煤为主，含少量暗煤似金属光泽，贝壳状断口，煤岩类型为光亮型，质软，利用钻控资料测井止煤 270.02 m，厚度 4.63 m(优)
泥岩		1.81	269.03	灰黑含植物化石及煤线，层面含碳质具水平纹理，具滑良及白色次生矿物，断口平坦，软下部略含砂质
粉砂岩		2.43	271.46	黑灰色层面含白云母碎片，碳质具水平纹理，断口平坦半坚硬
泥岩		4.34	275.79	黑灰色具砂质条带显水平纹理，局部具滑面，断口平坦
粉砂岩		0.20	275.99	黑灰色致密比重大，性脆节理发育，具网状方解石脉棱角，断口坚硬
泥岩		10.36	286.35	黑灰色含白云母碎片及少量植物化石碎片，贝壳状断口，其中280.70、285.10、286.47 m处夹 3 层菱铁质泥岩，厚度各 0.1 m，采长 0.10 m
硅质泥岩		2.26	288.61	黑灰色致密性脆，比重大，含黄铁矿结核，具节理及方解石脉，坚硬断口平坦
石灰岩		7.98	296.60	深灰色含腕足类及蜓蚪化石，含燧石具缝合线顶部，含泥质具裂隙及方解石脉和黄铁矿薄膜坚硬

图 7-42　突出位置附近的 10-6 钻孔柱状图

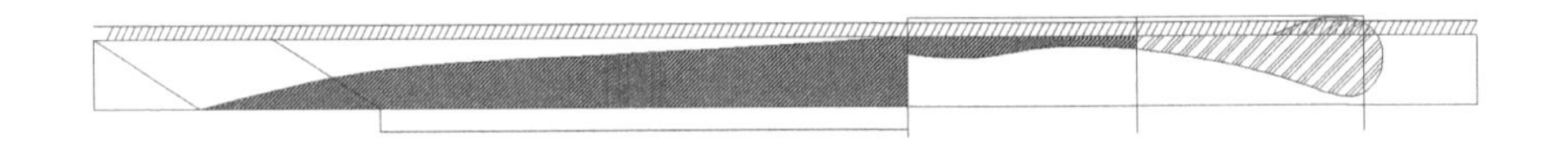

图 7-43　突出孔洞形态

应力场的主应力状态，地质分离体中煤体的单向抗压强度 $Rc = 6.2$ MPa。

表 7-8　地质分离体的地应力状态

区域主应力场	P_1/MPa	P_2/MPa	P_3/MPa	α/(°)
Ⅰ$_1$	14	7	5	45
Ⅰ$_2$	14	7	4.5	45
Ⅱ$_1$	15.5	8	5.3	45
Ⅱ$_2$	15.5	8	4.8	45
Ⅲ$_1$	16	8	4.8	45
Ⅲ$_2$	16	8	4.3	45
Ⅲ$_3$	16	8	4.6	45

图 7-44 为不同开采时期 27131 运输巷地质分离体在不同区域地应力状态下的塑性区分布与能量释放的计算结果。根据计算结果，在当前开采状态下，当 27131 运输巷掘进至突出位置区域时受到外部扰动应力作用（$Ⅲ_1 \rightarrow Ⅲ_2$），则此时掘进工作面前方的塑性区范围由 53 m^3 产生剧烈扩展增至 282 m^3，塑性区增量为 229 m^3；当 27131 运输巷掘进至突出位置时，若 2711 工作面顶分层未开采，则地质分离体在受到相同的扰动应力作用后（$Ⅰ_1 \rightarrow Ⅰ_2$），掘进工作面前方的塑性区范围由 15 m^3 增至 20 m^3，塑性区增量仅为 5 m^3；若 27131 运输巷掘进至突出位置时 2711 工作面顶分层已开采，同样，地质分离体在受到相同的扰动应力作用后（$Ⅱ_1 \rightarrow Ⅱ_2$），掘进工作面前方的塑性区范围由 23 m^3，增至 37 m^3，塑性区增量仅为 14 m^3。可见，在相同外部扰动应力作用下，当掘进巷道的区域地应力状态分别为 $Ⅰ_1$ 和 $Ⅱ_1$ 时，工作面前方产生的塑性区增量远远小于突出发生前的地应力状态（$Ⅲ_1$）下产生的塑性区增量。根据以上计算结果，结合现场实际生产条件，对新增塑性区所释放的能量大小进行计算，计算参数见表 7-4。结果显示，$Ⅰ_1 \rightarrow Ⅰ_2$、$Ⅱ_1 \rightarrow Ⅱ_2$ 和 $Ⅲ_1 \rightarrow Ⅲ_2$ 过程中，煤岩体释放的弹性能和瓦斯能的总量分别约为 3.7 MJ、10.4 MJ 和 159.2 MJ，显然，塑性区增量越大，释放的能量就越多，$Ⅲ_1 \rightarrow Ⅲ_2$ 过程中释放的能量远远大于 $Ⅰ_1 \rightarrow Ⅰ_2$ 和 $Ⅱ_1 \rightarrow Ⅱ_2$，即地质分离体在 $Ⅲ_1$ 状态下的突出风险性更高。由以上分析结果可知，在一定的条件下，区域地应力状态对煤与瓦斯突出的启动具有直接影响。

(2) 煤体强度变化对突出启动的影响

在当前开采状态下，掘进巷道的区域地应力状态为 $Ⅲ_1$，假定分离体范围内煤体强度出现变化，如图 7-45 所示，其中，A 代表工作面左前方的煤体强度变硬，Rc=7 MPa；B 代表工作面左前方的煤体强度变软，Rc=5.7 MPa；C 代表工作面左前方的煤体强度进一步变软，Rc=5.6 MPa。

图 7-46 为当掘进工作面前方煤体强度出现变化时，地质分离体在不同区域地应力状态下的塑性区分布与能量释放量的计算结果。根据计算结果，在当前开采状态下，若掘进工作面前方 3 m 处煤体强度变硬，为 A：Rc=7 MPa，则当分离体受到外部扰动应力作用后（$Ⅲ_1 \rightarrow Ⅲ_2$），掘进工作面左前方的塑性区范围由 44 m^3 增至 82 m^3，塑性区增量为 38 m^3，相对于 Rc=6.2 MPa 的均质煤体，塑性区的增量大幅度减小，而在此过程中，煤岩体释放的弹性能和瓦斯能的总量约为 27.9 MJ，显然，在当前地应力状态下，煤与瓦斯突出启动的风险会降低。若掘进工作面前方 3 m 处煤体强度变软，为 B：Rc=5.7 MPa，则此时分离体受到较小的外部扰动应力作用后（$Ⅲ_1 \rightarrow Ⅲ_3$），掘进工作面前方的塑性区范围由 92 m^3，急剧扩展至 540 m^3，塑性区增量为 448 m^3，而在此过程中，煤岩体释放的弹性能和瓦斯能的总量约为 333.4 MJ，可见，在当前地应力状态下，当工作面前方煤体强度变软时，煤与瓦斯突

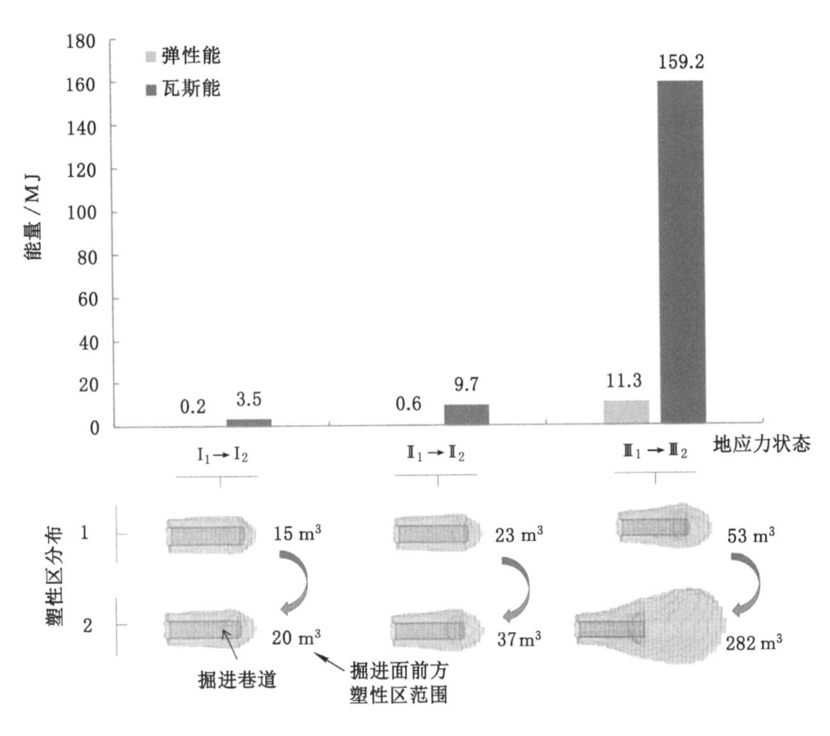

图 7-44 不同区域地应力状态对突出启动影响的计算结果

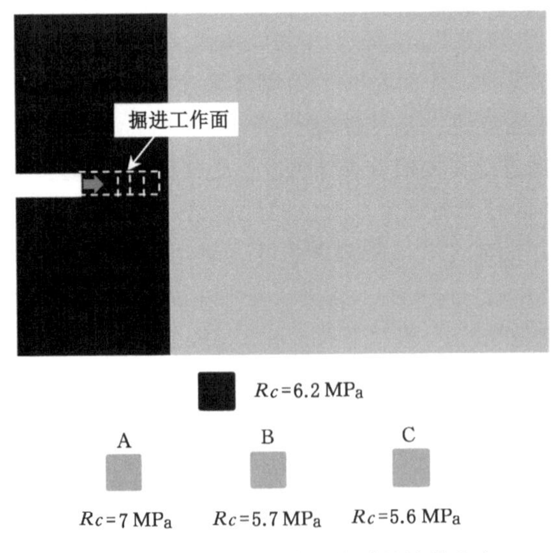

图 7-45 煤体强度分布变化时的计算方案

出启动的风险会增大。若掘进工作面左前方的煤体强度变软，为 C:Rc=5.6 MPa，则当工作面掘进至距其 6 m 时，在不受外部扰动应力的情况下，软煤区域会出现一个范围达 581 m^3 的封闭塑性区，其内含有瓦斯能的总量约为 403.8 MJ，当封闭塑性区与工作面贯通时，发生煤与瓦斯突出的风险极大。

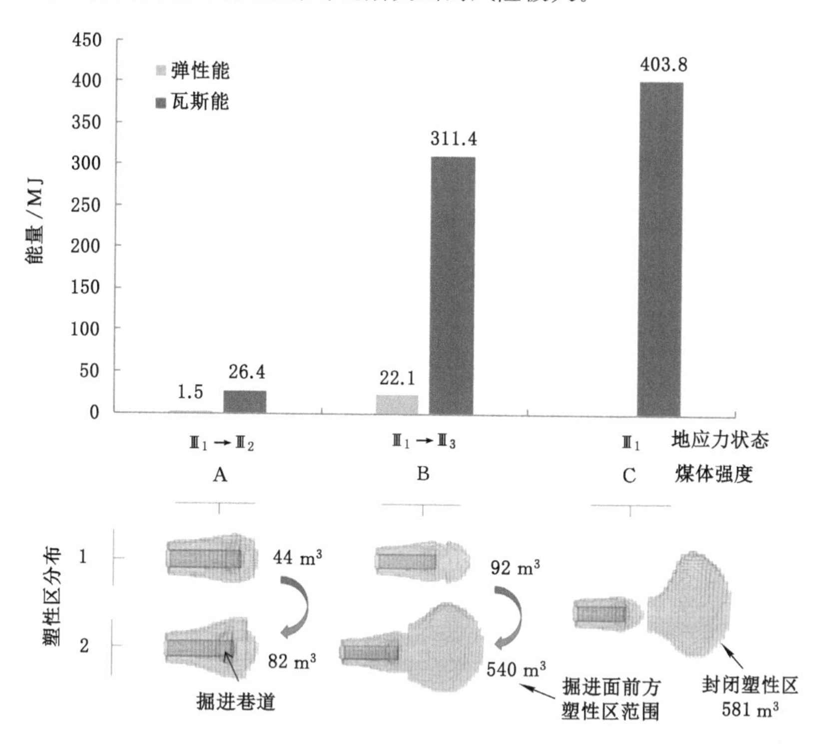

图 7-46 不同煤体强度分布对突出启动影响的计算结果

(3) 扰动应力对突出启动的影响

当 25041 运输巷掘进至突出位置时，假使 25083 工作面顶分层未开采，在此时的地应力状态($Ⅰ_1$)下，若地质分离体受到外部扰动应力作用后形成的瞬态应力场为$Ⅲ_1$，则此时掘进工作面前方的塑性区增量为 38 m^3，在此过程中，煤岩体释放的弹性能和瓦斯能的总量约为 27.8 MJ，而在煤体强度变化为 B 的情况下，$Ⅲ_1 \rightarrow Ⅲ_3$ 过程中煤岩体释放的弹性能和瓦斯能的总量约为 333.4 MJ，可以明显看出，$Ⅲ_1 \rightarrow Ⅲ_3$ 的突出危险性远高于 $Ⅰ_1 \rightarrow Ⅲ_1$，但通过比较 $Ⅲ_1 \rightarrow Ⅲ_3$ 和 $Ⅰ_1 \rightarrow Ⅲ_1$ 两个过程中所受扰动应力的大小可知，其后者要远大于前者，因此，分析扰动应力对煤与瓦斯突出的启动效果必须考虑区域地应力场的应力状态和煤体强度变化的影响。

7.2 硬-软变化区域突出危险性预测与防突措施优化

研究煤与瓦斯突出机理的根本目的是通过深刻认识突出的发生发展规律，更好地指导现场防突工程实践，确保煤矿井下采掘作业的安全。综合前文的研究成果，以非连续塑性区发展演化致使煤与瓦斯突出的基本认识为理论指导，对硬-软变化区域突出危险性预测方法与防突措施提出了新的认识与思考，基于中马村矿巷道揭煤的实际工程背景，给出了防突钻孔布置的优化方案。

7.2.1 硬-软变化区域突出危险性预测

目前我国煤矿常用的突出危险性预测方法主要依据是《防治煤与瓦斯突出细则》中的相关规定，通过综合分析多个常用的突出敏感指标进行突出危险性预测，以做到能够尽量反映影响突出危险性的地应力、瓦斯压力及煤体强度三个主要因素。虽然已有的各种突出危险性预测方法得到了广泛的应用，且取得了良好的效果，但是仍存在预测指标反映信息不全面、预测范围存在局限性等问题，突出危险性预测方法需要在对煤与瓦斯突出机理的探索过程中不断地丰富和完善。

在掘进面过硬-软变化区域时，非连续塑性区发展演化致使煤与瓦斯突出的机理认为，在满足一定条件的情况下，掘进面前方的软岩体中会形成非连续塑性区，非连续塑性区是形成高压“瓦斯包”进而诱发突出的重要因素，也是其引发突出这一系列过程的前提条件。非连续塑性区的形成主要受控于区域应力状态和煤岩体强度参数及软岩体的分布区域的影响，因此，需要从另外一个角度重新认识地应力和煤体介质属性这两种因素对非连续塑性区形成的影响及其对煤与瓦斯突出的作用。依据前文相关研究成果，蝶形塑性区的围岩环境更容易形成非连续塑性区，本部分主要基于煤岩体产生蝶形破坏的判定条件对非连续塑性区诱发突出的风险进行分析，进而对煤与瓦斯突出危险性预测方法进行补充和完善。

鉴于煤与瓦斯突出模型是三维空间，不能像含孔洞的平面问题一样可以建立确切的数学表达式作为判断准则，所以本书采用在软岩体中设置虚拟巷道的方法，通过分析虚拟巷道的围岩塑性区形态及其与煤层的位置关系来评估煤与瓦斯突出的危险性。以硬-软煤变化地质模型为例，在掘进巷道 A 工作面前方的软煤体分布区域内假想有一条垂直于掘进方向的巷道 B(以下简称为虚拟巷道)，它们之间的空间位置关系如图 7-47 所示。依据虚拟巷道与掘进巷道的空间位置关系，可以采用巷道蝶形塑性区的判断准则对煤与瓦斯突出的危险性进行评估。评估指标体系包括形态指标和方位指标，包含煤岩强度和区域地应力两类可测参量。其中，形态指标用于评价虚拟巷道围岩塑性区的形态[69]（蝶形或非蝶形)，其判别式见式(7-1)；当虚拟巷道围岩出现蝶形塑性区时，方位指标用于评价蝶形塑性区的蝶叶方向与煤层的夹角，用 $\beta_{蝶煤}$ 表示。

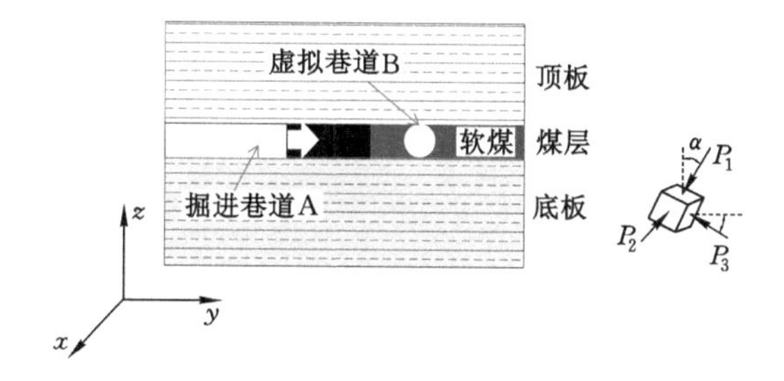

图 7-47　掘进巷道与虚拟巷道的空间位置关系

$$0 < \frac{m_2}{2m_1} < 1 \tag{7-1}$$

式中：

$$m_1 = [12(1-\eta)^2 - 4(1-\eta)^2\sin^2\varphi](\frac{-B_1+\sqrt{B_1^2-4A_1D_1}}{2A_1})^2 - 8(1-\eta)^2(\frac{-B_1+\sqrt{B_1^2-4A_1D_1}}{2A_1});$$

$$m_2 = 6(1-\eta)^2(\frac{-B_1+\sqrt{B_1^2-4A_1D_1}}{2A_1})^3 - 4(1-\eta^2)(\frac{-B_1+\sqrt{B_1^2-4A_1D_1}}{2A_1})^2 + \left[2(1-\eta)^2 - 4(1-\eta^2)\sin^2\varphi - \frac{4c(1-\eta)\sin 2\varphi}{P_3}\right]\left(\frac{-B_1+\sqrt{B_1^2-4A_1D_1}}{2A_1}\right);$$

$$A_1 = \frac{6(\eta-1)}{1-\sin\varphi}; B_1 = (1+\eta) - \frac{(3\eta-5)(1+\sin\varphi)}{(1-\sin\varphi)};$$

$$D_1 = 2\eta - \frac{4c\cos\varphi}{P_3(1-\sin\varphi)} - \frac{2(1+\sin\varphi)}{1-\sin\varphi}; \eta = \frac{P_1}{P_3}$$

c、φ 为煤岩体的内聚力与内摩擦角，P_1、P_3 为区域应力场最大、最小主应力。

依据以上评估指标，当掘进面过硬-软煤变化区域时，若软煤体区域中的虚拟巷道不满足形态指标时[见式(7-1)]，在软煤体中难以形成非连续塑性区，因而由其引发煤与瓦斯突出的风险相对较低；当同时满足形态指标和方位指标时[见式(7-2)]，蝶形塑性区的蝶叶部位比较容易在软煤体中形成非连续塑性区，并且由于蝶形塑性区的蝶叶部位全部或大部分在软煤体中，所以非连续塑性区的范围一般也会比较大，因而此时，掘进巷道发生突出的危险性相对较高；当满足形态指标和并部分满足方位指标时[见式(7-3)]，蝶形塑性区的蝶叶部位可能只有小部分或不在软煤体中，此时，非连续塑性区的范围一般会比较小，甚至没有形成非连续塑性区，因而由非连续塑性区诱发突出的危险性相对较低。

(1) 强突出风险判别式：

$$\left(0<\frac{m_2}{2m_1}<1\right)\cap\left(|\beta_{蝶煤}|<\eta_2\right) \tag{7-2}$$

(2) 弱突出风险判别式：

$$\left(0<\frac{m_2}{2m_1}<1\right)\cap\left(\eta_2<|\beta_{蝶煤}|<45^\circ\right) \tag{7-3}$$

式中：$\beta_{蝶煤}$为蝶叶方向与煤层的夹角；η_2 取值范围为 0～15°。

综上，在掘进面过硬-软变化区域时，除了分析常用的突出敏感指标对突出危险性进行预测外，还应考虑非连续塑性区这一诱发突出的重要因素，也就是需要进一步查明硬-软变化区域的区域应力状态和软岩体的强度参数及分布区域等关键因素，通过分析虚拟巷道围岩塑性区形态及其与煤层的位置关系，从而对突出危险性进行综合研判，进而为硬-软变化区域的突出危险性作出更为精准的预测。

7.2.2 巷道揭煤防突措施优化

7.2.2.1 工程概况

中马村矿在以往生产过程中曾多次发生煤与瓦斯突出事故，自 1968 年发生第一次煤与瓦斯突出以来，先后共发生大小强度不等的煤与瓦斯突出 27 次，始突深度为 202 m(煤层底板标高－46 m)，最大突出煤量 900 t，最大突出瓦斯量为 128 507 m^3。最大一次事故是 1989 年 4 月 23 日在 17 轨道上山距东总回风 55 m 处－57.46 m 标高发生的特大煤与瓦斯突出事故，突出煤量达 511 t，瓦斯量达 128 507 m^3，并发生瓦斯爆炸事故，造成重大人员伤亡。

矿井核定生产能力为 100 万 t/a。井田呈北东～南西方向展布，北东～南西长约 10 km，北西～南东宽约 1.15～2.40 km，面积为 17.076 5 km^2，开采二$_1$ 煤层，煤层底板标高－75～－500 m。二$_1$ 煤层厚 0.10～13.53 m，平均 4.90 m，层位稳定，全区大部可采，结构简单，煤层厚度有一定的变化，属较稳定煤层。下分层二$_{11}$煤层厚 0～7.20 m，平均 1.63 m，井田内分布范围不稳定，煤层厚度变化较大，仅局部可采，可采边界不规则，结构简单，属不稳定煤层。根据地勘期间及生产期间实测数据显示，原煤瓦斯含量为 2.67～36.65 m^3/t，最大煤层瓦斯压力 1.56 MPa。矿井煤层瓦斯含量总体中部较高，东、西部较低，矿井生产期间实测瓦斯基础参数见表 7-9。

表 7-9 中马村矿瓦斯基础参数

采区名称	瓦斯含量/(m^3/t)	瓦斯压力/MPa	煤层透气性系数/(m^2/MPa^2 · d)
27 采区	11.66～36.65	0～0.9	0.32
39 采区	4.09～24.52	0～1.3	1.08
211 采区	3.3～12.30	0～0.9	—
311 采区	2.67～15.54	—	—

211 西工作面位于 211 采区西翼，主采二$_1$ 煤层，煤层厚度变化较大，且存在上下分层煤及夹矸现象，其中上分层煤厚平均 5.0 m；下分层煤厚平均约 2.3 m，煤层倾角大部分为 10°，211 西工作面回风巷所处区域存在煤层分叉、夹矸现象，掘进过程中需要揭煤。211 西工作面岩层综合柱状图及回风巷平、剖面图如图 7-48、图 7-49 所示。

层厚/m	柱状1:200	岩石名称	岩性描述
5.58-9.01 7.4		粉砂岩	深灰色，粉砂结构，层状构造，层面分布云母碎片及植物化石残片，中部夹泥薄层，局部岩芯不完整
15.75-20.99 16.03		中粒砂岩	浅灰色至深灰色，中粒结构，厚层状构造，质硬，性脆，垂直裂隙，具交错层理，主要成分为石英、长石、云母
0-1.77 0.89		粉砂岩或砂质泥岩	深灰色，粉砂结构，层状构造，层面分布云母碎片及植物化石残片
0-0.42 0.21		炭质泥岩	灰黑色、黑色、泥质结构，层状构造，有滑面，具滑感，成分碳质
0.5-8.4 3.2		二$_1$煤上分层	黑色，块状，局部夹酥煤
0-11.50 5.5		泥岩或砂岩	上部为泥岩，灰黑色，泥质结构，层状构造，有滑面，具滑感，含碳质；下部以细粒砂岩为主，灰白色，细粒砂岩结构坚硬，节理发育
0-4.6 2.3		二$_1$煤下分层	黑色，粉末状
9.01-11.89 10.45		粉砂岩	深灰色、灰黑色，粉砂结构，层状构造，层面分布云母碎片及植物化石碎片，局部夹薄层泥岩及硅质层
0-0.49 0.25		硅质泥岩或中粒砂岩	浅灰色，细粒结构，层状构造，质硬性脆，成分为石英、长石、云母
6.35-9.79 8.07		粉砂岩	深灰－黑色，层面含云母片及植物化石碎片

图 7-48 211 西工作面岩层综合柱状图

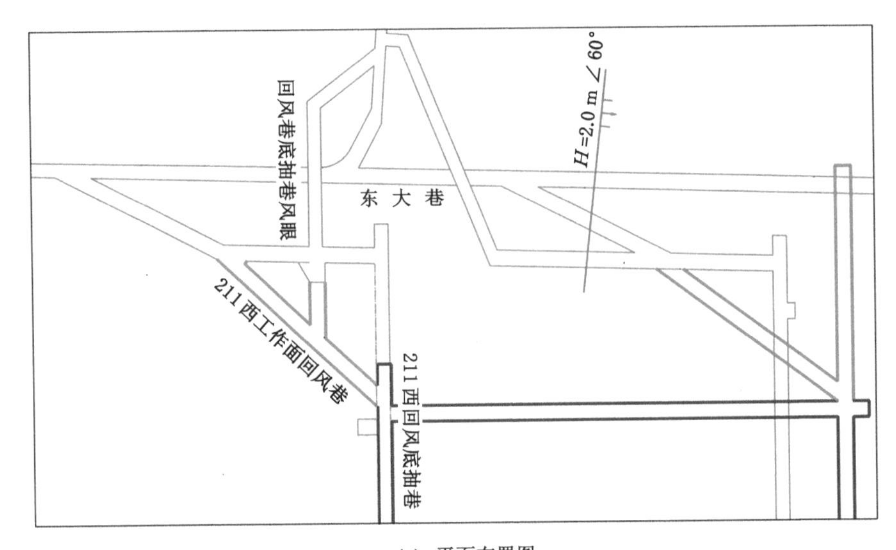

(a) 平面布置图

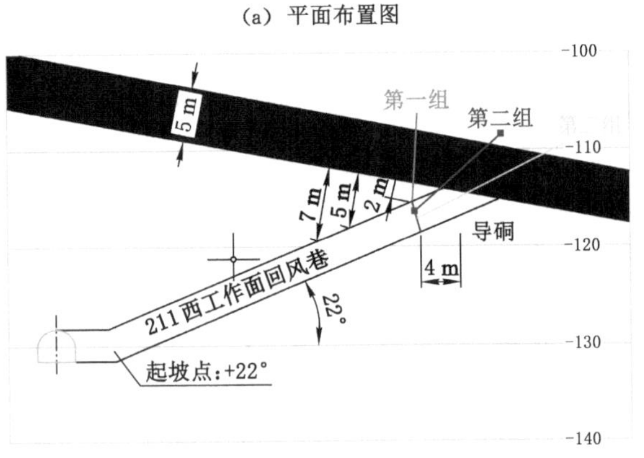

(b) 剖面图

图 7-49　211 西工作面回风巷平、剖面图

7.2.2.2　防突钻孔布置优化

施工防突钻孔是矿井防突措施的主要方法和手段,《煤矿安全规程》和《防治煤与瓦斯突出细则》对防突钻孔布置给出了相关规定,但是在掘进面揭煤过程中,还需要考虑煤岩体塑性区非连续扩展而形成高压"瓦斯包"这一重要的潜在突出危险源。防突钻孔布置优化的基本思路是:在采掘施工前,首先查明硬-软变化区域的区域应力状态和软岩体的强度参数及分布区域等关键因素,通过采用前文所述的硬-软变化区域突出危险性预测方法,对该区域突出危险性进行研

判，然后借助数值模拟软件对非连续塑性区的形成与发展过程进行详细分析，找出非连续塑性区在煤体中的分布范围，判定工作面前方存在的潜在突出危险区域，在满足防突钻孔布置相关规定性要求的基础上，根据需要进一步优化调整钻孔布置范围，并且保证防突钻孔的布置区域在满足规定性要求的前提下还必须要覆盖非连续塑性区贯通时的最大分布范围，同时还应考虑施工过程中爆破作业等外部扰动事件对煤体塑性区扩展的影响。

由于地应力测量技术尚不十分成熟，特别是对于区域应力状态的准确获取难度更大，并且同一煤层煤体的强度分布也具有一定的不均匀性，所以本部分主要依照焦作矿区已有地应力测试资料和所揭煤层的煤体强度范围，讨论区域应力状态和煤体强度对防突钻孔布置范围的影响，进而对防突钻孔布置优化提供参照依据。

依据 211 西工作面回风巷揭煤的实际地质况，建立的三维模型如图 7-50 所示。模型设计尺寸为 80 m×50 m×50 m($X\times Y\times Z$)，巷道断面的宽和高为4 m×3 m。该计算模型可以认为是包含巷道揭煤区域的地质分离体，模型边界均采用固定三个方向的位移约束。计算过程中掘进巷道沿 x 轴进行开挖，模型采用莫尔-库仑准则，巷道顶、底板的岩体力学指标参照矿上的地质资料。

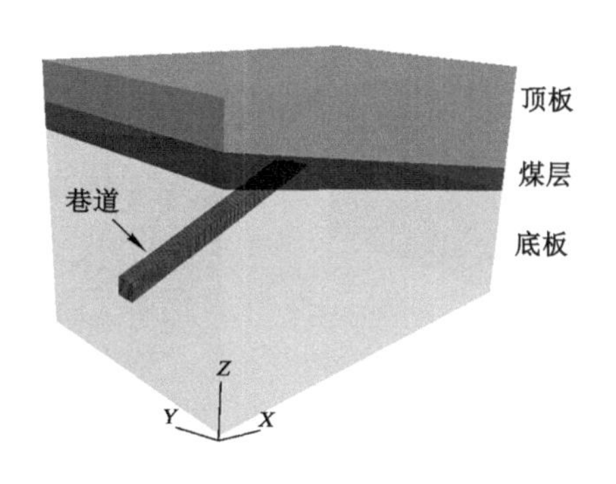

图 7-50 计算模型

(1) 区域应力状态对防突钻孔布置范围的影响

基于焦作矿区已有的地应力测试资料，依据 211 西工作面回风巷揭煤区域附近的地质与采掘情况，对地质分离体设定三种区域地应力状态进行讨论，见表 7-10，地质分离体中煤体的单向抗压强度取为：$Rc=6.4$ MPa($c=2.0$ MPa，$\varphi=26°$)。以上设置的区域应力状态和煤体强度参数均满足前文所述突出危险性预测方法中的强突出风险判别式，也就是说在揭煤过程中突出风险较高。

表 7-10　地质分离体的区域地应力状态

	区域主应力场	P_1/MPa	P_2/MPa	P_3/MPa	α/(°)
	Ⅰ	14	7	5	80
	Ⅱ	15.8	7.5	4.2	80
	Ⅲ	16.3	8	4.0	80

图 7-51 至图 7-53 分别为三种不同区域地应力状态下巷道揭露煤层时巷道围岩及煤体塑性区分布的计算结果，根据煤层中煤体塑性区的分布范围，可以判定出防突钻孔的布置区域。依据计算结果可知，不同的区域地应力状态对防突钻孔的布置区域影响比较明显。当区域地应力状态为Ⅰ时，防突钻孔的布置区域在掘进巷道的上部沿煤层倾斜方向和走向分别为 9 m 和 5 m；当区域地应力状态为Ⅱ时，防突钻孔的布置区域在掘进巷道的上部沿煤层倾斜方向和走向分别为 13.5 m 和 9 m；当区域地应力状态为Ⅲ时，防突钻孔的布置区域在掘进巷道的上部沿煤层倾斜方向和走向分别为 22 m 和 17 m。

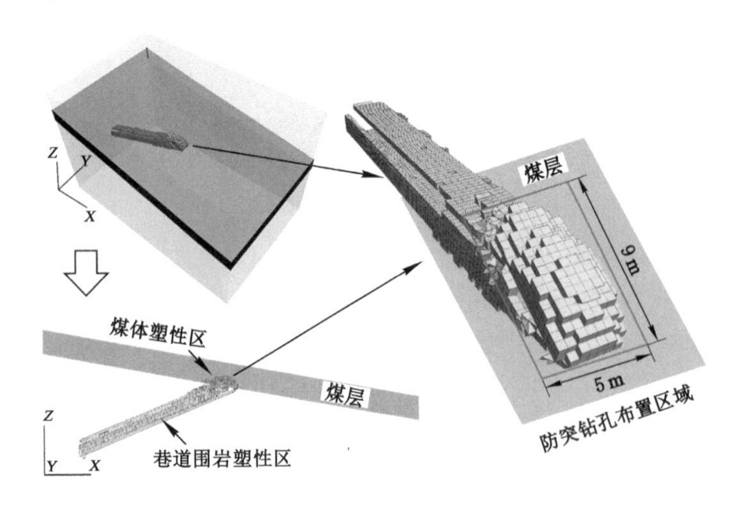

图 7-51　区域地应力状态为Ⅰ时的防突钻孔布置范围

(2) 煤体强度对防突钻孔布置范围的影响

同样，基于前文设置的区域地应力状态，设定地质分离体的区域地应力状态为：P_1=16.2 MPa、P_2=8 MPa、P_3=4.7 MPa、α=80°，根据煤层煤体的强度范围，分别设定三种煤体强度进行讨论，设置的煤体单向抗压强度 Rc 分别为：5.0 MPa(c=1.6 MPa，φ=25°)、5.5 MPa(c=1.7 MPa，φ=27°)和 6.0 MPa

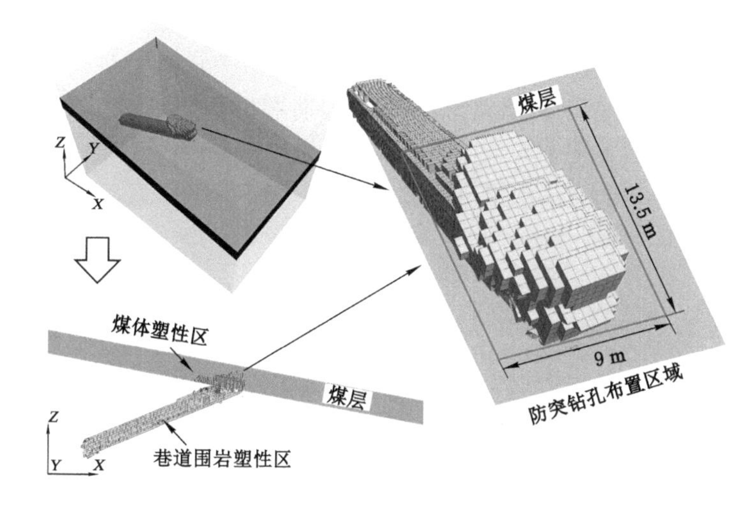

图 7-52　区域地应力状态为Ⅱ时的防突钻孔布置范围

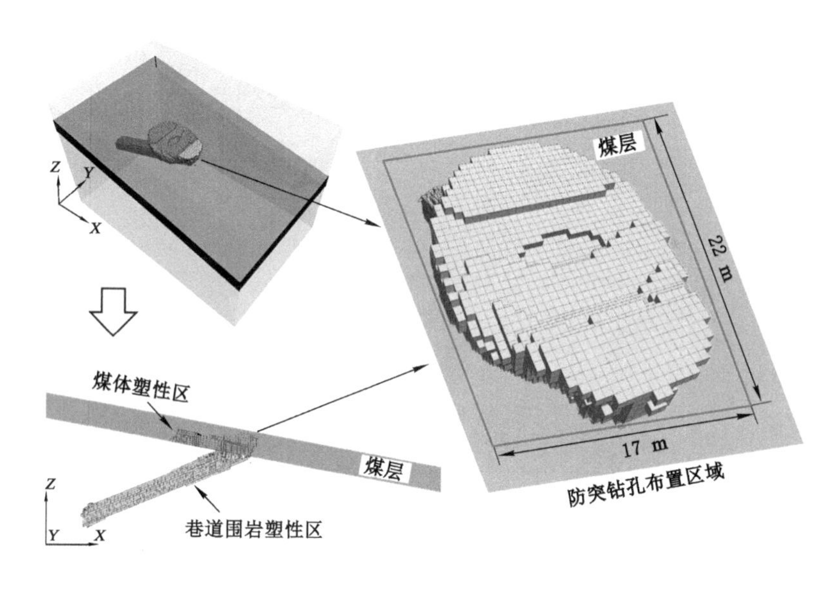

图 7-53　区域地应力状态为Ⅲ时的防突钻孔布置范围

($c=1.8$ MPa,$\varphi=28°$),以上设置的区域应力状态和煤体强度参数均满足前文所述突出危险性预测方法中的强突出风险判别式,即在揭煤过程中突出风险较高。图 7-54 至图 7-56 分别为三种不同煤体强度下巷道揭露煤层时巷道围岩及煤体塑性区分布的计算结果,同样根据煤层中煤体塑性区的分布范围,可以判定出防突钻孔的布置区域。依据计算结果可知,在区域地应力状态一定时，不同的煤体对防突钻孔的布置区域影响比较明显。当煤体强度为5.0 MPa时，防突钻孔的布置区域在掘进巷道的上部沿煤层倾斜方向和走向分别为24.5 m和16 m；当煤体强度为5.5 MPa时，防突钻孔的布置区域在掘进巷道的上部沿煤层倾斜方向和走向分别为12.5 m和9 m；当煤体强度为6.0 MPa时，防突钻孔的布置区域在掘进巷道的上部沿煤层倾斜方向和走向分别为11 m和7 m。

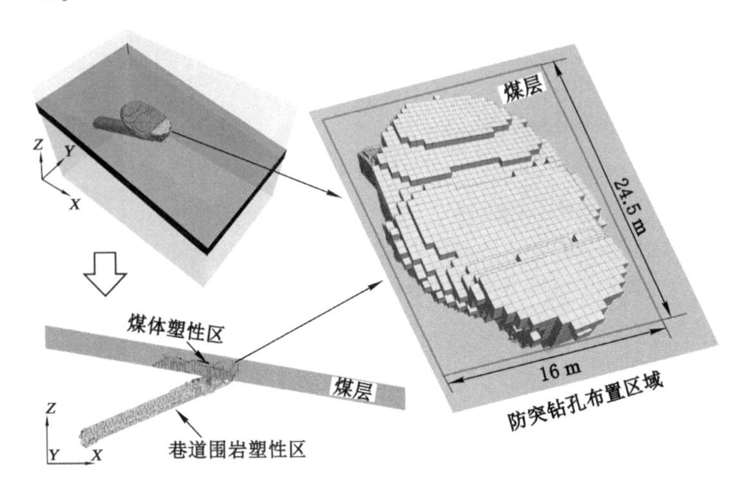

图 7-54　煤体强度为 5 MPa 时的防突钻孔布置范围

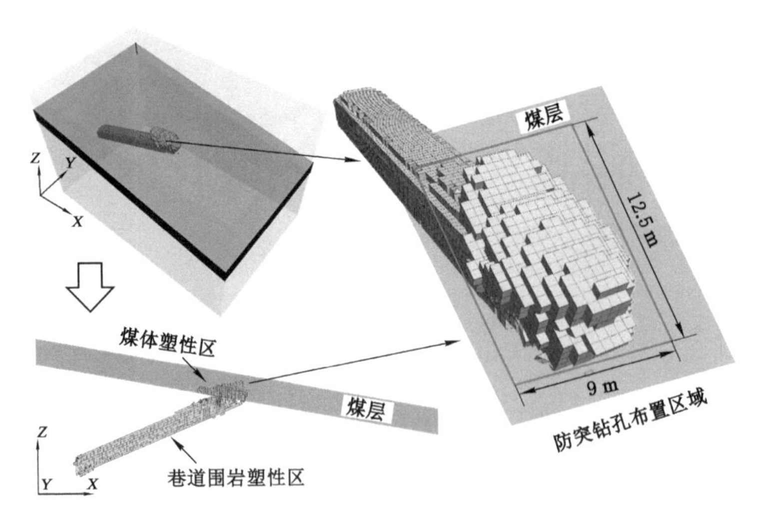

图 7-55　煤体强度为 5.5 MPa 时的防突钻孔布置范围

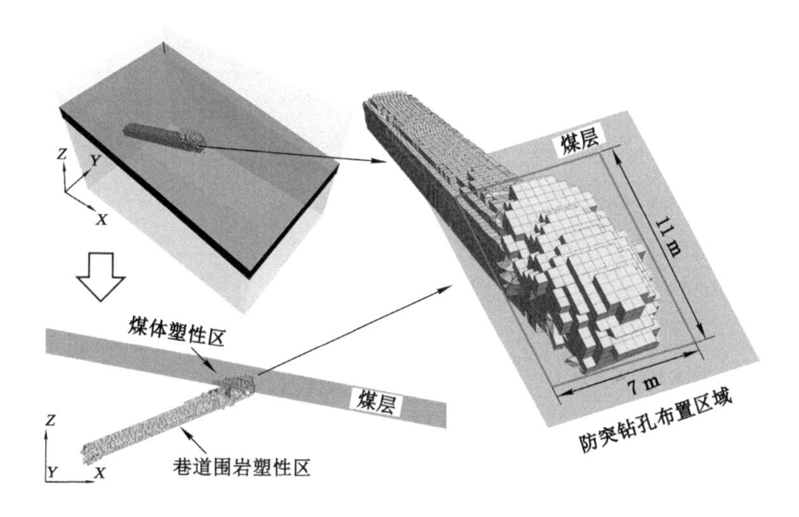

图 7-56　煤体强度为 6 MPa 时的防突钻孔布置范围

需要强调的是，以上防突钻孔布置区域设定的依据是非连续塑性区贯通时的最大分布范围，在实际的工程实践中对防突钻孔布置范围进行优化时，必须同时满足防突钻孔布置相关规定性要求，也就是要综合考虑多种因素，至少取钻孔布置范围的最大值，最后的优化方案同时还应考虑揭煤过程中爆破作业等外部扰动事件对煤体塑性区扩展的影响。

(3) 区域防突钻孔布置优化

在巷道揭煤时，防突钻孔布置的相关规定性要求为：以穿层钻孔作为井巷揭煤区域防突措施时，应当在揭煤工作面距煤层最小法向距离 7 m 以前实施，并用穿层钻孔至少控制揭煤处巷道轮廓线外 12 m，同时还应当保证控制范围的外边缘到巷道轮廓线的最小距离不小于 5 m。基于前文的分析结果，结合实际的工程情况，同时考虑巷道揭煤过程中爆破施工等因素对区域应力场的影响，在 211 西工作面回风底抽巷设计穿层钻孔预抽揭煤区域煤层瓦斯，钻孔控制揭煤工作面巷道上帮和下帮均为 30 m，煤层瓦斯预抽时间为 6 个月。最终，钻孔设计分为五段，共计 16 组 347 个，穿层抽采钻孔均布置在 211 西工作面回风底抽巷及横贯巷道内。另外，焦煤集团科研所在中马村矿 39051 运输巷实测结果显示，在未进行水力冲孔情况下，抽采时间不小于半年时抽采影响半径为 1.65 m。同处于焦作煤田的九里山矿 15071 底抽巷水力冲孔后影响半径增加到 3 m，15071 工作面煤层透气性系数约为 0.546 4 $m^2/(MPa^2 \cdot d)$，中马村矿 39 地区煤层透气性系数 1.09 $m^2/(MPa^2 \cdot d)$，透气性高于九里山矿，因此钻孔孔底间距取 3.5 m。瓦斯钻孔布置平面图如图 7-57 所示，第一段钻孔布置及参数如图 7-58 所示。

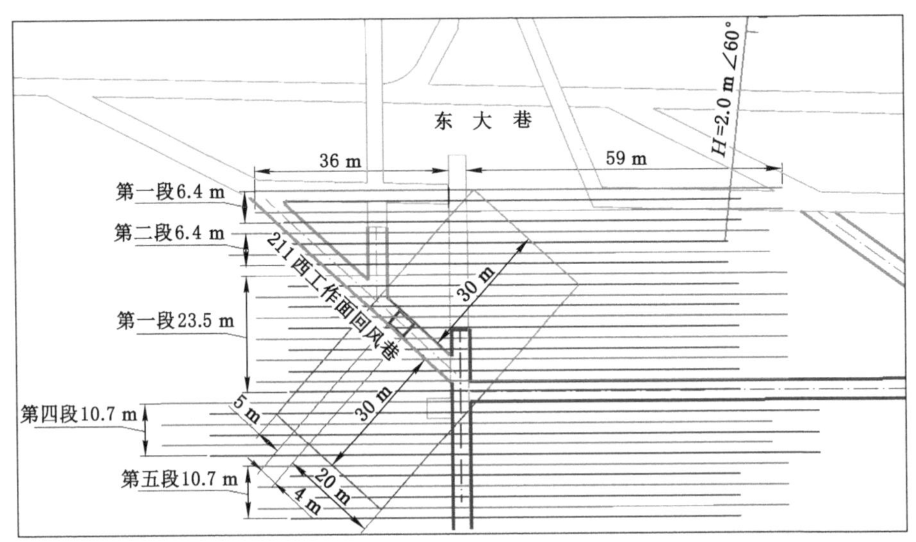

图 7-57　瓦斯钻孔布置平面图

(4) 工程实践

211 西工作面回风巷揭煤过程严格按照相关规定性要求执行。

在 211 西工作面回风巷距离煤层最小法向距离 10 m 位置以前，由 211 西工作面回风底抽巷向回风巷揭煤工作面打不少于 2 个穿过煤层全厚的超前探测钻孔，提前探明煤层位置、产状和测定揭煤地点瓦斯参数。

在 211 西工作面回风巷距离煤层最小法向距离 7 m 位置以前采取穿层钻孔预抽揭煤区域煤层瓦斯区域防突措施，并进行区域防突措施效果检验，经检验无突出危险后，方可由最小法向距离 7 m 位置掘进至最小法向距离 5 m 位置。

在揭煤工作面距煤层最小法向距离 5 m 前，用工作面预测方法进行区域验证(局部综合防突措施的工作面预测)。如果区域验证有突出危险，实施工作面防突措施，并进行工作面措施效果检验，直到措施有效；如果区域验证为无突出危险或采取工作面防突措施并经效果检验有效时，则采用前探孔边探边掘，直至距煤层最小法向距离 2 m 位置。

当巷道掘进至距煤层最小法向距离 2 m 位置时，重新进行工作面效果检验，若有突出危险，继续实施局部防突措施，若无突出危险时，沿煤层走向掘导硐。

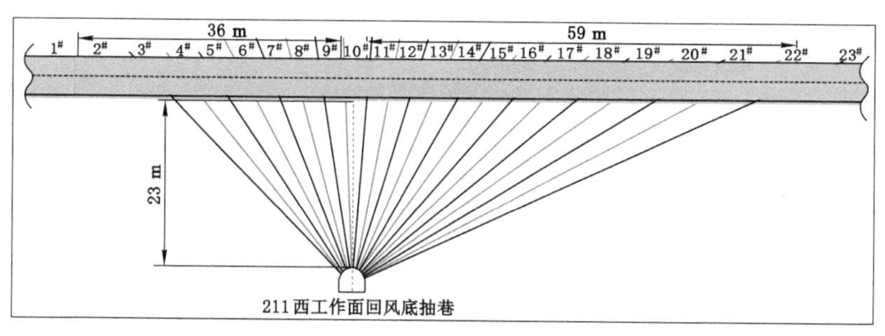

(a) 剖面图

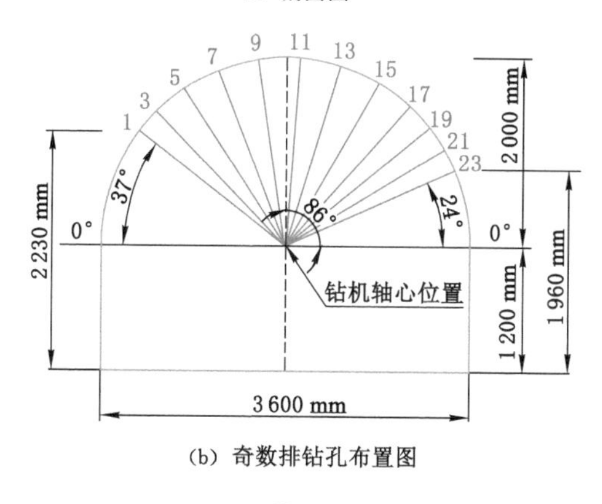

(b) 奇数排钻孔布置图

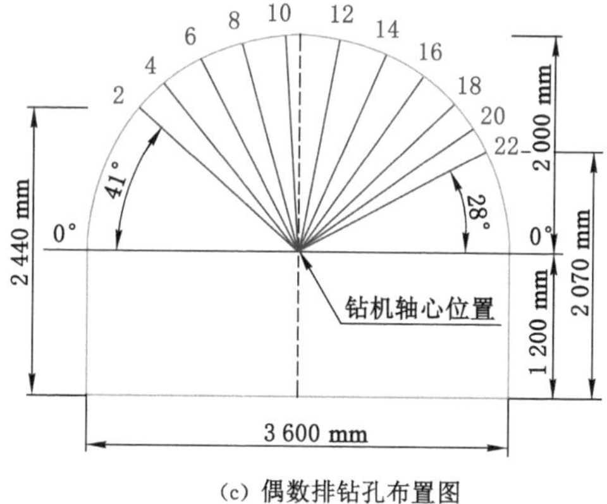

(c) 偶数排钻孔布置图

图 7-58 瓦斯钻孔布置剖面图

导硐施工结束后，再次进行工作面效果检验，检验孔 9 个(导硐前端 3 个孔，中部 3 个孔，后端 3 个孔，如图 7-59 所示)，检验孔应位于措施孔之间，终孔位置应位于导硐轮廓线以外 2～4 m 处。

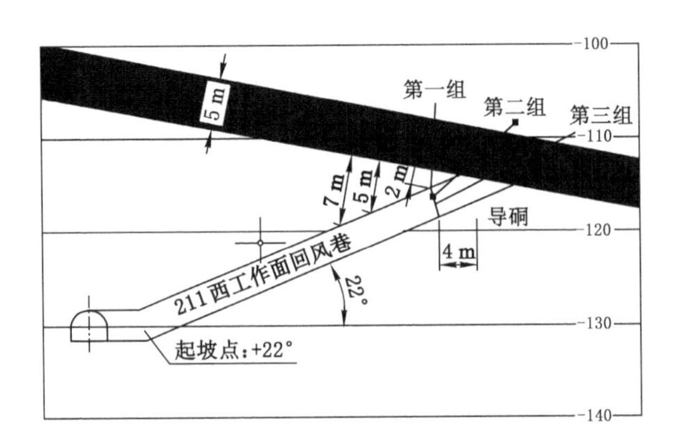

图 7-59　揭煤导硐施工后工作面效果检验钻孔布置

检验若有突出危险,继续实施工作面防突措施,直至工作面效果检验无突出危险时,在采取安全防护措施的条件下采用远距离爆破揭穿煤层。

在 211 西工作面回风巷揭煤区域对应底抽巷位置取了 13 个样,测得残余瓦斯含量为 2.50～4.26 m^3/t,均小于 6 m^3/t,测得残余瓦斯压力为 0.07～0.22 MPa,且在测试过程中未发现喷钻、卡钻、顶钻等异常情况,最终实现了 211 西工作面回风巷顺利揭煤。

7.3 本章小结

本章以演马庄矿为工程背景,运用 FLAC^{3D}数值模拟软件分别对 2009 年 4 月 8 日 22081 运输巷、2009 年 4 月 28 日 22051 运输巷、2004 年 3 月 20 日 25041 运输巷、2004 年 9 月 20 日 25041 运输巷、2011 年 4 月 5 日 27131 运输巷等五个突出实例的启动诱因进行了分析。以非连续塑性区发展演化致使煤与瓦斯突出的发生机理为基础,对硬-软变化区域突出危险性预测方法与防突措施提出了新的认识与思考,并基于中马村矿巷道揭煤的实际工程背景,给出了防突钻孔布置的优化方案,得到主要结论如下:

(1) 一定瓦斯和地质条件下,掘进巷道在不同区域地应力状态下受到相同的扰动应力作用时,工作面前方产生的塑性区增量大不相同,其突出危险性也有较大差异,当掘进巷道处于易于煤与瓦斯突出启动的区域地应力状态时,煤与瓦斯突出的风险也随之增高。

(2) 煤体强度分布对煤与瓦斯突出的启动具有较大的影响,当掘进巷道前方煤体强度变硬时,煤与瓦斯突出启动的风险会降低,当掘进巷道前方煤体强度变软时，煤与瓦斯突出启动的风险会随之增高，在一定应力状态下，煤体的强度分布的变化可直接诱发煤与瓦斯突出的启动。

（3）扰动应力对煤与瓦斯突出的启动具有直接影响，但扰动应力能否引起煤与瓦斯突出的启动主要取决于扰动应力作用前后地质分离体的地应力状态和煤岩体强度，而不能由扰动应力的大小来直接评价突出启动的危险性。

（4）提出了硬-软变化区域突出危险性预测方法。即在掘进面过硬-软变化区域时，在常用的突出敏感指标对突出危险性进行预测的基础上，重新考虑非连续塑性区这一诱发突出的重要因素，通过查明硬-软变化区域的区域应力状态和软岩体的强度参数及分布区域等指标，对突出危险性进行综合研判，进而为硬-软变化区域的突出危险性作出更为精准的预测。

（5）基于煤岩体塑性区非连续扩展而形成高压“瓦斯包”的潜在危险，给出了防突钻孔布置优化的基本思路，并结合中马村矿巷道揭煤的实际工程背景，对防突钻孔布置进行了优化。防突钻孔布置优化的核心在于准确判定工作面前方存在的潜在突出危险区域，并且保证防突钻孔的布置区域在满足规定性要求的前提下还必须要覆盖非连续塑性区贯通时的最大分布范围，同时还应考虑施工过程中外部扰动事件对煤体塑性区扩展的影响。

参考文献

[1] DÍAZ A M B,GONZÁLEZ N C.Control and prevention of gas outbursts in coal mines, Riosa-Olloniego coalfield, Spain[J]. Inter-national journal of coal geology,2007,69(4): 253-266.

[2] WOLD M B,CONNELL L D,CHOI S K.The role of spatial variability in coal seam parameters on gas outburst behaviour during coal mining[J]. International journal of coal geology,2008,75(1): 1-14.

[3] 程远平,王海锋,王亮,等.煤矿瓦斯防治理论与工程应用[M].徐州:中国矿业大学出版社,2010.

[4] 马念杰,赵希栋,赵志强,等.掘进巷道蝶型煤与瓦斯突出机理猜想[J].矿业科学学报,2017,2(2):137-149.

[5] 赵希栋.掘进巷道蝶型煤与瓦斯突出启动的力学机理研究[D].北京:中国矿业大学(北京),2017.

[6] 刘允芳,罗超文,龚壁新,等.岩体地应力与工程建设[M].武汉:湖北科学技术出版社,2000.

[7] 高峰.地应力分布规律及其对巷道围岩稳定性影响研究[D].徐州:中国矿业大学,2009.

[8] 康红普,司林坡,张晓.浅部煤矿井下地应力分布特征研究及应用[J].煤炭学报,2016,41(6):1332-1340.

[9] 徐永圻.采矿学[M].徐州:中国矿业大学出版社,2003.

[10] 钱鸣高,缪协兴,许家林,等.岩层控制的关键层理论[M].徐州:中国矿业大学出版社,2003.

[11] 于不凡.谈煤和瓦斯突出机理[J].煤炭科学技术,1979(8):34-42.

[12] 俞启香.矿井瓦斯防治[M].徐州:中国矿业大学出版社,1992.

[13] 常振兴.朱集西矿深部高地应力瓦斯及煤岩层动力灾害研究[D].北京:中国矿业大学(北京),2017.

[14] 华安增.地应力与煤和瓦斯突出的关系[J].中国矿业学院学报,1978(1):25-37.

[15] 张宏伟,程五一.构造应力与煤和瓦斯突出[J].辽宁工程技术大学学报(自然科学版),1998,17(4):353-357.

[16] 段东,唐春安,李连崇,等.煤和瓦斯突出过程中地应力作用机理[J].东北大学学报(自然科学版),2009,30(9):1326-1329.

[17] JIN Y, CHEN K P, CHEN M. Development of tensile stress near a wellbore in radial porous media flows of a high pressure gas [J]. International journal of rock mechanics and mining sciences,2011,48(8):1313-1319.

[18] 连现忠.岩体应力状态对煤与瓦斯突出的影响研究[D].阜新:辽宁工程技术大学,2012.

[19] 程远平,张晓磊,王亮.地应力对瓦斯压力及突出灾害的控制作用研究[J].采矿与安全工程学报,2013,30(3):408-414.

[20] 朱立凯,杨天鸿,徐涛,等.煤与瓦斯突出过程中地应力、瓦斯压力作用机理探讨[J].采矿与安全工程学报,2018,35(5):1038-1044.

[21] 唐巨鹏,杨森林,王亚林,等.地应力和瓦斯压力作用下深部煤与瓦斯突出试验[J].岩土力学,2014,35(10):2769-2774.

[22] 高魁,刘泽功,刘健.地应力在石门揭构造软煤诱发煤与瓦斯突出中的作用[J].岩石力学与工程学报,2015,34(2):305-312.

[23] 李钰魁,雷东记,张玉贵,等.平顶山东部矿区地应力场特征及其对煤与瓦斯突出的影响[J].安全与环境学报,2016,16(5):114-119.

[24] KASTNER H.隧道与坑道静力学[M].同济大学《隧道与坑道静力学》翻译组,译.上海:上海科学技术出版社,1980.

[25] 马念杰.软化岩体中巷道围岩塑性区分析[J].阜新矿业学院学报(自然科学版),1995,14(4):18-21.

[26] 汤伯森.弹塑围岩最小支护抗力和最大允许变形的估算[J].岩土工程学报,1986(4):81-88.

[27] 余东明,姚海林,卢正,等.考虑中间主应力的横观各向同性深埋圆隧弹塑性解[J].岩土工程学报,2012,34(10):1850-1857.

[28] 张小波,赵光明,孟祥瑞.考虑峰后应变软化与扩容的圆形巷道围岩弹塑性D-P准则解[J].采矿与安全工程学报,2013,30(6):903-910,916.

[29] DULACSKA H.Dowel action of reinforcement crossing cracks in concrete [J].Am. concrete inst.journal and proceedings,1972,69(12):754-757.

[30] 戴俊,乔彦鹏,郭相参,等.煤矿巷道冒落拱高度的测量方法[J].矿业研究与开发,2009(6):26-27,81.

[31] INDRARATNA B,KAISER P K.Design for grouted rock bolts based on the convergence control method[J]. Rock mech. min. sci. & geomech. abstr.,1990,27(4):269-281.
[32] 何富连,钱鸣高,孟祥荣,等.综采工作面直接顶松散漏顶及其控制[J].矿山压力与顶板管理,1993(3):49-54.
[33] 何富连,钱鸣高,尚多江,等.综采工作面直接顶碎裂岩体冒顶机理及其控制[J].中国矿业大学学报,1994,23(2):18-25.
[34] 谷拴成,樊琦,王建文,等.层状岩体巷道顶板冒落拱高度计算方法研究[J].煤炭工程,2012(12):73-76.
[35] 于学馥,郑颖人,刘怀恒,等.地下工程围岩稳定分析[M].北京:煤炭工业出版社,1983.
[36] 于学馥,乔端.轴变论和围岩稳定轴比三规律[J].有色金属,1981,33(3):8-15.
[37] 于学馥.轴变论与围岩变形破坏的基本规律[J].铀矿冶,1982,1(1):8-17,7.
[38] 于学馥.重新认识岩石力学与工程的方法论问题[J].岩石力学与工程学报,1994,13(3):279-282.
[39] KURLENYA M V,PARIN V N.Problems of nonlinear geomechanics, part I[J].Journal of mining science,1999,35(3):216-230.
[40] 钱七虎.深部岩体工程响应的特征科学现象及“深部”的界定[J].东华理工学院学报,2004,27(1):1-5.
[41] 周小平,钱七虎.深埋巷道分区破裂化机制[J].岩石力学与工程学报,2007(5):877-885.
[42] 李英杰,潘一山,章梦涛.深部岩体分区碎裂化进程的时间效应研究[J].中国地质灾害与防治学报,2006(4):119-122.
[43] 王明洋,宋华,郑大亮,等.深部巷道围岩的分区破裂机制及“深部”界定探讨[J].岩石力学与工程学报,2006(9):1771-1776.
[44] 李术才.深部岩石工程围岩分区破裂化效应[C]//中国科学技术协会学会学术部:深部岩石工程围岩分布破裂化效应.北京:中国科学技术出版社,2008.
[45] 陈旭光,张强勇,李术才,等.基于扩展有限元的深部岩体分区破裂化现象初步数值模拟[J].岩土力学,2013,34(11):3291-3298.
[46] 张绪涛.深部洞室分区破裂机理与数值模拟分析研究[D].济南:山东大学,2015.
[47] 陈昊祥,戚承志,李凯锐,等.深部巷道围岩分区破裂的非线性连续相变模

型研究[J].岩土力学,2017,38(4):1032-1040.
[48] 喻军,李元海,王克忠.深部隧道围岩分区破裂颗粒流模拟研究[J].地震工程学报,2017,39(4):759-766.
[49] 高强,张强勇,张绪涛,等.深部洞室开挖卸荷分区破裂机制的动力分析[J].岩土力学,2018,39(9):3181-3194.
[50] 惠鑫.2018年全国工程地质学术年会论文集[C]//中国地质学会:2018年全国工程地质学术年会论文集.北京:科学出版社,2018.
[51] 朱训国,陈卓立,赵德深.深埋分区破裂隧道锚杆支护力学机制[J].辽宁工程技术大学学报(自然科学版),2018,37(4):703-709.
[52] 王明洋,陈昊祥,李杰,等.深部巷道分区破裂化计算理论与实测对比研究[J].岩石力学与工程学报,2018,37(10):2209-2218.
[53] HAN F,WU X,LI X,et al.Numerical simulation of phenomenon on zonal disintegration in deep underground mining in case of unsupported roadway[J].Earth and environmental science,113:012084.
[54] 王学滨,白雪元,马冰,等.巷道围岩非均质性对其分区破裂化的影响[J].中国矿业大学学报,2019,48(1):78-86.
[55] 董方庭.锚喷支护研究:围岩松动圈测定及锚固体强度实验(实验小结)[J].中国矿业学院学报,1980(2):29-40.
[56] 张胜利,贺永年,董方庭.巷道围岩松动圈与锚喷支护作用原理的探讨[J].煤炭科学技术,1981(1):24-26,62.
[57] 董方庭,鹿守敏,高树棠.巷道围岩状态和支护理论的探讨:兼论软岩巷道支护[J].矿山压力,1987(2):12-15,65.
[58] 高树棠,董方庭.用围岩松动圈研究锚喷支护参数[J].煤炭科学技术,1987(12):23-26,58.
[59] 董方庭,宋宏伟,郭志宏,等.巷道围岩松动圈支护理论[J].煤炭学报,1994(1):21-32.
[60] MA N J,HOU C J.A research into plastic zone of surrounding strata of gateway effected by mining abutment stress[C]//The 32st U.S. Symposium on rack mechanics.June 18-20,1990,Golden:211-216.
[61] 马念杰,侯朝炯.采准巷道矿压理论及应用[M].北京:煤炭工业出版社,1995.
[62] 赵志强.大变形回采巷道围岩变形破坏机理与控制方法研究[D].北京:中国矿业大学(北京),2014.
[63] 赵志强,马念杰,刘洪涛,等.巷道蝶形破坏理论及其应用前景[J].中国矿业

大学学报,2018,47(5):969-978.
[64] 贾后省.蝶叶塑性区穿透特性与层状顶板巷道冒顶机理研究[D].北京:中国矿业大学(北京),2015.
[65] 贾后省,马念杰,朱乾坤.巷道顶板蝶叶塑性区穿透致冒机理与控制方法[J].煤炭学报,2016,41(6):1384-1392.
[66] 马念杰,李季,赵志强.圆形巷道围岩偏应力场及塑性区分布规律研究[J].中国矿业大学学报,2015,44(2):206-213.
[67] 李季.深部窄煤柱巷道非均匀变形破坏机理及冒顶控制[D].北京:中国矿业大学(北京),2016.
[68] 郭晓菲.巷道围岩塑性区形态判定准则及其应用[D].北京:中国矿业大学(北京),2019.
[69] 郭晓菲,马念杰,赵希栋,等.圆形巷道围岩塑性区的一般形态及其判定准则[J].煤炭学报,2016,41(8):1871-1877.
[70] 郭晓菲,郭林峰,马念杰,等.巷道围岩蝶形破坏理论的适用性分析[J].中国矿业大学学报,2020,49(4):646-653,660.
[71] 镐振.义马煤田回采巷道塑性区演化规律与冲击破坏机理研究[D].北京:中国矿业大学(北京),2018.
[72] 镐振,郭林峰,赵希栋,等.回采巷道围岩冲击破坏能量特征分析[J].煤炭学报,2020,45(12):3995-4005.
[73] 刘洪涛,镐振,吴祥业,等.塑性区瞬时恶性扩张诱发冲击灾害机理[J].煤炭学报,2017,42(6):1392-1399.
[74] 李永恩.深部承压水上底抽巷围岩破坏规律及合理位置[D].北京:中国矿业大学(北京),2018.
[75] 李永恩,镐振,李波,等.双巷布置留巷围岩塑性区演化规律及补强支护技术[J].煤炭科学技术,2017,45(6):118-123.
[76] 李永恩,郭晓菲,马骥,等.邢东矿深部回采巷道围岩塑性区“蝶形”扩展特征及稳定性控制[J].矿业科学学报,2017,2(6):566-575.
[77] 吕坤.上下煤层同采影响下保留巷道围岩破坏机理与控制[D].北京:中国矿业大学(北京),2018.
[78] 吴祥业.神东矿区重复采动巷道塑性区演化规律及稳定控制[D].北京:中国矿业大学(北京),2018.
[79] 乔建永,马念杰,马骥,等.基于动力系统结构稳定性的共轭剪切破裂-地震复合模型[J].煤炭学报,2019,44(6):1637-1646.
[80] 马念杰,马骥,赵志强,等.X 型共轭剪切破裂-地震产生的力学机理及其演

化规律[J].煤炭学报,2019,44(6):1647-1653.

[81] 马骥,赵志强,师皓宇,等.基于蝶形破坏理论的地震能量来源[J].煤炭学报,2019,44(6):1654-1665.

[82] 冯吉成,石建军,许海涛,等.极坐标下圆形孔硐蝶形塑性区分布特征与扩展规律[J].煤炭科学技术,2019,47(2):208-217.

[83] 曹光明,镐振,刘洪涛,等.巨厚砾岩下回采巷道冲击破坏机理[J].采矿与安全工程学报,2019,36(2):290-297.

[84] 张承客,李宁,胡海霞.非静水压力下圆形隧洞围岩塑性区分析[J].西北农林科技大学学报(自然科学版),2015,43(4):215-222.

[85] 蔡海兵,程桦,荣传新.基于广义 Hoek-Brown 准则的深埋硐室围岩塑性区位移分析[J].采矿与安全工程学报,2015,32(5):778-785.

[86] 杜强.裂隙岩体应变软化本构模型及其在软弱破碎巷道中的应用[D].淮南:安徽理工大学,2015.

[87] 张继华,王连国,朱双双,等.松散软岩巷道围岩塑性区扩展分析及支护实践[J].采矿与安全工程学报,2015,32(3):433-438.

[88] 刘波,刘璐璐,张功,等.非等压下考虑渗流和剪胀的圆巷围岩弹塑性统一解[J].安全与环境学报,2016,16(5):151-157.

[89] 袁超.深部巷道围岩变形破坏机理与稳定性控制原理研究[D].湘潭:湖南科技大学,2017.

[90] 袁超,王卫军,冯涛,等.基于塑性区扩展的巷道围岩控制原理研究[J].采矿与安全工程学报,2017,34(6):1051-1059.

[91] 贾后省,王璐瑶,刘少伟,等.褶曲区域层状岩体巷道围岩变形破坏异化特征与控制对策[J].采矿与安全工程学报,2018,35(5):902-909.

[92] 聂礼齐.非贯通节理对隧道围岩塑性区的影响研究[D].北京:中国地质大学(北京),2018.

[93] 李季,马念杰,丁自伟.基于主应力方向改变的深部沿空巷道非均匀大变形机理及稳定性控制[J].采矿与安全工程学报,2018,35(4):670-676.

[94] 董海龙.非均匀应力场巷道围岩分区模型及塑性区解析研究[D].北京:中国矿业大学(北京),2019.

[95] 董海龙,高全臣.两向不等压巷道围岩塑性区解析的评估与改进[J].矿业科学学报,2019,4(3):213-220.

[96] 董海龙,高全臣,张赵,等.两向不等压巷道围岩塑性区近似解及数值模拟[J].煤炭学报,2019,44(11):3360-3368.

[97] 董海龙,高全臣.考虑流变特性的两向不等压巷道围岩塑性区近似解[J].煤

炭学报,2019,44(2):419-426.
[98] 谷拴成,周攀,孙魏,等.考虑剪胀与中间主应力的被锚巷道围岩稳定性分析[J].采矿与安全工程学报,2019,36(3):429-436.
[99] 何富连,李晓斌,朱恒忠,等.顶板淋水对巷道围岩变形破坏的影响及防治[J].煤矿安全,2019,50(6):162-165,171.
[100] 于不凡.煤和瓦斯突出机理[M].北京:煤炭工业出版社,1985.
[101] 李希建,林柏泉.煤与瓦斯突出机理研究现状及分析[J].煤田地质与勘探,2010,38(1):7-13.
[102] 唐巨鹏,丁佳会,于宁,等.有效应力对石门揭煤突出影响分析和试验研究[J].岩石力学与工程学报,2018,37(2):282-290.
[103] SOBCZYK J.The influence of sorption processes on gas stresses leading to the coal and gas outburst in the laboratory conditions[J].Fuel,2011,90(30):1018-1023.
[104] SKOCZYLAS N.Laboratory study of the phenomenon of methane and coal outburst [J].International journal of rock mechanics and mining sciences,2012,55(6):102-107.
[105] 黄维新,刘敦文,夏明.煤与瓦斯突出过程的细观机制研究[J].岩石力学与工程学报,2017,36(2):429-436.
[106] 李中成.煤巷掘进工作面煤与瓦斯突出机理探讨[J].煤炭学报,1987(1):17-27.
[107] 俞善炳.恒稳推进的煤与瓦斯突出[J].力学学报,1988(2):97-106.
[108] 俞善炳.煤与瓦斯突出的一维流动模型和启动判据[J].力学学报,1992,24(4):418-431.
[109] YU S B. One-dimensional flow model for coal-gas outbursts and initiation criterion [J].Acta mechanica sinica,1992,8(4):363-373.
[110] 李萍丰.浅谈煤与瓦斯突出机理的假说:二相流体假说[J].煤矿安全,1989,20(11):29-35,19.
[111] 周世宁,何学秋.煤和瓦斯突出机理的流变假说[J].中国矿业大学学报,1990,19(2):1-8.
[112] 何学秋,周世宁.煤和瓦斯突出机理的流变假说[J].煤矿安全,1991,22(10):1-7.
[113] 章梦涛,徐曾和,潘一山,等.冲击地压和突出的统一失稳理论[J].煤炭学报,1991,16(4):48-53.
[114] 梁冰,章梦涛,潘一山,等.煤和瓦斯突出的固流耦合失稳理论[J].煤炭学

报,1995,20(5):492-496.

[115] 梁冰,章梦涛,王泳嘉.应力、瓦斯压力在煤和瓦斯突出发生中作用的数值试验研究[J].阜新矿业学院学报(自然科学版),1996(1):1-4.

[116] 蒋承林,俞启香.煤与瓦斯突出机理的球壳失稳假说[J].煤矿安全,1995,26(2):17-25.

[117] 蒋承林,俞启香.煤与瓦斯突出的球壳失稳机理及防治技术[M].徐州:中国矿业大学出版社,1998.

[118] 曹树刚,鲜学福.煤岩固-气耦合的流变力学分析[J].中国矿业大学学报,2001,30(4):42-45.

[119] 刘保县,鲜学福,姜德义.煤与瓦斯延期突出机理及其预测预报的研究[J].岩石力学与工程学报,2002(5):647-650.

[120] 鲜学福,辜敏,李晓红,等.煤与瓦斯突出的激发和发生条件[J].岩土力学,2009,30(3):577-581.

[121] GUO D Y,HAN D X,JIANG G J.Research on geological structure mark of coal and gas outbursts in Pingdingshan mining area[J].Journal of china university of mining & technology,2002,12(1):73-77.

[122] 郭德勇,韩德馨.煤与瓦斯突出粘滑机理研究[J].煤炭学报,2003,28(6):598-602.

[123] 郑哲敏.从数量级和量纲分析看煤与瓦斯突出的机理[C]//郑哲敏文集.北京:科学出版社:416-426.

[124] 马中飞,俞启香.煤与瓦斯承压散体失控突出机理的初步研究[J].煤炭学报,2006,31(3):329-333.

[125] 马中飞,俞启香.水力卸压防止承压散体煤和瓦斯突出机理[J].中国矿业大学学报,2007,36(1):103-106.

[126] 胡千庭,周世宁,周心权.煤与瓦斯突出过程的力学作用机理[J].煤炭学报,2008,33(12):1368-1372.

[127] 王继仁,邓存宝,邓汉忠.煤与瓦斯突出微观机理研究[J].煤炭学报,2008,33(2):131-135.

[128] 谢雄刚,冯涛,王永,等.煤与瓦斯突出过程中能量动态平衡[J].煤炭学报,2010,35(7):1120-1124.

[129] 李祥春,聂百胜,何学秋.振动诱发煤与瓦斯突出的机理[J].北京科技大学学报,2011,33(2):149-152.

[130] 李祥春,聂百胜,王龙康,等.多场耦合作用下煤与瓦斯突出机理分析[J].煤炭科学技术,2011,39(5):64-66,69.

[131] 谢焰，陈萍.煤与瓦斯突出的渗透失稳机理分析[J].煤炭科学技术，2011，39(3)：63-66.

[132] 潘一山.煤与瓦斯突出、冲击地压复合动力灾害一体化研究[J].煤炭学报，2016，41(1)：105-112.

[133] 吕绍林，何继善.关键层-应力墙瓦斯突出机理[J].重庆大学学报(自然科学版)，1999，22(6)：80-85.

[134] 罗新荣，夏宁宁，贾真真.掘进煤巷应力仿真和延时煤与瓦斯突出机理研究[J].中国矿业大学学报，2006，35(5)：571-575.

[135] 周世宁，林柏泉.煤矿瓦斯动力灾害防治理论及控制技术[M].北京：科学出版社，2007.

[136] 韩军，张宏伟，霍丙杰.向斜构造煤与瓦斯突出机理探讨[J].煤炭学报，2008，33(8)：908-913.

[137] 杨威，林柏泉，吴海进，等."强弱强"结构石门揭煤消突机理研究[J].中国矿业大学学报，2011，40(4)：517-522.

[138] 闫江伟，张小兵，张子敏.煤与瓦斯突出地质控制机理探讨[J].煤炭学报，2013，38(7)：1174-1178.

[139] 舒龙勇.煤与瓦斯突出的关键结构体致灾机理[D].北京：中国矿业大学(北京)，2019.

[140] 舒龙勇，王凯，齐庆新，等.煤与瓦斯突出关键结构体致灾机制[J].岩石力学与工程学报，2017，36(2)：347-356.

[141] 王启飞.掘进巷道煤与瓦斯突出机理的应力演化过程研究[D].北京：中国矿业大学(北京)，2018.

[142] 师皓宇，马念杰，许海涛.基于能量理论的煤与瓦斯突出机理探讨[J].中国安全生产科学技术，2019，15(1)：88-92.

[143] 高魁，刘泽功，刘健，等.构造软煤的物理力学特性及其对煤与瓦斯突出的影响[J].中国安全科学学报，2013，23(2)：129-133.

[144] TU Q Y，CHENG Y P，REN T，et al.Role of tectonic coal in coal and gas outburst behavior during coal mining[J].Rock mechanics and rock engineering，2019，52(11)：4619-4635.

[145] 程远平，雷杨.构造煤与煤和瓦斯突出关系的研究[J].煤炭学报，2021，46(1)：180-198.

[146] 降文萍，宋孝忠，钟玲文.基于低温液氮实验的不同煤体结构煤的孔隙特征及其对瓦斯突出影响[J].煤炭学报，2011，36(4)：609-614.

[147] 唐巨鹏，孙胜杰，丁佳会.含水率对煤与瓦斯突出能量转化影响试验[J].实

验力学,2019,34(5):833-840.

[148] 袁瑞甫,李化敏.煤体强度对煤与瓦斯突出影响的模拟实验研究[C]//《山东煤炭科技》编辑部.纪念中国煤炭学会成立五十周年省(区、市)煤炭学会学术专刊.济南:山东省煤炭科学研究所:189-198.

[149] 张文清.冲击载荷下松软煤力学特性及对煤与瓦斯突出的影响[D].淮南:安徽理工大学,2015.

[150] 许江,刘东,彭守建,等.煤样粒径对煤与瓦斯突出影响的试验研究[J].岩石力学与工程学报,2010,29(6):1231-1237.

[151] 蒋长宝,尹光志,许江,等.煤层原始含水率对煤与瓦斯突出危险程度的影响[J].重庆大学学报,2014,37(1):91-95.

[152] 孙家继.煤中可溶有机质对煤与瓦斯突出危险的影响研究[D].徐州:中国矿业大学,2017.

[153] 景国勋,张强.煤与瓦斯突出过程中瓦斯作用的研究[J].煤炭学报,2005,30(2):169-171.

[154] 王家臣,邵太升,赵洪宝.瓦斯对突出煤力学特性影响试验研究[J].采矿与安全工程学报,2011,28(3):391-394,400.

[155] 王刚,程卫民,谢军,等.瓦斯含量在突出过程中的作用分析[J].煤炭学报,2011,36(3):429-434.

[156] 高魁,刘泽功,刘健.瓦斯在石门揭构造软煤诱发煤与瓦斯突出中的作用[J].中国安全科学学报,2015,25(3):102-107.

[157] ZHAO W,CHENG Y,JIANG H,et al.Role of the rapid gas desorption of coal powders in the development stage of outbursts[J].Journal of natural gas science and engineering,2016,28:491-501.

[158] JIN K,CHENG Y,REN T,et al.Experimental investigation on the formation and transport mechanism of outburst coal-gas flow:Implications for the role of gas desorption in the development stage of outburst[J].International journal of coal geology,2018(194):45-58.

[159] LEI Y,CHENG Y,REN T,et al.The energy principle of coal and gas outbursts:experimentally evaluating the role of gas desorption[J].Rock mechanics and rock engineering,2021,54(1):11-30.

[160] 王汉鹏,张冰,袁亮,等.吸附瓦斯含量对煤与瓦斯突出的影响与能量分析[J].岩石力学与工程学报,2017,36(10):2449-2456.

[161] 郭德勇,韩德馨.地质构造控制煤和瓦斯突出作用类型研究[J].煤炭学报,1998,23(4):337-341.

[162] 周丕昌,刘万伦,李伟.大河边向斜地质构造对煤与瓦斯突出的影响[J].采矿与安全工程学报,2009,26(1):55-59.

[163] 韩军,张宏伟.构造演化对煤与瓦斯突出的控制作用[J].煤炭学报,2010,35(7):1125-1130.

[164] 韩军,张宏伟,张普田.推覆构造的动力学特征及其对瓦斯突出的作用机制[J].煤炭学报,2012,37(2):247-252.

[165] RONG H,ZHANG H W,LIANG B,et al.Analysis of the occurrence mechanism for coal and gas outburst based on multiple discriminant indices[J].Shock and vibration,2019,2019(9):1-11.

[166] 郝富昌,刘明举,魏建平,等.重力滑动构造对煤与瓦斯突出的控制作用[J].煤炭学报,2012,37(5):825-829.

[167] 董国伟,胡千庭,王麒翔,等.隔档式褶皱演化及其对煤与瓦斯突出灾害的影响[J].中国矿业大学学报,2012,41(6):912-916.

[168] 代志旭,石祥超.地形曲率对煤与瓦斯突出的影响初探[J].煤炭学报,2012,37(9):1541-1546.

[169] 贾天让,王蔚,张子敏,等.现代构造应力场下断层走向对瓦斯突出的影响[J].采矿与安全工程学报,2013,30(6):930-934.

[170] 赵发军,王倩,邓奇根,等.滑动构造对马岭山矿区二$_1$煤层瓦斯突出的控制作用[J].煤炭学报,213,38(S1):112-116.

[171] 肖鹏,赵鹏翔,林海飞,等.混合煤样中软分层对煤与瓦斯突出的影响[J].西安科技大学学报,2013,33(1):18-22.

[172] 张建国.平顶山矿区构造环境对煤与瓦斯突出的控制作用[J].采矿与安全工程学报,2013,30(3):432-436.

[173] 薛凉.利用分形理论定量研究青东矿地质构造对煤与瓦斯突出的影响[D].淮南:安徽理工大学,2018.

[174] 乔国栋,高魁.淮南煤田逆冲推覆构造对煤与瓦斯突出的影响分析[J].矿业安全与环保,2020,47(2):109-113.

[175] 邱贤德,庄乾城,吴刚,等.采场应力和煤结构对煤与瓦斯突出的影响[J].重庆大学学报(自然科学版),1992,15(3):134-140.

[176] 黄旭超,王克全,孙东玲.提高采掘速度对煤与瓦斯突出发生的影响[C]//许升阳.全国煤矿井下安全避险及瓦斯治理技术理论与实践.徐州:中国矿业大学出版社,2011.

[177] 张超林.深部采动应力影响下煤与瓦斯突出物理模拟试验研究[D].重庆:重庆大学,2015.

[178] 潘超.采动影响下断层活化诱导煤与瓦斯突出机理研究[D].贵阳:贵州大学,2015.

[179] 王刚,武猛猛,王海洋,等.基于能量平衡模型的煤与瓦斯突出影响因素的灵敏度分析[J].岩石力学与工程学报,2015,34(2):238-248.

[180] 李慧,冯增朝,赵东,等.三维应力作用下煤与瓦斯突出模拟试验及机理分析[J].采矿与安全工程学报,2018,35(2):422-428.

[181] 孟贤正.采放比对煤与瓦斯突出危险性的影响[D].淮南:安徽理工大学,2013.

[182] QIAO J Y, On the preimages of parabolic points[J]. Nonlinearity, 2000(13):813-818.

[183] 罗勇,陶文斌,马海峰,等.天体引潮力对煤与瓦斯突出的作用机制[J].岩石力学与工程学报,2015,34(S1):3005-3011.

[184] 刘杰,王恩元,撒占友,等.煤层赋存条件对煤与瓦斯突出危险性的影响研究[J].中国安全科学学报,2016,26(12):98-103.

[185] 陈鲜展.突出口径对煤与瓦斯突出强度影响研究[J].中国矿业,2017,26(10):156-159.

[186] 中华人民共和国煤炭工业部.防治煤与瓦斯突出细则[M].北京:煤炭工业出版社,1995.

[187] 煤炭科学研究总院抚顺分院.煤与瓦斯突出机理和预测预报第三次科研工作及学术交流会议论文选集[C].重庆:煤炭科学研究总院重庆分院,1983.

[188] 王佑安,杨其銮.煤和瓦斯突出危险性预测[J].煤矿安全,1988(4):35-35.

[189] 袁汉春.用煤的变质程度指标预报煤与瓦斯突出的危险性[J].煤矿安全,1981(6):59-63.

[190] 张许良,彭苏萍,张子戌,等.煤与瓦斯突出敏感地质指标研究[J].煤田地质与勘探,2003,31(2):7-10.

[191] 屠锡根,王佑安,王震宇.我国煤矿瓦斯防治工作现状与展望[J].煤矿安全,1995,26(2):3-7.

[192] 聂百胜,何学秋,王恩元,等.煤与瓦斯突出预测技术研究现状及发展趋势[J].中国安全科学学报,2003,13(6):40-43.

[193] 林府进.测定工艺对钻孔瓦斯涌出初速度影响的探讨[J].矿业安全与环保,2007,34(S1):78-80,83.

[194] 葛须宾,程久龙,张新双,等.新型瓦斯涌出初速度测定装备的改进[J].煤炭与化工,2015,38(11):51-55.

[195] 邹永洺,张占存.新型钻孔瓦斯涌出初速度测定钻杆研究[J].煤矿安全,2016,47(3):20-23.

[196] 雷红艳.钻屑瓦斯解吸指标 K_1 临界值快速确定方法试验研究[J].煤炭科学技术,2019,47(8):129-134.

[197] 王汉斌.煤与瓦斯突出的分形预测理论及应用[D].太原:太原理工大学,2009.

[198] 王宏图,鲜学福,贺建民,等.用温度指标预测掘进工作面突出危险性的探讨[J].重庆大学学报(自然科学版),1999,22(2):34-38.

[199] 崔俊飞.瓦斯地质动态分析及瓦斯涌出实时预警系统[J].工矿自动化,2015,41(3):5-9.

[200] 王恩元,何学秋,刘贞堂.煤岩破裂声发射实验研究及 RS 统计分析[J].煤炭学报,1999,24(3):270-273.

[201] 王恩元,何学秋,聂百胜,等.电磁辐射法预测煤与瓦斯突出原理[J].中国矿业大学学报,2000,29(3):225-229.

[202] 李忠辉,王恩元,何学秋,等.电磁辐射实时监测煤与瓦斯突出在煤矿的应用[J].煤炭科学技术,2005,33(9):31-33.

[203] 王震,常先隐.新集二矿－750 m 水平地应力分布规律研究[J].煤炭科学技术,2018,46(10):143-148.

[204] 韩军,张宏伟,宋卫华,等.煤与瓦斯突出矿区地应力场研究[J].岩石力学与工程学报,2008,27(S2):3852-3859.

[205] 闫江伟.地质构造对平顶山矿区煤与瓦斯突出的主控作用研究[D].焦作:河南理工大学,2016.

[206] 蔡美峰,郭奇峰,李远,等.平煤十矿地应力测量及其应用[J].北京科技大学学报,2013,35(11):1399-1406.

[207] 刘泉声,高玮,袁亮.煤矿深部岩巷稳定控制理论与支护技术及应用[M].北京:科学出版社,2010.

[208] 蔡海峰,李由良.煤与瓦斯突出矿井地应力分布规律实测研究[J].河南科技,2014(15):163-165.

[209] 郭晓菲.巷道围岩破坏区可视化程序的开发与应用[J].中国煤炭,2016,42(7):35-39,78.

[210] HONG T, LIU H T, GUO LF, et al. Expansionary evolution characteristics of plastic zone in rock and coal mass ahead of excavation face and the mechanism of coal and gas outburst[J]. Energies, 2020, 13(4):1-13.

[211] 焦作矿业学院瓦斯地质课题组.瓦斯突出煤层的煤体结构特征[J].煤田地质与勘探,1983(3):22-25,13.
[212] 杨陆武,郭德勇.煤体结构在煤与瓦斯突出研究中的应用[J].煤炭科学技术,1996,24(7):49-52.
[213] 汤友谊,田高岭,孙四清,等.对煤体结构形态及成因分类的改进和完善[J].焦作工学院学报(自然科学版),2004,23(3):161-164.
[214] 汤友谊,张国成,孙四清,等.不同煤体结构煤的 f 值分布特征[J].焦作工学院学报(自然科学版),2004,23(2):81-84.
[215] DONG J,CHENG Y,HU B,et al.Experimental study of the mechanical properties of intact and tectonic coal via compression of a single particle [J].Powder technology,2018,325: 412-419.
[216] 杨丁丁.煤巷突出危险性预测方法研究[D].徐州:中国矿业大学,2018.